《安全工程管理丛书》之四

安 全 系 统 工 程

主　　编　汪元辉

副主编　滕桂兰

编　　者　汪文颖

　　　　　刘洁平

U0218476

天津大学出版社

图书在版编目（CIP）数据

安全系统工程/汪元辉主编·—天津：天津大学出版社，
1999.10（2019.8重印）
ISBN 978-7-5618-1234-1

Ⅰ.安… Ⅱ.汪… Ⅲ.安全学—系统工程 Ⅳ.X913

中国版本图书馆 CIP 数据核字（1999）第 62848 号

出　　版	天津大学出版社
地　　址	天津市卫津路 92 号天津大学内（邮编：300072）
电　　话	发行部：022-27403647
网　　址	publish.tju.edu.cn
印　　刷	天津泰宇印务有限公司
经　　销	全国各地新华书店
开　　本	140mm × 203mm
印　　张	12.125
字　　数	316 千
版　　次	1999 年 10 月第 1 版
印　　次	2019 年 8 月第 12 次
印　　数	23 501 — 25 500
定　　价	30.00 元

导　言

　　为了尽快提高我国安全管理干部和有关人员的素质与管理水平,贯彻我国"安全第一,预防为主"的指导方针,更有力地做好劳动保护和安全生产工作,保证我国国民经济的顺利发展和社会稳定,天津大学和东北大学组织有关专家学者编写了这套"安全工程管理丛书"共6册,即《安全卫生》《安全心理学》《安全人机工程》《安全系统工程》《安全检测技术》《安全管理》。这套丛书比较全面和系统地介绍了安全科学技术学科的基本体系和内容。它的正式出版,对安全科学技术的教育、普及和发展等将产生积极作用,是一件非常有意义的事情。该套丛书可作为安全管理干部继续教育的教材,也可供大专院校安全工程专业学生参考。

　　世界各国的科技进步与经济发展的实践证明,做好劳动保护和安全生产,必须掌握安全科学技术方面的有关知识。它既是人类进入现代文明的一种科学观与方法论,也是现代工业生产的一种实践安全管理技术。真正使安全管理在物质文明和精神文明的建设中发挥作用,保证国家的经济发展和社会安定,还需要社会各界,包括政府与民间、教育与舆论界大力推动,认识安全管理与技术的科学性及其学科体系,学习安全科学技术方面的有关知识,充分联系实际,提高人员素质和管理水平。我衷心希望读者通过学习,掌握现代安全管理的科学理论和方法,能在实践中加以创造性的应用,并不断吸收国内外先进安全管理的新知识,开拓新思想,积累新经验,在迎接21世纪即将来到的挑战中,使我们的安全管理工作进入世界先进行列而进行不懈的努力。

　　天津大学在安全工程管理继续教育领域的研究与实践方面,

东北大学在安全科学技术的研究和本科生的教育方面,都是国内开展较早的高等学府。他们与国外许多学术团体和工业企业有着广泛的联系,在组织有关专家、教授编写这套丛书过程中,注意了吸收先进理论与技术、理论与实践的结合,得到原国家劳动部和天津市劳动局有关领导的关注与支持以及出版部门的配合,使该套丛书得以顺利出版。我衷心希望本书的出版,将有益于广大从事和关心安全工作的领导和读者,并起到一种开拓作用;希望各行各业有关的专家学者都来关心和支持,为推动安全科学技术的发展和做好安全生产工作,为我国的改革开放和经济发展建功立业。*

1999.3

---

* 本文作者杨新成同志现任天津市常务副市长、天津大学兼职教授

序　言

　　"安全第一,预防为主"是我国发展经济、保护职工健康的一贯方针。国务院对安全工作也曾明确指示:"安全生产是全国一切经济部门,特别是生产企业的头等大事。要采取一切可能的措施,保障国家和职工群众生命财产的安全,严防事故发生。"这就为安全生产与劳动保护工作指明了方向。在有关领导部门、科研单位和从事安全科学研究的专家们的共同努力下,经过四十多年的研讨、交流、实践和发展,我国的安全科学技术已初步形成了体系。1992年11月,由国家技术监督局正式发布的中华人民共和国国家标准GB/T—13745—92(学科分类与代码),将"安全科学技术"(代码为620)确立为一级学科(其中有5个二级学科和27个三级学科),并于1993年7月正式实行。这是我国安全科学发展史上的重要一页,并充分说明了它的科学性和国家对安全工作的重视。

　　在现代工业生产中,新产品、新技术、新工艺、新材料的不断出现,生产过程的大规模化、自动化和复杂化,以及各种有毒有害物质品种和数量的增多,对安全生产提出了更高、更严的要求。在这种形势下,安全生产已被提高到事关全局性的战略地位。实践证明,只要主管部门及产业领域认真对待人类面临的生产不安全因素,学习和掌握以劳动保护与控制事故为目的的新理论、新技术、新方法,就可以达到安全生产、保护职工的安全与健康、维护国家财产、促进社会生产力飞跃发展的目的。

　　要切实做好安全工作,管理是关键。从事劳动保护和安全的管理人员,除应具备有关生产管理的技术和知识外,还必须掌握安全科学技术的知识(如安全管理、安全系统工程、安全人机工程、安全卫生、安全心理学以及安全法律等知识)。但是,长期以来,不少人对安全工作缺乏足够的认识,没有把安全当作一门科学来对待,因而就难以预防事故的发生,出了事故只能头痛医头、脚痛医脚。目前,安全管理队伍存在着数量不足、素质不高、与当前技术发展的要求不相适应的状况。为了大量培养安全工程管理专业人才,提高在职干部的素质,天津大学成人教育学院与东北大学在多次举办"安全技术与管理"继续教育培训班和多年进行安全工程专业教学的基础上,在原国家劳动部有关领导和天津市委员会干部培训中心的支持下,组织有关专家教授,编纂了一套(6 册)继续工程教育用"安全工程管理丛书"。这套丛书包括:

1.《安全卫生》。该书以卫生学和管理学的观点,介绍人体解剖学及生理防御功能的知识以及工业企业生产过程中造成的各种职业病的危害及其预防、治疗和急救措施。

2.《安全心理学》。该书以生产中人的安全问题为主线,从心理学观点出发,并吸收行为科学、生理学等多种学科的成果,系统地阐明了影响人在生产过程中的安全的各种心理因素以及外因对职工安全的心理影响机制,探讨了对职工进行安全教育的心理学手段与方法。

3.《安全系统工程》。该书从系统论和可靠性观点出发,应用工程学原理阐述了安全系统工程在现代安全科学管理中的基本概念及应用方法以及安全评价与决策。

4.《安全人机工程》。该书从安全出发,应用人机工程学的基本理论与方法,研究人的心理、生理及行为的特点,分析事故,从人机关系中寻找预防事故、提高人机可靠性的措施。

5.《安全检测技术》。该书从安全角度出发,系统地介绍了一些检测方法,如对有毒有害的气体、流体、粉尘、振动、噪声的检测以及设备故障诊断等。对有关动态检测所必需的理论基础和应用微机进行安全检测也作了适当介绍。

2

6.《安全管理》。该书从管理学的观点出发,应用安全工程的理论与方法,阐述了安全管理学的基本概念和理论,探讨了安全管理制度、安全技术措施及现代安全管理等内容。

本套丛书还应有一本对事故发生前的影响因素作出预判断为内容的《安全监控技术》,对导致这些问题的原因进行分析,及早采取必要的措施,以防事故发生。安全监控技术的内容如:安全预警监控的意义及其参数选取;安全预警监控系统的分类与设计;安全预警监控系统评价与保护对策等等。但是,由于这是一个新兴的技术,我们掌握资料不多,水平有限,无能力编写成册,所以使用本套丛书培训干部时,可请有关专家编写补充教材。有关安全与劳动保护法律、法规、标准等内容的培训,可便于了解国家安全法制内容,培养干部安全法制观念。但是,由于我国的法制还不够健全,而且经常有新的法律、法规出台,所以使用本套丛书培训时,可组织有关专家进行安全法规讲座。

本丛书可作为国家及地方劳动保护与安全主管部门、工矿企业、交通运输等单位从事此项工作的广大人员继续工程教育和岗位培训用教材,也可作为大专院校安全技术与管理专业的教科书或教学参考书,并可作为有关的技术人员、管理人员和工人学习安全生产有关知识的自学参考书。

本套丛书由天津大学成人教育学院策划并组织编写。

郭青山
1998.10

前　　言

　　安全系统工程是近年来发展起来的一门新的学科,它是应用系统工程的原理和方法,分析、评价生产过程中的不安全因素,预先采取措施,防止重大事故发生,实现系统安全的一整套管理程序和方法体系。

　　我国从 70 年代开始研究和运用这一新的学科,80 年代在有关部门和企业中广泛地推广应用。实践证明,这种方法不仅改变了传统安全管理工作的被动局面,通过对固有危险和潜在危险的预测、诊断、分析和研究,找出事故发生的原因、规律和预防灾害事故的措施,使事故不发生或少发生,而且为企业实行安全管理科学化和现代化奠定了基础。

　　本书总结了近几年国内外的研究成果和应用经验,比较系统地介绍了安全系统工程学科的主要内容:系统安全分析、可靠性、重大事故后果分析、安全评价和科学决策。为了适应广大安全工程技术人员和管理人员的需要,本书力求做到简明、实用,而且在一些常用的分析方法中注意了可操作性。

　　本书由汪元辉编写第一、九、十、十一章,滕桂兰编写第四、五、六、七章及附录,汪文颖编写第二、三、八、十二章,由刘洁平统稿、抄写,汪元辉主编、滕桂兰副主编。本书在编写过程中得到天津市津联劳动卫生工程所的王援湘、许长增同志的大力支持,在此表示感谢。由于时间仓促,并限于编者水平,书中不妥之处,敬请读者批评指正。

编者

1998.10

目　　录

4

第一章 安全系统工程概论

第一节 安全系统工程的基本概念

安全系统工程是本世纪60年代迅速发展起来的一门新兴学科,它是以系统工程的方法研究、解决生产过程中安全问题的工程技术。

一、安全技术寓于生产技术之中

自然界资源及生产资料有为人类谋福利的一面,也有危害人类的一面。因此,人类为了生存和发展,在与自然界作斗争的过程中,积累了许多丰富的安全防护经验。安全工作随生产的产生而产生,也随生产的发展而发展。

1. 现代工业生产的特点

随着生产和技术的发展,现代工业生产有如下两个特点。

(1)四新:新工艺、新技术、新能源和新材料。

(2)三化:生产过程的大规模化、复杂化和高度自动化。

与此相适应,安全管理工作也面临着新的课题。

(1)新工艺、新技术、新能源和新材料的出现,必然会产生新的危害。由于人的认识能力有限,不可能马上完全认清其危害,这就要求我们在工作中必须努力去发现和寻找出那些潜在的危害因素。

（2）需要处理的各种危害物质的种类和数量不断增多。如原子能的利用，产生了对人体有害的放射物质。电视机和计算机的广泛使用，同样也产生对人体有害的放射物质和强磁。另外，还有噪声产生的危害。

（3）由于生产过程大规模化、复杂化，造成危害的范围日益扩大。

（4）安全保障的要求以及技术难度也相应增长。

2. 老企业的生产装置和设备的陈旧老化

老企业的生产装置和设备，由于年长日久，老化严重，它们的潜在危险日益暴露出来。一旦发生灾害性事故，不仅使企业遭受重大损失，甚至造成社会性灾难。这就要求我们要及时检测、分析与评价，防止事故的发生。

由此可见，生产和技术的发展，不仅改变着产业结构和企业面貌，而且也对企业的生产安全工作提出了更新更高的要求。高技术工业及新兴产业群的出现，涉及到诸多的知识领域，安全工程技术也必须与其发展相适应。

二、系统与系统工程

1. 系统

系统这一概念有多种理解，但其基本意义大致相同。即系统是由相互作用、相互依赖的若干组成部分结合而成的具有特殊功能的有机整体。

系统用数学表达为：

$$S \subset V_1 \times V_2 \times \cdots \times V_i$$

式中，S——系统；

V_i——元素，$i \geqslant 2$。

描绘一个系统应包括以下四部分内容：系统元素；元素间的关系；边界条件；输入及输出的能量、物料、信息等。

系统无处不有,如一块手表、一辆自行车、一架飞机、一个宇宙飞船等都是一个系统。一个工段、车间、工厂,一个联合企业,一个飞机工业,农业,甚至整个国民经济,整个世界,整个宇宙都可看作一个系统。例如,对生产系统来讲,系统是由人员、物质、设备、财务、任务指标和信息等按任务水平组成的整体。其功能是在既定的操作或后勤支援的条件下,协同完成预定的生产目标。

系统按形式划分为:自然系统、人工系统和复合系统。按结构复杂程度划分为:简单系统、复杂系统。

2. **系统的特点**

(1)目的性。任何系统必须具有明确的功能以达到一定的目的,没有目的就不能成为系统。

(2)整体性。系统至少是由两个或两个以上可以相互区别的元素(单元)按一定方式有机地组合起来,完成一定功能的综合体。

相同元素与不同元素组合构成不同功能的系统。如齿轮副元件可以传动,它组成减速器的功能是减速增矩,组成齿轮泵能将低压油变为高压油起增压作用。元件本身的功能固然要分析,更重要的是元件组成系统的整体功能,要从整体功能出发,再分别对元件功能提出要求。

系统整体功能不是个别元素功能的简单叠加,而是通过不同功能不同性能元素的有机联系、互相制约,即使在某些元素功能并不完善的情况下,经过组合,也能统一成为具有良好功能的系统。反之,即使每个元素都是良好的,但如果只是简单叠加,而未经过良好组合,则构成整体后并不一定具备某种良好的功能。

(3)分解性。系统由元素组成,具有可分解性。可以认为系统是由较小的分系统有机组合而成,而分系统又由更小的子系统组成……依次类推,直至组成系统的最小单元为止。

(4)相关性。系统内部各元素之间相互有机联系、相互作用、相互依赖的特定关系决定系统的特性。系统本身不是孤立的,与周围边界条件有密切关系,也就是说,系统必须适应外部环境条件的变化。分析问题时,必须考虑环境对系统的作用。

(5)系统的功能结构。为了实现系统自身的正常运行和功能,系统需要以一定的方式构成,应具有保持和传递能量、物质和信息的特征。系统种类繁多,根据控制论观点,可由三部分组成,即输入、处理和输出,如图1-1所示。任何系统都具有输出某种产物的功能。例如机床制造厂,它由入口输入原材料、能源、信息,经过加工或作业,进行装配等处理,检验合格的机床

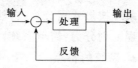

图 1-1 系统构成示意图

由出口输出。这种以物质流为主体的系统,称为生产系统。若以信息流为主体的系统,如一项计划可视为输入,计划经过执行,即处理阶段,最后得到的结果视为输出。这种系统称为管理系统。

处理后得到的结果与原定目标不一致时,需要修正,改善执行环节,以达到预期的目标,这个过程就是反馈。

3. 系统工程

系统工程是近20年来发展起来的一门有关组织管理技术的新兴科学,是以系统为研究对象的工程学。所谓工程,是利用自然科学原理使自然资源为人类服务而形成的各种学科的总称。如机械工程、电力工程、电子工程、土木工程、化工工程、计算机工程、宇航工程、环境工程、安全系统工程等。

系统工程就是从系统的观点出发,跨学科地考虑问题,运用工程的方法去研究和解决各种系统问题。具体地说,就是运用系统分析理论,对系统的规划、研究、设计、制造、试验和使用等各个阶段进行有效的组织管理。它科学地规划和组织人力、物力、财力,通过最佳方案的选择,使系统在各种约束条件下,达到最合理、最经济、最有效的预期目标。它着眼于整体的状态和过程,而不拘泥于局部的、个别的部分。这是因为系统工程采用了新的方法论,这种方法

4

论的基础就是系统分析的观点,即一种"由上而下"、"由总而细"的方法。它不着眼于个别单元的性能是否优良,而是要求巧妙地利用单元间或子系统之间的相互配合与联系,来优化整个系统的性能,以求得整体的最佳方案。

三、安全与系统安全

1．术语解释

(1)安全。这是一个很普通的概念,用通俗的话来说,就是人们在生活和生产过程中,生命得到保证,身体免于伤害。安全的定义有多种,有人定义为"不发生导致死伤、职业病、设备或财产损失的状态"。对于某些导致发生上述损失的状态,看其概率是可以接受的,也可视为安全。从本质上来讲,安全就是预知人们活动的各个领域里存在的固有危险和潜在危险,并且为消除这些危险的存在和状态而采取的各种方法、手段和行动。在生产活动中,人们处于各种不同的生产环境和工作条件下,使用着各种机器、设备、工具和原料生产,由此构成"人-机-材料-环境"系统。系统中的危险源和相关因素是很多的,因此,必须从系统的观点出发,运用系统分析的方法对整个系统进行分析、评价,及早消除危险源,才能实现系统的安全。

(2)危害、危险与危险性。危害是造成事故的一种潜在危险,它是超出人的直接控制之外的某种潜在的环境条件。危险是一种状态,它可以引起人身伤亡、设备破坏或降低完成预定功能的能力。当存在危险性时,就存在产生这些不良影响的可能性。危险性表示危险的相对暴露。可能存在危险,但由于采取了预防措施,危险性可能不大。例如高压变压器组,只要通了电,就有使人触电死亡的固有危险性。如果这个变压器组不加防护,放在人员比较集中的地方,就有高度危险性。

2. 系统安全

所谓系统安全,是指在系统运行周期内,应用系统安全管理及安全工程原理,识别系统中的危险性并排除危险,或使危险减至最小,从而使系统在操作效率、使用期限和投资费用的约束条件下达到最佳安全状态。简言之,系统安全就是系统在一定的功能、时间和费用的约束条件下,使系统中人员和设备遭受的伤害和损失为最少。也可这样说,系统安全是一个系统的最佳安全状态。

要达到系统安全,就必须在系统的规划、研究、设计、制造、试验和使用等各个阶段,正确实施系统安全管理和安全工程。人们在运用系统时,总是希望在人力、物力、财力和时间等约束条件下,所设计的系统具有最佳工作状态,如最佳性能、最大可靠性、最小重量和最大期望寿命等。寻求这种最佳效果的愿望,几乎渗透于产品的规划、研究、设计、制造、运行等各个阶段,这就需要应用优化理论。关于优化理论已超出了本书的范围,读者需要时可参考有关专著。要使系统能达到安全的最佳状态,应满足:①在能实现系统安全目标的前提下,系统的结构尽可能简单、可靠;②配合操作和维修用的指令数目最少;③任何一个部分出现故障,保证不导致整个系统运行中止或人员伤亡;④备有显示事故来源的检测装置或警报装置;⑤备有安全可靠的自动保护装置并制定行之有效的应急措施。

四、安全系统工程

安全系统工程的定义是:应用系统工程的原理与方法,识别、分析、评价、排除和控制系统中的各种危险,对工艺过程、设备、生产周期和资金等因素进行分析评价和综合处理,使系统可能发生的事故得到控制,并使系统安全性达到最佳状态。由于安全系统工程是从根本上和整体上来考虑安全问题,因而它是解决安全问题的具有战略性的措施。为安全工作者提供了一个既能对系统发生

6

事故的可能性进行预测,又可对安全性进行定性、定量评价的方法,从而为有关决策人员提供决策依据,并据此采取相应安全措施。

安全系统工程是系统工程学科的一个分支,它的学科基础除有系统论、控制论、信息论、运筹学、优化理论等外,还有其特有的学科基础,如预测技术、可靠性工程、人机工程、行为科学、工程心理学、职业安全卫生学、劳动保护法规、法律以及与其相关的各种工程学等多门学科和技术。

第二节　安全系统工程发展概况

安全系统工程在 50 年代末创始于美国,首先使用于军事工业方面,随后在原子能工业上也相继提出了保证系统安全的问题,并于 1974 年由美国原子能委员会发表了 WASH1400 报告,即商用核电站风险评价报告。这个报告发表后,引起世界各国的普遍重视,推动了安全系统工程的进一步发展。

继美国之后其他各国在安全系统工程方面也展开了研究,并取得不小的成果。如英国在 60 年代中期开始收集有关核电站故障的数据,对系统的安全性和可靠性问题,采用了概率评价方法,进一步推动了定量评价工作,并设立了系统可靠性服务所和可靠性数据库。日本引进安全系统工程的方法虽然较晚,但发展很快,已在电子、宇航、航空、铁路、公路、原子能、汽车、化工、冶金等工业领域大力开展了研究与应用。

当前,安全系统工程已引起了各国普遍重视,曾多次召开过安全系统工程的学术会议,出版了许多学术刊物和专著。国际安全系统工程学会每两年举办一次学术年会,1983 年在美国休斯敦召开的第六次会议,有 40 多个国家参加,讨论的议题涉及国民经济各个行业。可以看出,这门学科正得到越来越广泛的应用,并起到了越来越大的作用。

安全系统工程在我国开展应用研究工作比较晚。1982年北京市劳动保护研究所召开了安全系统工程座谈会，由研究单位、大专院校和重点企业等部门同志参加。会上交流了国内开展研究和应用的情况，并探讨了在我国发展安全系统工程的方向，研究如何组织分工合作、如何长期进行学术交流等，这次会议为我国开展安全系统工程的研究与应用打下了良好的基础。

1985年，中国"劳动保护管理科学专业委员会"成立，在会上建立了"系统安全学组"，该学组以安全系统工程为中心，进行开发研究和推广应用等活动，为安全系统工程学科的发展和推进安全管理作出了贡献。

目前，我国各产业部门、地方劳动局和工业部门在所属企业中，正在推广应用安全系统工程的活动，并取得了较好的效果。例如天津市原机械局于1988年贯彻《机械工厂安全性评价标准（试行）》，当年在行业内部就取得无一人死亡的成绩。这是天津市机械行业历史上从未有过的大事。根据原劳动部1996年第3号令，规定今后"三同时"审查，应有"安全评价"的内容。另外全国几十所高等院校增设了安全工程专业。这些都为普及和推广安全系统工程知识，推进现代安全管理创造了有利条件，同时也为创造出适合我国国情的安全系统工程打下了良好的基础。

第三节　安全系统工程的内容

安全系统工程的基本任务就是预测、评价和控制危险。

其分析过程可概括为：①系统安全分析（识别与预测危险）；②危险性（安全性）评价（包括人、机、物、工艺、环境、组织等）；③比较；④综合评价；⑤最佳化计划的决策。

从分析过程可看出，系统安全分析和评价是安全系统工程的核心,只有分析得准确、评价得周密,才能得出最佳的决策,由此采取的安全措施才能得力。

一、系统安全分析

系统安全分析是实现系统安全的重要手段,它的目的在于通过分析使人们识别系统中存在的危险性和损失率,并预测其可能性。因此,它是完成系统安全评价的基础。根据不同的情况和要求,可以把分析进行到不同的深度,可以是初步的,也可以是详细的。

系统安全分析的方法有数十种之多,这些方法有定性的也有定量的,有逻辑推理的,也有综合比较的。要完成一个准确的分析,就要事先了解各种分析方法的特点、适用场合,经过比较,再决定采用哪种分析方法。但不管采用哪种分析方法,都要事先建立一个系统模型。这种模型大多数采用图解方式,表示出系统各单元之间的关系。这样易于为人们掌握系统各单元之间的关系和影响,便于查到事故的真正原因和危险性大小。

二、安全评价

安全评价要以系统安全分析为依据,只有通过分析,掌握了系统中存在的潜在危险和薄弱环节、发生事故的概率和可能的严重程度等,才能正确地进行安全评价。

安全评价分为定性评价和定量评价。定性分析的结果用于定性评价,而定量分析的结果用于定量评价。任何定量方法总是在定性的基础上开始的。但是定性评价只能够知道系统中的危险性的大致情况,如危险性因素的多少和严重程度等。要想深入了解系统的安全状态,还有待于定量评价。只有经过定量的评价,才能充分发挥安全系统工程的作用,通过定量评价的结果,决策者才可以选择最佳方案,领导和监察机关才可以根据评价结果督促企业改进安全状况,保险公司就可以按企业的安全性要求规定不同的保险金额。

三、安全措施

安全措施是指根据安全评价的结果,针对存在的问题,对系统进行调整,对危险点或薄弱环节加以改进。安全措施主要有两个方面:一是预防事故发生的措施,即在事故发生之前采取适当的安全措施,排除危险因素,避免事故发生;二是控制事故损失扩大的措施,即在事故发生之后采取补救措施,避免事故继续扩大,使损失减到最小。

四、安全系统工程的优点

从上述介绍可看出,安全系统工程在解决安全问题上与传统的方法不同,它改变了以往凭直观经验和事后处理的被动局面,因而形成了它本身的一些优点。

(1)预测和预防事故的发生,是现代安全管理的中心任务。运用系统安全分析方法,可以识别系统中存在的薄弱环节和可能导致事故发生的条件,而且通过定量分析,预测事故发生的可能性和事故后果的严重性,从而可以采取相应的措施,预防事故发生。

(2)现代工业的特点是大规模化、连续化和自动化,其生产关系日趋复杂,各个环节和工序之间相互联系、相互制约。安全系统工程是通过系统分析,全面地、系统地、彼此联系地以及预防性地处理生产系统中的安全性,而不是孤立地、就事论事地解决生产系统中安全性问题。

(3)对安全进行定量分析、评价和优化技术,为安全管理事故预测提供了科学依据,根据分析可以选择出最佳方案,使各子系统之间达到最佳配合,用最少投资得到最佳的安全效果,从而可以大幅度地减少人身伤亡和设备损坏事故。

(4)安全系统工程要作出定性和定量的安全评价,就需要有各项标准和数据。如许可安全值、故障率、人机工程标准以及安全设计标准等。因此,安全系统工程可以促进各项标准的制定和有关可靠性数据的收集。

(5)通过安全系统工程的开发和应用,可以迅速提高安全技术人员、操作人员和管理人员的业务水平和系统分析能力,同时为培养新人提供了一套完整的参考资料。

第四节　人-机-环境系统

一、问题的提出

安全寓于生产之中,不安全不卫生的诸因素是在生产过程中出现的。大量事故的调查分析结果表明,导致事故的原因是由于不安全状态、不安全行为和不良环境所引起的。具体地说,就是人的因素、物的因素和环境条件三个要素。从系统工程观点来说,这三个要素构成一个"人-机-环境"系统。为了确保系统安全和最佳状态,就必须综合考虑三个要素,消除导致事故的原因,使系统达到最佳安全状态。

生产设备是靠人来操纵的,把"人-机"这两个对象作为一个整体来对待,即构成"人-机系统"。这种系统普遍存在于制造业和使用固定机器的企业部门以及汽车、火车、船舶和飞机等交通运输部门。从安全观点出发,不只是考虑"人-机系统"的关系,还应考虑"人-机(物)-环境系统"的关系。例如宇宙飞船把人送入宇宙间,并在航天特殊环境下(如高温、低压、缺氧、超重、失重、振动、噪声等),既要保证人的生命安全,又要提高他们的工作能力。为了实现这一目标,只靠选拔、训练来提高人耐受各种物理因素的能力是很有限的。宇航员在航天特殊环境下,要进行诸如搜索、识别、跟踪、控制、停靠和对接等一系列复杂工作,这往往超出了人的工作能力极限。矛盾如何解决？最根本的办法，就是要从人和机器的有机结合中寻找，一方面既要认真考虑用选拔、训练等手段来提高人适应机器的能力；另一方面，在设计机器时，也应充分注意机器适应人的问题。另外还必须搞一套人工环境，或采取个体防护措施去维持人的耐受限度。

在工业生产中也同样存在这种情形。例如，在一个钢铁企业里，在高温环境下，如何考虑炼钢工人和炼钢炉及其机械设备的关系；在化工厂里，在有害气体污染环境下，如何考虑操作人员和化工机械的关系，以保证安全生产和提高生产效率。

二、安全性分析

1. 安全性分析方法

显而易见，为了确保系统安全，不能孤立地研究人、机、环境这三个要素，而要从系统的总体高度上将它们看成是一个相互作用、相互依赖的系统（见图1-2所示），并运用系统工程方法，使系统处于最佳安全

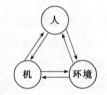

图1-2　人机环境关系图

状态和最佳工作状态。怎样才能实现人-机-环境系统的最优组合？核心问题是以人、机、环境三个要素的各自特性为基础，认真进行总体分析。即在明确系统总体要求的前提下，拟出若干个安全措施方案，并相应建立有关模型和进行模拟试验，着重分析和研究人、机、环境三个要素对系统总体性能的影响和所应具备的各自功能及相互关系，不断修正和完善人-机-环境系统的结构方式，最终确保最优组合方案的实现。

从安全角度来说，在人-机-环境系统中作为主体工作的人，理所当然处在首位，这是安全系统工程与其他工程系统存在的显著差异之处。为了确保安全，不仅要研究产生不安全的因素，并采取预防措施，而且要寻找不安全的潜在隐患，力争把事故消灭在萌芽

状态。

然而,我们建立人-机-环境系统的目的,并不单纯为了安全,更重要的是使系统能高效率稳定地进行工作,这是生产系统的最根本的要求,否则,就失去了一个系统存在的意义。

2. 安全性分析的基本要素

根据以上所述,安全性分析的基本要素可归纳如图1-3所示。

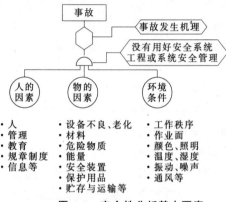

图 1-3   安全性分析基本要素

3. 安全性分析注意事项

(1)人的能力。在人-机-环境系统中,一些恶劣的特殊环境会给人的人身安全带来危害,应采取防护措施,这点是人所共知的。但是,由于人的操作错误造成系统的功能失灵,甚至危及人的生命安全,却往往没有引起人们足够的重视。随着科学技术的发展,各种机器设备日益复杂和精密,对操作人员的要求也越来越高。不仅要求准确、熟练地操作机器,而且要求具有能准确、熟练地分析、判断、决策和对复杂情况迅速作出反应的能力。然而人的能力是有限度的,不可能随着机器的发展而无限提高。如果先进的机器设备对人的操作要求过高,超出人的能力范围,就容易发生操作错误。这样,不仅系统性能得不到发挥,甚至使整个系统失灵或发生重大事故。为此，应注意几个问题：①应根据人、机的各自特点，合理分配人机功能，尽量减轻操作的复杂程度，为人的有效工作创造有利条件，以防止错误操作的发生；②加强对操作人员的选拔、训练和责任心教育，并加强适应能力和反应能力的锻炼；③为了防止人为差错，机器设备的设计也要采取防错措施，例如重要按钮（紧急停车按钮)采用红色或闪光按钮等；④创造有利的工作环境，防止人的操作失误，例如噪声的污染不仅引起人的听觉错误，使信息失误，而且使人心烦意乱，容易造成操作错误等。

（2）产品安全。不要产生这样的误解，即不发生故障的生产就是安全。不发生故障或把故障减至最低程度，可以使产品比较可靠、安全，但还有其他出事故的原因，如产品本身的危险特性、人的作用、异常环境因素或这些因素的结合等。因此，安全性分析必须从人-机-环境系统整体来分析。

（3）系统的分解。把系统分解为子系统时，必须注意子系统之间的接口（或临界面)问题，也就是把安全管理上经常采用的连接点扩展为接合面，在接合面上要妥善进行"子系统之间的信息和能量的交流"。

第二章 危险性预先分析

第一节 概述

一、危险性预先分析的基本含义

危险性预先分析（Preliminary Hazarde Analysis，缩写为PHA），是一种定性分析评价系统内危险因素和危险程度的方法。

危险性预先分析是在每项工程活动之前，如设计、施工、生产之前，或技术改造之后，即制定操作规程和使用新工艺等情况之后，对系统存在的危险性类型、来源、出现条件、导致事故的后果以及有关措施等，作一概略分析。危险性预先分析的目的是防止操作人员直接接触对人体有害的原材料、半成品、成品和生产废弃物，防止使用危险性工艺、装置、工具和采用不安全的技术路线。如果必须使用时，也应从工艺上或设备上采取安全措施，以保证这些危险因素不致发展成为事故。一句话，把分析工作做在行动之前，避免由于考虑不周造成损失。

二、危险性预先分析内容与主要优点

系统安全分析的目的不是分析系统本身，而是预防、控制或减少危险性，提高系统的安全性和可靠性。因此，必须从确保安全的观点出发，寻找危险源（点）产生的原因和条件，评价事故后果的严

重程度,分析措施的可能性、有效性,采取切合实际的对策,把危害与事故降低到最低程度。

1. 危险性预先分析的内容

根据安全系统工程的方法,生产系统的安全必须从人-机-环境系统进行分析,而且在进行危险性预先分析时应持这种观点:即对偶然事件、不可避免事件、不可知事件等进行剖析,尽可能地把它变为必然事件、可避免事件、可知事件,并通过分析、评价,控制事故发生。

分析的内容可归纳几个方面:①识别危险的设备、零部件,并分析其发生的可能性条件;②分析系统中各子系统、各元件的交接面及其相互关系与影响;③分析原材料、产品,特别是有害物质的性能及贮运;④分析工艺过程及其工艺参数或状态参数;⑤人、机关系(操作、维修等);⑥环境条件;⑦用于保证安全的设备、防护装置等。

2. 危险性预先分析的主要优点

(1)分析工作做在行动之前,可及早采取措施排除、降低或控制危害,避免由于考虑不周造成损失。

(2)对系统开发、初步设计、制造、安装、检修等做的分析结果,可以提供应遵循的注意事项和指导方针。

(3)分析结果可为制定标准、规范和技术文献提供必要的资料。

(4)根据分析结果可编制安全检查表以保证实施安全,并可作为安全教育的材料。

第二节 危险性预先分析的步骤

一、分析的一般步骤

分析的一般程序如图 2-1 所示。

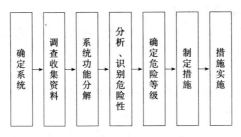

图 2-1 危险性预先分析的程序

1．确定系统

明确所分析系统的功能及分析范围。

2．调查、收集资料

调查生产目的、工艺过程、操作条件和周围环境。收集设计说明书、本单位的生产经验、国内外事故情报及有关标准、规范、规程等资料。

3．系统功能分解

一个系统是由若干个功能不同的子系统组成的,如动力、设备、结构、燃料供应、控制仪表、信息网络等,其中还有各种联接结构,同样,子系统也是由功能不同的部件、元件组成,如动力、传动、操纵和执行等。为了便于分析,按系统工程的原理,将系统进行功能分解,并绘出功能框图,表示它们之间的输入、输出关系。功能框图如图 2-2 所示。

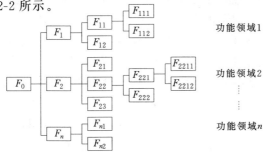

图 2-2 功能分解图

17

4. 分析、识别危险性

确定危险类型、危险来源、初始伤害及其造成的危险性,对潜在的危险点要仔细判定。

5. 确定危险等级

在确认每项危险之后,都要按其效果进行分类。

6. 制定措施

根据危险等级,从软件(系统分析、人机工程、管理、规章制度等)、硬件(设备、工具、操作方法等)两方面制定相应的消除危险性的措施和防止伤害的办法。

二、危险性预先分析应注意的问题

(1)由于在新开发的生产系统或新的操作方法中,对接触到的危险物质、工具和设备的危险性还没有足够的认识,因此为了使分析获得较好的效果,应采取设计人员、操作人员和安技干部三结合的形式进行。

(2)根据系统工程的观点,在查找危险性时,应将系统进行分解,按系统、子系统、系统元一步一步地进行。这样做不仅可以避免过早地陷入细节问题而忽视重点问题的危险,而且可以防止漏项。

(3)为了使分析人员有条不紊地、合理地从错综复杂的结构关系中查出深潜的危险因素,可采取以下对策。第一,迭代。对一些深潜的危险,一时不能直接查出危险因素时,可先做一些假设,然后将得出的结果作为改进后的假设,再进一步查危险因素。这样经过一步一步地试析,向更准确的危险因素逼近。第二,抽象。在分析过程中,对某些危险因素常忽略其次要方面,首先将注意力集中于危险性大的主要问题上。这样可使分析工作能较快地入门,先保证在主要危险因素上取得结果。另外也可以运用控制论的观点来探求。如图2-3所示。输入是一定的,技术系统(具体结构)也是一定的,问题是探求输出哪些危险因素。

（4）在可能条件下，最好事先准备一个检查表，指出查找危险性的范围。

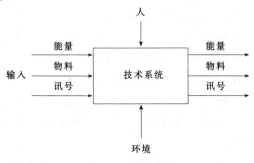

图 2-3　分析系统

第三节　危险性识别

生产现场包含着来自人、机（物）和环境三方面的多种隐患，为确保安全生产，就必须分析和查找隐患，并及早消除，将事故消灭在发生之前，做到预防为主。因此，识别危险性是首要问题。

造成事故后果必须有两个因素，一是有引起伤害的能量，二是有遭受伤害的对象（人或物），二者缺一不可。而且这两个因素必须相距很近，伤害能量能够达到，才能造成事故后果。如人的不安全行为和机械或物质危险是人-机"两方共系"中能量逆流的两个系列，其轨迹交叉点就会造成事故。如图 2-4 所示。

潜在的危险性只有在一定条件下才能发展成为事故。为了迅速地找出危险源（点），除需具有丰富的理论基础和实践知识外，还可以从能量的转换

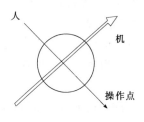

图 2-4　人机轨迹交叉

19

等几方面入手。

生活和生产都离不开能源,在正常情况下,能量通过做有用功制造产品和提供服务,其能量平衡式为:

输入能＝有用功(做功能)＋正常耗损能

但在非正常运行状态下,其能量平衡式为:

输入能＝有用功＋正常耗损能＋逸散能

这个逸散能作用在人体上就是伤害事故,作用在设备上则损坏设备。因此,从预防事故来看,关键是查找出生产现场能量体系中潜在的危险因素。

能够转化为破坏能力的能量有:电能、原子能、机械能、势能和动能、压力和拉力、燃烧和爆炸、腐蚀、放射线、热能和热辐射、声能、化学能等。

另一种表示破坏能量的因素及事件也可作为参考:加速度、污染、化学反应、腐蚀、电(电击、电感、电热、电源故障等)、爆炸、火灾、热和温度(高温、低温、温度变化)、泄漏、湿度(高湿、低湿)、氧化、压力(高压、低压、压力变化)、辐射(热辐射、电磁辐射、紫外辐射、电离)、化学灼伤、结构损害或故障、机械冲击、振动与噪声等。

为了便于分析,我们应了解能量转换过程,为此有必要进一步叙述能量失控情况。一般说来,能量失控情况可分为两种模式:物理模式和化学模式。各类生产企业中,机械设备很多,因此从事故数量上来看,物理模式的能量失控引起的事故占大多数。

1. 物理模式

物理能可分为势能和动能两种形式。以势能的形式出现的,如处于高处的物体(如落体、坠落、倒塌、崩垮、塌方、冒顶等)、受压的弹性元件、贮存的热量、电压等。以动能的形式出现的有运动的机械、行驶的车辆、电流、流动的液体等。势能是静止的、潜在的,人们对其危险性的认识往往不敏感。然而由于某种原因,势能转换为动能时,危险性就可能急剧增大。动能凭人的视觉能感觉到它的存在,危险性可以一目了然,但是静止的人会被运动物体所撞伤,人与物体相互运动也可能受伤,行动的人碰到静止物体也会受伤,这些危险都是无法预料的。另外,还要注意有些物体同时具有两种能量,如电动机既有电能,又有机械回转能。

(1)物理爆炸。物理爆炸是纯粹物理现象产生的冲击波,它常常是因压力容器的破坏而产生,受压气体突然释放,能够产生很大的破坏力。如空压机贮气罐、液化气贮气罐、各种气瓶等。

(2)锅炉爆炸。锅炉是工业生产中用得较多的设备,又是比较容易发生灾害性事故的设备。锅炉爆炸比单纯的受压气体爆炸的破坏性更大,因为在相同压力下,蒸汽比同等体积的气体能量大很多倍。另外,锅炉的过热水由于锅炉破坏而闪蒸成蒸汽,使蒸汽中所含的热量进一步增多。引起锅炉爆炸的主要事件是锅炉体结垢、炉壁腐蚀、缺水和超压运行。所有的蒸汽发生器、冷却水夹套、烧沸水的设备、家用水暖设备等,都有可能发生锅炉型爆炸。

(3)机械失控。机械把一种形式的能量转换为另一种形式的能量,如把水的势能转换为电能,或把机械能转换成压缩、成型、挤压、破碎、切削等有用功。正在运转的机器有很大的动能,它们不断地有次序地进行能量转换工作或做有用功。由于机械设计不良、强度计算有误或超负荷运转,都可能造成机械失控,对机器本身或其附近目标做破坏功。例如离心机由于超速运行而发生爆炸;汽轮机的涡轮叶片超速引起内应力超过轮筋的拉力时,就可能发生物理型爆炸。

(4)电气失控。电动机和发电机是转换能量的装置,输电线和变压器、配电设备等则是传输电能的装置,而且前者同时具有电能和机械能。将电能转换为机械能的设备系统或元件若不完善或超负荷运行就可能发生电气失控,电能有逆流到人体的潜在危险,同时也会造成火灾或其他损失。

(5)其他物理能量失控。一些物理因素如热辐射、核污染、噪声和次声、电场和磁场、微波、激光、红外和紫外辐射等,如果失控,都会引起人员伤亡和财产损失。

2. 化学模式

化学模式危险性所产生的破坏力和物理模式不同,它是通过物质化合和分解等化学反应产生的能量失控而造成火灾或爆炸。其过程是静态化学能通过化学反应转变为物理能,由物理能对目标施加破坏力。化学爆炸的起因是由于化学反应失控,瞬时产生大量高温气体,该气体受到约束时可具有极大的压力,高压气体产生冲击波,对周围目标造成破坏。

化学模式通常有三种情况:

(1)直接火灾。当可燃性物质和氧气共存时,遇到火源就可能发生火灾。但是,应该注意某些非可燃性物质发生直接火灾的可能性,如各类粉尘,包括有机塑料粉尘、染料粉尘、某些金属如镁、铝等粉尘、煤及谷物粉尘等,它们能和空气充分结合,有些还有吸附空气的能力。这些粉尘在加工、运输、贮存过程中,容易造成粉尘爆炸,产生严重后果。

在石油和易燃液体加工过程中,一般都注意到尽可能减少与空气接触。但是在贮存过程中,如石油贮罐都装有呼吸阀,当环境温度高时(中午)排出多余的油气,若油气受到空间的约束,当达到爆炸极限,遇火就发生爆炸;当环境温度低时(晚上或雨后),则会吸入周围空气,如遇到静电火花也会发生爆炸。

(2)间接火灾。间接火灾系指受外力破坏引起本身发生火灾的情况,如设备或容器遭受外来事故的波及、易燃物质外泄、遇火源发生爆炸等。因此,在设计布局时要注意设备之间、装置之间、工厂之间的距离,避免间接火灾发生。

(3)自动反应。有些化学反应物体本身带有含氧分子团,不需外部供氧就能发生氧化反应。如炸药、过氧化物等,性质极不稳定,遇到冲击振动或其他刺激因素,就能发生火灾爆炸。另外,有些化合物本身聚合(不饱和烃类)和分解(乙炔),受到温度、压力或贮存时间的影响,会自动发生反应,造成火灾爆炸。

3. 有害因素

很多化学物质如氰化物、氯气、光气、氨、一氧化碳等,都会对人体造成急性或慢性的毒害。因此,国家为了保护职工身体健康,规定了这些有害物质在操作环境中的最高允许浓度,超过了规定的允许值则被认为存在着危险性。

要注意惰性气体等对人的危害性,如氮气会使人窒息致死。

生物性有害因素会使人致病,如致病微生物(细菌、病毒、真菌、原生物、螺旋体等)。

4. 外力因素

外力系指受到外界爆炸而产生的冲击波、爆破碎片的袭击等和地震、洪水、雷击、飓风等自然现象,对生产设备或房屋外施加很大的能量而造成的损坏和人身伤亡。

5. 人的因素

在人-机系统中,人子系统比机械子系统可靠性低很多。因为人具有自由性,再加上构成劳动集体的每个成员的精神素质和心理特征不同,易受环境条件所造成的心理上的影响,从而造成误操作。为了防止事故的发生就必须对人加强教育训练,提高其可靠性、适应能力和应变能力,同时加强人机工程学的研究,使机器能适应于人的操作,减少误差。

6. 环境因素

在生产现场,除机器设备能构成不安全状态和人的不安全行为造成事故外,生产所用的原材料、半成品、成品、工具以及工业废弃物等,如放置不当也会造成不安全状态,因为这些物体具有潜在的势能。还有粉尘、毒气、恶臭、照明、温度、湿度、噪声、振动、高频、微波、放射性等危害。环境危害不只限于在操作点上发生,而是发生在一定的范围内,影响面大。

23

第四节 危险性等级

一、危险性等级的划分

在危险性查出之后,应对其划分等级,排列出危险因素的先后次序和重点,以便分别处理。由于危险因素发展成为事故的起因和条件不同,因此在危险性预先分析中仅能作为定性评价,其等级如下。

1级:安全的——不发生危险。

2级:临界的——处于形成事故的边缘状态,暂时还不会造成人员伤害和系统损坏,但应予以排除或控制。

3级:危险的——会造成人员伤亡和系统损坏,应立即采取措施排除。

4级:破坏性的——会造成灾难性事故。

二、危险性等级的确定方法

当系统中存在很多危险因素时,如何分清其严重程度,因人而异,带有很大的主观性。为了较好地符合客观性,可集体讨论或多方征求意见,也可采取一些定性的决策方法。下面介绍一种矩阵比较法,其基本思路是:如有很多大小差不多的圆球放在一起,很难一下分出哪个最大,哪个次之。若将它们一对一比较,则较易判明。

具体方法是列出矩阵表。设某系统共有 6 个危险因素需要进行等级判别,可分别用字母 A、B、C、D、E、F 代表,画出一个如图2-5(a)所示的方阵。

按方阵图中顺序,比较每一列因素的严重性,用"×"号表示在列里严重、在行里不严重的因素。例如比较因素 A 和 B,A 比 B 严重,则在一列二行空格内画"×"号。再比较因素 A 和 C,A 比 C 不严重,在一列三行空格内不画"×"号。照此方法,依次一一对应比较后,可得出每一列画"×"号的总和。图 2-5(a)中结果是因素 E 画"×"号的总和为 5,因素 A、B、C 画"×"号的总和均为 3,因素 F 总和为 1,因素 D 则为零。这样就可得出各危险因素的严重性次序:E,A,B,C,F,D。其中因素 A、B、C 具有同等的严重性。

在这种情况下,可以承认 A、B、C 三因素具有同等严重性。为了分得细一些,也可在方阵图中增加一个"1"符号,以它代表严重性的 $\frac{1}{2}$,如图 2-5(b)所示,在两者有关的行和列各画一个"1"符号。这样处理后,对 A、B、C 3 个因素进行比较,可看出,因素 C 画"×"号为 $3\frac{1}{2}$,因素 A 为 3,因素 B 为 $2\frac{1}{2}$。这样,6 个因素的严重性的顺序是:E,C,A,B,F,D。需要指出的是,当因素较多时,这样一一对比会引起混乱,陷入自相矛盾的境地,为此要求在比较时应十分冷静、细致。至于对更多因素作比较的方法,可参考本书第十二章安全管理中关于科学决策的有关内容。

	A	B	C	D	E	F
A			×		×	
B	×				×	
C		×			×	
D	×	×	×		×	
E						
F	×					
Σ	3	3	3	0	5	1

(a)

	A	B	C	D	E	F
A		1	1		×	
B	1				×	
C	1				×	
D	×	×	×		×	
E						
F	×					
Σ	3	$2\frac{1}{2}$	$3\frac{1}{2}$	0	5	1

(b)

图 2-5 危险因素严重程度比较矩阵表

第五节 危险性控制

危险性识别和等级划分后,就可采取相应的预防措施,避免它发展成为事故。采取预防措施的原则首先是采取直接措施,即从危险源(或起因)着手。其次,则是间接措施,如隔离、个人防护等。

一、防止能量的破坏性作用

1. 限制能量的集中与蓄积

一定量的能量集中于一点要比它大面上散开所造成的伤害程度更大。有一些能量的物体本身,就是工厂的产品或原料,如炼油厂的原油及其产品汽油和轻油,发电厂的电以及一些化工企业原料用轻油等。对这样一些工厂要根据原料或产品的贮量和周转量规定限额来限制能量集中。对某些机械能可采用限制能量的速度和大小,规定极限量,如限速装置。对电气设备采用低电压装置,如使用低压测量仪表以及保险丝、断路器和使用安全电压等。

防止能量蓄积,如温度自动调节器、控制爆炸性气体或有害气体浓度的报警器、应用低势能(如地面装卸作业)等。

2. 控制能量的释放

(1)防止能量的逸散。如将放射性的物质贮存在专用容器内,电气设备和线路采用良好的绝缘材料以防止触电,高空作业人员使用安全带及建筑工地张挂安全网。

(2)延缓能量释放。如用安全阀、逸出阀、爆破片、吸收机械振动的吸振器以及缓冲装置等。

(3)另辟能量释放渠道。如接地电线、抽放煤炭堆中的瓦斯、排空管等。

3. 隔离能量

(1)在能源上采取措施。如在运动的机件上加防护罩、防冲击波的消波器、防噪声装置等。

(2)在能源和人与物之间设防护屏障。如防火墙、防水闸墙、辐射防护屏以及安全帽、安全鞋和手套等个体防护用具等。

(3)设置安全区、安全标志等。

4. 其他措施

为提高防护标准,可采用双重绝缘工具、低压电回路、连续监测和遥控等,为提高耐受能力,可挑选适应性强的人员以及选用耐高温、高寒和高强度材料。

二、降低损失程度的措施

事故一旦发生,应马上采取措施,抑制事态发展,减轻危害的严重性。如设紧急冲浴设备、采用快速救援活动和急救治疗等。

三、防止人的失误

人的失误是人为地使系统发生故障或发生使机件不良的事件,是违反设计和操作规程的错误行为。人的可靠性比机械、电器或电子原件要低很多,特别是情绪紧张时容易受作业环境影响,失误的可能性更大。为了减少人的失误,应为操作人员创造安全性较强的工作条件,设备要符合人机工程学的要求,重复操作频率大的工作应用机械代替手工,变手工操作为自动控制。

建立健全规章制度、严格监督检查、加强安全教育也是有力措施。

第六节　分析举例

下面用一个家用热水器的安全性分析来说明,如何辨识危险性和采取预防措施。

图 2-6 是家用热水器主要组成部分的简图。煤气供应的子系统用图 2-7 方框图表示,表明煤气供应的子系统各组成部分的相互联系和相互作用,该图也叫功能框图。

热水器用煤气加热,装有温度和煤气开关连锁,当水温超过规定温度时,连锁动作将煤气阀门关小;如果发生故障,则由泄压安全阀放出热水,防止事故发生。为了防止煤气漏出和炉膛内滞留煤

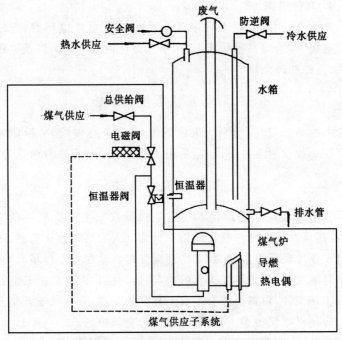

图 2-6　家用热水器主要组成部分简图

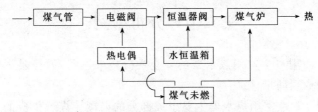

图 2-7　家用热水器—煤气供应子系统方框图

气,在热水器内设有燃气安全控制系统,由长明火、热电偶和电磁阀组成。由于长明火存在,即使漏出煤气也不会发生爆炸。若长明火灭了,热电偶起作用,通过电磁阀将煤气关闭,防止事故发生。表2-1分析了家用热水器的危险预测。

表 2-1 热水器危险性预先分析表

危险因素	触发事件	现象	形成事故的原因事件	事故情况	结果	危险等级	措施
水压高	煤气连续燃烧	有气泡产生	安全阀不动作	热水器爆炸	伤亡、损失	3	装爆破板,定期检查安全阀
水温高	煤气连续燃烧	有气泡产生	安全阀不动作	水过热	烫伤	2	装爆破板,定期检查安全阀
煤气	火嘴熄灭,煤气阀开,煤气泄漏	煤气充满	火花	煤气爆炸	伤亡、损失	3	火源和煤气阀装联锁,定期检查通风,气体检测器
毒气	火嘴熄灭,煤气阀开,煤气泄漏	煤气充满	人在室内	煤气中毒	伤亡	2	火源和煤气阀装联锁,定期检查通风,气体检测器
燃烧不完全	排气口关闭	一氧化碳充满	人在室内	一氧化碳中毒	伤亡	2	一氧化碳检测器,警报器、通风
火嘴着火	火嘴附近有可燃物	火嘴附近着火	火嘴引燃	火灾	伤亡、损失	3	火嘴附近应为耐火构造,定期检查
排气口高温	排气口关闭	排气口附近着火	火嘴连续燃烧	火灾	伤亡、损失	2	排气口装联锁,温度过高时煤气阀关闭,排气口附近应为耐火构造

第三章 安全检查表

安全检查表是进行安全检查,发现潜在危险,督促各项安全法规、制度、标准实施的一个较为有效的工具。这种用提纲的方式编成的检查表,很早就用于安全工作中。它是安全系统工程中最基础、最初步的一种形式。

第一节 概述

一、安全检查表的定义

安全检查表实际上就是一份实施安全检查和诊断的项目明细表,是安全检查结果的备忘录。通常为检查某一系统、设备以及各种操作管理和组织措施中的不安全因素,事先对检查对象加以剖析、分解、查明问题所在,并根据理论知识、实践经验、有关标准、规范和事故情报等进行周密细致的思考,确定检查的项目和要点,以提问方式,将检查项目和要点按系统编制成表,以备在设计或检查时,按规定的项目进行检查和诊断,这种表就叫安全检查表。

现代安全系统工程中很多分析方法,如危险性预先分析、故障模式及影响分析、事故树分析、事件树分析等,都是在这个基础上发展起来的。

安全检查表在安全检查中之所以能够发挥作用,是因为安全检查表是用系统工程的观点,组织有经验的人员,首先将复杂的系统分解成为子系统或更小的单元,然后集中讨论这些单元中可能存在什么样的危险性、会造成什么样的后果、如何避免或消除它,等等。由于可以事先组织有关人员编制,容易做到全面周到,避免漏项。经过长时期的实践与修订,可使安全检查表更加完善。

安全检查表在安全系统工程诸方法中,是一种最基础、最初步的方法,它不仅是实施安全检查的一种重要手段,也是预测和预防潜在危险因素的一个有效工具。

二、安全检查表的功用

归纳起来,安全检查表主要有以下功用。

(1)安全检查人员能根据检查表预定的目的、要求和检查要点进行检查,做到突出重点,避免疏忽、遗漏和盲目性,及时发现和查明各种危险和隐患。

(2)针对不同的对象和要求编制相应的安全检查表,可实现安全检查的标准化、规范化。同时也可为设计新系统、新工艺、新装备提供安全设计的有用资料。

(3)依据安全检查表进行检查,是监督各项安全规章制度的实施和纠正违章指挥、违章作业的有效方式。它能克服因人而异的检查结果,提高检查水平,同时也是进行安全教育的一种有效手段。

(4)可作为安全检查人员或现场作业人员履行职责的凭据,有利于落实安全生产责任制,同时也可为新老安全员顺利交接安全检查工作打下良好的基础。

三、安全检查表的种类

安全检查表的应用范围十分广泛,如对工程项目的设计、机械设备的制造、生产作业环境、日常操作、人员的行为、各种机械设备及设施的运行与使用、组织管理等各个方面。加上安全检查的目的和对象不同,检查的着眼点也就不同,因而需要编制不同类型的检查表。

安全检查表按其用途可分为以下几种。

1. 设计审查用安全检查表

分析事故情报资料表明,由于设计不良而存在不安全因素所造成的事故约占事故总数的 1/4。如果在设计时能够设法将不安全因素除掉,则可取得事半功倍的效果。否则,设计付诸实施后,再进行安全方面的修改,不仅浪费资金,而且往往收不到满意的效果。因此,在设计之前,应为设计者提供相应的安全检查表。检查表中应附上有关规程、规范、标准,这样既可扩大设计人员知识面,又可使他们乐于采取这些标准中的数据与要求,避免与安全人员发生争议。安全人员也可在"三同时"审查时使用此类安全检查表。

设计用的安全检查表其内容主要包括:厂址选择、平面布置、工艺流程的安全性、装备的配置、建筑物与构筑物、安全装置与设施、操作的安全性、危险物品的贮存与运输、消防设施等方面。

2. 厂级安全检查表

这类检查表供全厂性安全检查用,可也供安技、防火部门进行日常检查时使用。其主要内容包括厂区内各个产品的工艺和装置的安全可靠性、要害部位、主要安全装置与设施、危险品的贮存与使用、消防通道与设施、操作管理及遵章守纪情况等。检查要突出要害部位,注意力集中在大面的检查上。

3. 车间用安全检查表

供车间进行定期安全检查或预防性检查时使用。该检查表主要集中在防止人身、设备、机械加工等事故方面,其内容主要包括工艺安全、设备布置、安全通道、在制品及物件存放、通风照明、噪声与振动、安全标志、人机工程、尘毒及有害气体浓度、消防设施及操作管理等。

4. 工段及岗位用安全检查表

用于日常安全检查、工人自查、互查或安全教育,主要集中在防止人身及误操作引起的事故方面。其内容应根据工序或岗位的主体设备、工艺过程、危险部位、防灾控制点即整个系统的安全性来制定。要求内容具体,简明易行。

5. **专业性安全检查表**

由专业机构或职能部门编制和使用。主要用于专业检查或定期检查,如对电气设备、锅炉压力容器、防火防爆、特殊装置与设施等的专业检查。检查表的内容要符合有关专业安全技术要求。

第二节　安全检查表的编制

一、编制安全检查表的依据

安全检查表应列举需查明的所有能导致工伤或事故的不安全状态和行为。为了使检查表在内容上能结合实际、突出重点、简明易行、符合安全要求,应依据以下三个方面进行编制。

1. **有关规程、规范、规定、标准与手册**

安全检查表应以国家、部门、行业、企业所颁发的有关安全法令、规章、制度、规程以及标准、手册等为依据。如编制生产装置的检查表,要以该产品的设计规范为依据,对检查中涉及的控制指标应规定出安全的临界值,即设计指标的容许值,超过容许值应报告并作处理。对专用设备如电气设备、锅炉压力容器、起重机具、机动车辆等,应按各相关的规程与标准进行编制,使检查表的内容在实施中均能做到科学、合理并符合法规的要求。

2. **国内外事故情报**

编制检查表应认真收集国内外有关各种事故案例资料,结合编制对象,仔细分析有关的不安全状态,并一一列举出来,这是杜绝隐患首先必须做的工作。但要注意,历史资料仅表明以往的特定部位的常见事故,我们不能墨守陈规。此外,还应参照危险性预先分析、事故树分析和可靠性研究等分析的结果,把有关的基本事件列入检查项目中。

3. 本单位的经验

要在总结本单位生产操作和安全管理资料的实践经验、分析各种潜在危险因素和外界环境条件基础上,编制出结合本单位实际的检查表,切忌生搬硬套。

二、安全检查表的格式

最简单的安全检查表格式如表 3-1 所示。

表 3-1 安全检查表的格式

序号	项目名称	检查内容	检查结果	备 注	检查时间和检查人

必须包括:①序号(统一编号);②项目名称,如子系统、车间、工段、设备等;③检查内容,在修辞上可用直接陈述句,也可用疑问句;④检查结果,即回答栏,有的采用"是"、"否"符号,即"○"、"×"表示,有的打分;⑤备注栏,可注明建议改进措施或情况反馈等事项;⑥检查时间和检查人。

为了使检查表进一步具体化,还可根据实际情况和需要增添栏目,如将各检查项目的标准或参考标准列出,或对各个项目的重要程度做出标记等。

三、编制安全检查表的程序与方法

1. 编制安全检查表的程序

编制安全检查表和对待其他事物一样,都有一个处理问题的程序,图 3-1 是编制安全检查表的程序框图。

2. 程序说明

(1)系统的功能分解。一般工程系统(装置)都比较复杂,难以直接编制出总的检查表。我们可按系统工程观点将系统进行功能分解,建立功能结构图。这样既可显示各构成要素、部件、组件、子系统与总系统之间的关系,又可通过各构成要素的不安全状态的有机组合求得总系统的检查表。关于功能分解见本书第二章有关内容。

(2)人、机、物、管理和环境因素。如以生产车间为研究对象,生产车间是一个生产系统,车间中的人、机、物、管理和环境是生产系统中的子系统。从安全观点出发,不只是考虑"人-机系统",应该是"人-机-物-管理-环境系统"。人是生产系统中的主体,在生产系统中,机械子系统比人子系统可靠性高,因为机械系统没有自由性。人具有自由性,构成劳动集体中的每个成员的心理素质和心理特征不同,在安全地完成预期任务中是不稳定的。伤亡事故多发生于人的不安全行为(人的失误)和物(包括机器、设备、工具等)的不安全状态两系列运动轨迹的交叉点上。例如能量逆流于人体造成伤亡事故。就物这一子系统的不安全状态来说,它引起事故的原因大致有:原材料、半成品、工具及边角料等物放置地方不当或堆放过高,或有易燃、易爆和有毒物质等。机械子系统的不安全状态有:机器设备本身存在缺陷、防护装置的缺陷、保护器具和个体防护用品的缺陷等。在生产车间(现场),除人、机、物构成不安全行为与不安全状态从而导致事故发生之外,安全管理和现场环境也会造成不安全行为与不安全状态。如规章制度不健全、劳动组织不合理、现场缺乏检查、安全教育训练缺乏、违章违纪等,都可能导致事故发生。环境条件不仅构成不安全状态,如光线不足、通道情况不良(有油、水、不平、坑等)、热辐射等,而且还影响人的可靠性,造成人的不安全行为,如作业环境恶劣(高温、高噪声、振动、有毒、恶臭等)可能会产生恐惧心理、体质下降,甚至造成职业病或产生心理变态等,都可能导致操作失误。

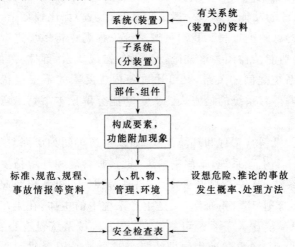

图 3-1　安全检查表编制的程序框图

（3）潜在危险因素的探求。一个复杂的或新的系统,人们一时难以认识其潜在危险因素和不安全状态,对于这类系统可采用类似"黑箱法"原理来探求。即首先设想系统可能存在哪些危险及其潜在部分,并推论其事故发生过程和概率,然后逐步将危险因素具体化,最后寻求处理危险的方法。通过分析不仅可以发现其潜在危险因素,而且可以掌握事故发生的机理和规律。

四、编制安全检查表应注意的问题

（1）编制安全检查表的过程,实质是理论知识、实践经验系统化的过程,一个高水平的安全检查表需要专业技术的全面性、多学科的综合性和对实际经验的统一性。为此,应组织技术人员、管理人员、操作人员和安技人员深入现场共同编制。

（2）按查隐患要求列出的检查项目应齐全、具体、明确,突出重点,抓住要害。为了避免重复,尽可能将同类性质的问题列在一起,系统地列出问题或状态。另外应规定检查方法，并有合格标准。防止检查表笼统化、行政化。

（3）各类检查表都有其适用对象，各有侧重，是不宜通用的。如专业检查表与日常检查表要加以区分，专业检查表应详细，而日常检查表则应简明扼要，突出重点。

（4）危险性部位应详细检查，确保一切隐患在可能发生事故之前就被发现。

（5）编制安全检查表应将安全系统工程中的事故树分析、事件树分析、危险性预先分析和可操作性研究等方法结合进行，把一些基本事件列入检查项目中。

第三节　安全检查表举例

安全检查表的应用十分广泛，各行各业都有其不同特点，要编制切合本专业特点的检查表，其内容及重点就应符合实际需要，因而不存在各行业通用的标准化的安全检查表。下面介绍几种不同格式的检查表供参考。

一、金属切削机床设计安全检查表

编号	检查内容	所依据的法规标准
1	机床必须具有适应环境的足够能力，特别是抗温度、耐磨损、防腐蚀等能力	GB5083
2	机床的各种受力零、部件必须有合理的结构、材料、工艺和安全系数，在规定的使用寿命内和使用条件下不得产生断裂和破碎	GB5083
3	选用的材料在规定使用寿命和条件下，必须能承受可能出现的各种物理的、化学的作用。例如：对人体有危害的材料；因材料老化或疲劳可能引起危险；易被腐蚀或空蚀的材料	GB5083

编号	检查内容	所依据的法规标准
4	机床及其零、部件应设计成不带易伤人的锐角、利棱、凸凹不平的表面和较突出的部分	GB5083
5	操纵机构一般应有电气或机械等联锁装置;可能出现误动作的操纵机构必须有保护措施;各种操纵机构的功能应明确可辨,必要时应辅以易理解的形象化符号或文字说明;操纵力和操纵行程应符合人的生理特点和控制任务;操纵动作应与执行部件的响应相适应;操纵手把等的形状、尺寸、间隔和表面特征,应满足安全可靠、便于操作和舒适的要求;操纵手把较多时,应给出正确动作次序示意图	GB5083
6	信号和显示器的设计,应适应人的感觉特性。应在安全、清晰、迅速的原则下,根据工艺特点,布置在人员易看到和易听到的范围内;与操作者的距离、角度和对比度要适宜;易发生故障和危险性较大的地方,必须配置声、光或声、光组合的报警装置	GB5083
7	按钮站应设置在操作人员最便于操作的地方。对大型机床根据布局的特点,按钮站可设计成可移动式或多个按钮站	GB5083
8	照明设计按 TJ34—79《工业企业照明设计标准》检查,必须保证操作点和操作区域有充足的照度,无频闪效应和眩光现象;生产设备内部经常进行观察的部位,应备有照明装置或电源插座	GB5083
9	机床上的相对运动部位应具有良好的润滑条件,并尽可能采用集中润滑或自动润滑方式。对大型机床和精密机床应采用强迫润滑方式,并设有联锁装置,在油压达到一定值后,才能起动设备	GB5083
10	机床应便于吊装,必须能避免在吊装时发生倾覆。重量较大的机床或零、部件,必要时应设置吊孔。重量超过1吨的组装件或零件,宜在适当部位标出重量	GB5083

编号	检 查 内 容	所依据的法规标准
11	需要进行检查和维修的部位必须处于安全状态,维修检查必须方便,留有足够的空间;需进入内部检修的设备应有安全技术措施或联锁装置	GB5083
12	操作者需要接近的可动零部件必须配置必要的安全防护装置,为了防止超过极限位置,应配置可靠的限位装置;具有动能或势能的可动零部件必须配置限速、防坠落或逆转装置	GB5083
13	安全防护装置应满足下列要求:①保证操作者触及不到运转中的零、部件;②在操作者接近可动零、部件并有可能发生危险的紧急情况下,机床应不能起动或立即自动停机、制动;③安全防护装置应便于调节、检查和维修,并不得成为危险发生源	GB5083
14	凡高度在 2m 之内的所有传动带、转轴、传动链、联轴节、带轮、齿轮、飞轮、链轮、电锯等危险零部件及危险部位都必须设置防护装置;固定式防护罩应设计得坚固耐用;可动式防护罩应有联锁装置,一旦开启防护罩,应能立即自动停机	GB5083
15	为了防止高速旋转的零、部件、工具或切屑飞甩的危险,应配置防护罩;运行过程中紧急停机或突然停电时,若存在工具、工件、联接件等有飞甩危险,应采取防松脱措施,配置防护罩或防护网等安全防护装置	GB5083
16	使用液压或气压的机床,应能避免排出带压液体或压缩气体造成危险,同时隔离能源装置,必须安全可靠	GB5083
17	自动或半自动的开关和控制程序必须按功能顺序排列,并有保护装置	GB5083
18	对某些大型机床开车看不见控制点全貌的,必须有开车预警信号装置	GB5083
19	控制线路必须保证线路发生故障或损坏时不致造成危险	GB5083

编号	检查内容	所依据的法规标准
20	机床使用的离合器、制动装置或联锁装置,必须能起强制性作用	GB5083
21	调节部分要采用防止误操作、误通、误断的自动联锁装置	GB5083
22	复杂的数字控制机床应配备有过载、温度、低电压、压缩空气、冷却液等自动监控装置	GB5083
23	计算机控制的机床应配备有双电源	GB5083
24	大型机床紧急事故开关必须有足够数量,且为安全红色,必须能迅速无危险地触及到	GB5083
25	对于在调整、检查、维修时,需要察看危险区域或人体局部(手或臂)需要伸进危险区域的机床,必须防止误启动。要有机械保护,能强制切断控制和电源或用可拔出的开关钥匙	GB5083
26	必须采取措施控制振动和噪声,使其指标低于产品标准的规定	GB5083
27	凡工艺过程中产生粉尘的磨床等,必须设有吸尘器	GB5083
28	每台机床必须有标牌,使用安全色;易发生危险的部位,必须有安全标志。设计时按GB2893—82《安全色》和GB2894—82《安全标志》执行	GB5083
29	说明书内容应包括:安装、搬运、贮存、使用、维修和安全卫生等有关规定	GB5083

说明:①GB5083——是《生产设备安全卫生设计总则》GB5083—85;②设计安全检查表是一种"活本"的安全检查,是落实"安全第一,预防为主"劳动保护方针的重要手段,能起到事半功倍的效果。

二、变配电站安全检查表

序号	检查内容	检查方法	应得分	实得分	说明
1	变配电站环境		15		
1.1	与其他建筑物间有足够的安全消防通道	以消防车辆能通过和转弯、调头为判断标准	2		
1.2	与爆炸危险场所、具腐蚀性场所有足够间距	一般以30m距离内无爆炸危险和防腐蚀场所为合格	2		
1.3	地势不应低洼,防止雨后积水	如处于低洼地势,但有可靠的防积水措施可视为合格	2		
1.4	应设有100%变压器油量的贮油池或排油设施	贮油池与变压器比较估计,对排油设施要按土建施工图来判断	2		
1.5	变配电间门应向外开,高低压室门应向低压间开,相邻配电室门应双向开	三条应全满足,若有一条不满足则本项不给分	2		
1.6	门、窗孔应装置网孔小于10mm×10mm的金属窗网	查证门、窗、排风扇洞口和其他洞口处	2		
1.7	电缆沟隧道进户套管应有防小动物和防水措施	查看沟和隧道内有无积水痕迹和潮湿程度	3		
2	变压器		35		
2.1	油标油位标示清晰,油色透明无杂质,变压器油有定期绝缘测试化验报告,不漏油	一是查阅加油、换油记录和油质定期绝缘测试及化验报告;二是在现场查看,在变配电站中有任一台变压器不符合要求,则不得分	5		
2.2	油温指示清晰,温度应低于85℃,冷却设备完好	现场查看	5		

序号	检查内容	检查方法	应得分	实得分	说明
2.3	绝缘和接地完好可靠,有定期检测资料	查证定期检测报告和设计资料。对变压器、高压带电体与低压电体之间,两带电体与设备外壳之间的绝缘电阻值都要达到安全运行的规范要求。对变压器所在的变配电站作业场所,应设立网状接地体,使操作者可能接触的地面形成"等电位区",并要求变压器外壳与接地体之间有可靠的电气连接和机械连接	10		
2.4	瓷瓶、套管清洁、无裂纹或放电痕迹	用望远镜进行现场观察,达到要求合格	5		
2.5	变压器内部无异常响声和放电声	主要靠现场去听,无放电声和无异常响声为合格	7		
2.6	应有规定的警示标志和遮栏	现场查看	3		
3	高低压配电间、电容器间		50		
3.1	所有瓷瓶、套管、绝缘子应清洁无裂纹	用望远镜进行现场观察	2		
3.2	所有母线应整洁,接点接触良好,母线温度应低于70℃,漆包鲜明,连接牢固	用望远镜观察母线接头处是否有漆层变焦现象来判断接触是否良好,也可用一根长蜡烛接触母线,看蜡烛是否熔化来判断	2		
3.3	电缆头外表清洁,无漏油,接地可靠	现场查看	2		

42

序号	检查内容	检查方法	应得分	实得分	说明
3.4	油断路器应为国家许可生产厂的合格产品,有定期维修检验记录,油位正常,油色透明无杂质,无漏油、渗油现象	看产品合格证书和每年电力部门进行的检测报告,现场查看,任一点不符合要求则应将13分全部扣除	13		
3.5	操作机构应为国家许可生产厂的合格产品,有定期维修检验记录。操作灵活,联锁可靠,脱扣保护合理可靠	主要靠电力部门每年进行的检测报告为准,同时对仍使用的手力操作机构,均视为不合格	12		
3.6	所有空气开关灭弧罩应完整,触头平整	凡发现一处缺灭弧罩或一处触头结疤未及时修复者,则此项得分全扣	2		
3.7	电力电容外壳无膨胀、漏油现象	凡发现运行中的电容器任何一组有外壳膨胀或漏油现象,则应将得分完全扣除	2		
3.8	接地可靠,并有定期测试记录	以电力部门定期检测报告的结论为准	5		
3.9	应规定警示标志及工作操作标志	只要现场有符合规定的标志即视为合格	2		
3.10	各种安全用具应完好可靠,有定期检测资料,存放合理	以查阅电力部门定期的检测报告为主要依据,在现场只查看是否保管合理	5		
3.11	变配电间内各种通道应符合安全要求	板后维护通道净宽不小于0.8m;单排柜板前通道宽不小于1m;双排对向柜通道宽不小于1.5m为合格	3		

三、电焊岗位安全检查表

序号	检查内容	检查结果 是(√)	检查结果 否(×)	备注
1	焊接场地是否有禁止存放的易燃易爆物品?配备有消防器材否?			
2	场地照明是否充足?通风是否良好?			
3	操作人员是否按规定穿戴和配备防护用品?			
4	电焊机二次线圈及外壳是否接地或接零?			
5	电焊机散热情况如何?是否一机一闸?			
6	电焊机的电源线、引出线及各接线点是否良好?			
7	一次、二次线圈及焊夹把手绝缘是否良好?线的长度及连接方式是否合乎规定?座凳是否绝缘性好?			
8	交流电焊机是否安装自动开关装置?			
9	工作照明是否安全电压?			
10	是否有非焊工违章进行操作?			
11	工作完毕后,是否清理了工作现场,熄灭熔渣,并拉掉总闸?			

四、专用工具安全检查表

这里介绍德国的手持灭火器安全检查表,该表根据德国有关规程标准制定,如 UVV 总则 §19、ZHI/201《工厂手持灭火器的配备》和 ZHI/224《防火》汽车库的国家制度 §48。

序号	检查内容	情况说明
1	手持灭火器的数量足够吗?	
2	灭火器的放置地点是否使人都易马上看到(容易看到,加标记且不宜放置太高)?	

序号	检 查 内 容	情况说明
3	通往灭火器的通道畅通无阻吗?	
4	每个灭火器都有有效的检查标志吗(规定每两年由专门人员检查一次)?	
5	灭火器对所要扑灭的火灾适用吗(湿式或泡沫式灭火器对电气火灾不适用)?	
6	大家都熟悉灭火器的操作吗?	
7	是否已用其他灭火器取代了四氯化碳灭火器?	
8	在规定的所有地点都配备了灭火器吗?	
9	灭火药剂易冻的灭火器(如湿式灭火器)采取了防冻措施吗?	
10	能保证用过的或损坏的灭火器及时更换吗?	
11	每个人都知道自己工作区域内的灭火器在何地点吗?	
12	汽车库内有必备的手持灭火器(10 辆以内至少应配备一个灭火器)吗?	

说明:根据火灾危险程度和厂房类型及大小来确定灭火器配备数量,见表 3-2。

表 3-2 不同火灾情况的灭火器配备数

火灾危险程度	配置灭火器(Ⅳ)最少个数	房间面积不大于(m²)	房间面积扩大需增加的个数
小火灾危险(如机械车间)	2	150	每扩大 400m² 增加 1 个
中等火灾危险(仓库、办公楼等)	2	100	每扩大 200m² 增加 1 个
高火灾危险(易燃液体、木材加工、油漆车间等)	2	50	每扩大 200m² 增加 1 个

第四章 可靠性问题

可靠性技术本来是为了分析由于机械零部件的故障，或人的差错而使设备或系统丧失原有功能或功能下降的原因而产生的学科。故障和差错不仅使设备或系统功能下降，而且往往还是意外事故和灾害的原因。因此，可靠性在安全系统工程中占有很重要的位置。它不仅直接反映着产品的质量指标，而且还关系到整个系统运行过程中的可靠性和安全性。

第一节 概述

一、可靠性、安全性和风险性

可靠性、安全性和风险性这三个术语在词义上有一定程度的重迭，往往还相互混淆。

1. **可靠性**

可靠性的经典定义是：系统、设备或元件等在规定的条件下，在规定的时间内，完成指定的功能的能力。

可靠度是衡量可靠性的尺度，它的定义是：系统、设备或元件等在规定的条件下和预期的使用期内，完成其功能的概率。在定义中应明确五要素：①具体的对象(指系统、设备、元件等)；②所规定的功能及失效现象；③规定的条件；④规定的时间，产品的可靠度不仅与其使用条件有关，还依赖于时间，这个时间可以用周期、次数、距离等来计量;⑤概率,关于概率似乎没有另加说明的必要,这里就是多数的对象在明确了上述②～④的情况下观测的结果,作为完成其功能的比率(0～1.0之间的数值)来把握。

五要素中②的"规定功能(也就是可靠度)"是依存于规定条件和规定期限的。同一产品,由于使用条件、维护条件不同,其可靠度也将有所不同。同样,环境条件不同,如冲击、振动、温度、湿度等环境应力(称为外部应力),负荷、荷重等的对象功能应力(称为内部应力),都对可靠度有影响。

2. 安全性

安全性的定义是:人们在某一种环境中工作或生活感受到的危险或危害是已知的,并且是可控制在可接受的水平上。安全性不同于可靠性,但它们之间有密切关系。例如火车在运行时发生故障,造成运行中断或误点,人们都认为是可靠性的问题,但飞机发生故障,起落架放不下来,则认为是安全性的问题。又如有的产品结构坚固,经久耐用,可靠性是好的,但若设计时对安全问题考虑不周,容易对操作人员造成伤害,则安全性是差的。

设 S 代表安全性,D 代表危险性,则应有 $S=1-D$。

3. 风险性

风险性是指在一定时间内,造成人员伤亡和财物损失的可能性,其程度可用发生概率和损失大小的乘积来表示。安全性是通过风险值或接受的危险概率来定量评价安全性程度的。

二、可靠度、维修度和有效度

可靠度是产品不发生故障的概率。但是,像生产设备、汽车、计算机、电视机等那些复杂的贵重耐用的产品,通常不会在发生故障后抛弃,而是经修复后再使用。这类产品或系统,除了要有不发生故障的可靠度外,还要有易于修理的特性。在发生故障后的某段时间内完成维修的概率,称为维修度。由此可见,对于可修复的产品或系统,其广义可靠性包括:①不发生故障的狭义可靠度;②发生故障后进行修复的维修度。

上述的广义可靠性称为有效度。有效度就是在某种使用条件下和规定的时间内,系统或产品保持正常使用状态的概率。

再具体地讲,给定某使用时间 t,维修所容许的时间 τ(它远小于 t),设某产品的可靠度、维修度和有效度分别为 $R(t)$、$M(\tau)$ 和 $A(t,\tau)$,则它们之间的关系为:

$$A(t,\tau) = R(t) + (1 - R(t))M(\tau) \qquad (4\text{-}1)$$

式中第一项是在时间 t 内不发生故障的可靠度,第二项包括在时间 t 内发生故障的概率 $(1-R(t))$ 和在时间 τ 内修好的概率 $M(\tau)$。为了满足某种有效度,最好一开始就做到高可靠度或高维修度(图4-1)。当然也可以使可靠度很低,提高维修度来满足所需的有效度,但这样就会经常发生故障,从而提高了维修费用。反之,若采用高可靠度、低维修度,则产品的初始费用过高。所以,设计师必须在产品的价值和产品的可靠度二者之间进行均衡(见图4-2)。

应该指出,维修度就是表示维修难易的客观指标。与上述讲的可靠度一样,其定义是在规定的条件下,在规定的时间内,对可修复的产品、系统或零件的维修,能完成的概率。其中"规定的条件"当然是与维修人员的技术水平、熟练程度、维修方法、备件以及补充部件的后勤体制等密切相关的。

要提高产品或系统的维修度,就需考虑"维修三要素":①维修性设计时,要做到产品发生故障时,易于发现或检查,且易于修理;②维修人员要有熟练的技能;③维修设备、后勤系统要优良。

三、用时间计量可靠度、维修度和有效度

可靠度、维修度和有效度除了可用概率度量外,还可以用时间或每小时次数来度量。

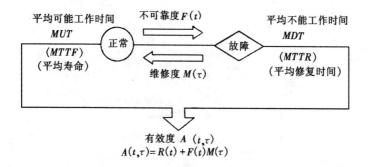

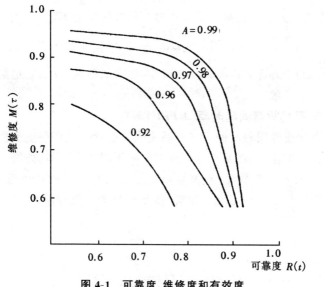

图 4-1 可靠度、维修度和有效度

1. 故障前平均工作时间（*MTTF*）

故障前平均工作时间是指不可修复的产品，由开始工作直到发生故障前连续的正常工作时间。显然这时间 t 可以认为从 $0 \rightarrow \infty$ 内的一个任意可能值。因而对某一产品或零件的故障前的平均时

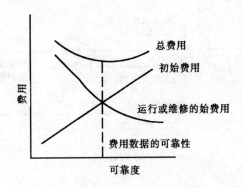

图 4-2 可靠度与费用之间的关系

间,应理解为它们连续正常工作时间的数学期望 $E(t)$。于是有

$$MTTF = E(t) = \int_0^\infty tf(t)\mathrm{d}t \qquad (4-2)$$

式中 $f(t)$ 为寿命 t 的概率密度函数。在可靠性理论中,它也是故障概率密度函数。

2. 平均故障间隔时间（MTBF）

平均故障间隔时间是指产品发生了故障后经修理或更换零件仍能正常工作,其在两次相邻故障间的平均工作时间。如第一次工作 t_1 时间后出现故障,经修复后第二次工作 t_2 时间后出现故障,第 n 次工作 t_n 时间后出现故障,则平均故障间隔时间为

$$MTBF = \frac{\sum_{i=1}^n t_i}{n} \qquad (4-3)$$

3. 平均故障修复时间（MTTR）

是指产品出现故障后到恢复正常工作时所需要的时间。如第一次故障修复的时间为 τ_1,第二次故障修复时间 τ_2,第 n 次故障修复时间 τ_n,则

50

$$MTTR = \frac{\sum_{i=1}^{n} \tau_i}{n} \qquad (4\text{-}4)$$

四、可靠性尺度的作用

通过以上分析,可靠性尺度可用概率来度量,也可用时间来度量,其作用有:①数量化,可用刻度来表示;②能判断产品的寿命;③明确产品的可靠性是否可靠;④知道使用时间与发生故障的关系;⑤测定运行的产品将来的工作状态。

第二节　可靠度函数与故障率

一、可靠度函数

产品或零组件在使用中发生故障,不管由于什么原因,都认为该产品或零组件失效。因此,失效和可靠的工作就是一对矛盾。

从定义可看出,在一定的使用条件下,可靠度是时间的函数。设可靠度为 $R(t)$,不可靠度为 $F(t)$,则有:

$$R(t) + F(t) = 1 \qquad (4\text{-}5)$$

$R(t)$ 与 $F(t)$ 的形状正好相反,如图 4-3(b)。从图 4-3(b)可看出,在规定时间内可靠度为 95% 时,不可靠度为 5%。可靠度可理解为当样本数很多时,对规定样本获得的残存率(见图4-3(a))。

由于 $F(t)$ 是时间的函数,在 $F(t)$ 是时间的连续函数的条件下,对时间微分,则有

$$f(t) = \frac{\mathrm{d}F(t)}{\mathrm{d}t} = -\frac{\mathrm{d}R(t)}{\mathrm{d}t} \qquad (4\text{-}6)$$

$$F(t) = \int_0^t f(t)\mathrm{d}t \qquad (4\text{-}7)$$

$$R(t) = \int_t^\infty f(t)\mathrm{d}t \qquad (4\text{-}8)$$

$f(t)$称为故障概率密度函数(见图 4-3(d))。

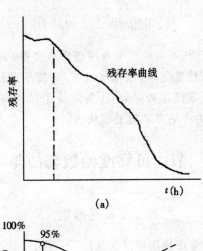

(a)

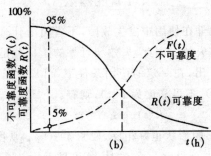

(b)

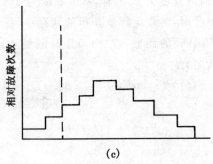

(c)

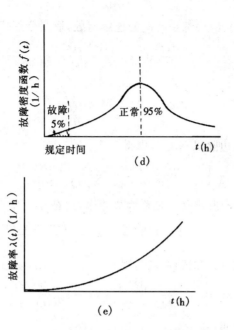

图 4-3 可靠度函数、故障密度函数与故障率

设有 N 个相同的样件同时试验时,在 t 时间后有 N_f 件失效,则会有 $N_s = N - N_f$ 件仍正常地工作。显然 N_f 和 N_s 都是时间的函数,一般记为 $N_f(t)$ 和 $N_s(t)$,而

$$N_s(t) + N_f(t) = N \tag{4-9}$$

根据可靠度的定义有

$$\left. \begin{array}{l} R(t) = \dfrac{N_s(t)}{N} = \dfrac{N_s(t)}{N_s(t) + N_f(t)} \\[3mm] F(t) = \dfrac{N_f(t)}{N} \end{array} \right\} \tag{4-10}$$

由上式还可导出

$$R(t) = \frac{N - N_f(t)}{N} = 1 - \frac{N_f(t)}{N} = 1 - F(t) \tag{4-11}$$

因为 R(t)、F(t) 都是时间的连续函数,取微分形式,则有:

$$\frac{dR(t)}{dt} = -\frac{1}{N} \frac{dN_f(t)}{dt}$$

或

$$\frac{dN_f(t)}{dt} = -N \frac{dR(t)}{dt}$$

将上式两边除以 $N_s(t)$,则得

$$\frac{1}{N_s(t)} \cdot \frac{dN_f(t)}{dt} = -\frac{N}{N_s(t)} \cdot \frac{dR(t)}{dt} \tag{4-12}$$

把式(4-12)所定义的量称为故障率,用符号 λ(t) 表示,则

$$\lambda(t) = \frac{1}{N_s(t)} \cdot \frac{dN_f(t)}{dt} = \frac{-N}{N_s(t)} \cdot \frac{dR(t)}{dt} \tag{4-13}$$

利用式(4-10)和式(4-11),则有

$$\lambda(t) = \frac{1}{N_{(t)}} \cdot \frac{dN_f(t)}{dt} = \frac{-dR(t)/dt}{R(t)} \tag{4-14}$$

利用式(4-6)有

$$\lambda(t) = \frac{f(t)}{R(t)} \tag{4-15}$$

进一步变换(4-14)式,则有

$$\lambda(t)dt = -\frac{dR(t)}{R(t)} \tag{4-16}$$

$$\int_0^t \lambda(t)dt = -\int_0^t \frac{dR(t)}{R(t)} = -\ln R(t) \Big|_0^t$$

由于 $R(0)=1, \ln R(0)=0$,因而

$$\int_0^t \lambda(t)dt = -\ln R(t)$$

$$R(t) = \exp\left[-\int_0^t \lambda(t)dt\right] \tag{4-17}$$

54

二、故障率曲线

在实际使用过程中的产品或机械零件,如不进行预防性维修或对于不可修复的产品,其故障率随时间而变化的情况如图 4-4 所示。

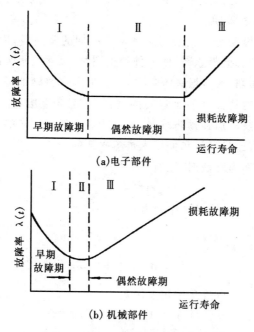

图 4-4　机电产品的典型故障率曲线

1. 早期故障期

早期故障期的故障率,由极高值很快地降下来。这个高的故障率主要是由于零件加工和部件装配等方面不当引起的,一般这一阶段经历时间很短。如果在制造工序中增加一道跑合工序(对机械产品)或老化工序(对电子产品),则可使出厂的产品一开始就可达到一个较低或很低的故障率。

2. 偶然故障期

偶然故障期的故障率降到很低而进入稳定的状态,其故障率可视为常量。这个时期是零件的正常使用期。在这个时期中发生的故障都是因为偶然原因引起的。例如对机械系统来讲,由于振动、冲击、温度的突变等而引起。这一时期一般是较长的。

3. 耗损故障期

耗损故障期是产品经历上述两个时期的使用后,由于材料的疲劳、蠕变和磨损等原因,使零件发生裂纹、尺寸的永久改变、间隙增大、冲击加剧、噪声增大等后果,而使故障率急剧地增大。

一个机电产品在整个运转的过程中,都会经历这三个不同的故障率的阶段。加强预防维修,尽可能避免偶然因素的影响,就可延长使用期,这是设计和使用人员感兴趣的。

当故障率为常数时,则有:

$$\lambda(t) = \lambda \tag{4-18}$$

由式(4-17),得出可靠度为:

$$R(t) = \exp\left[-\int_0^t \lambda(t)\mathrm{d}t\right]$$
$$= \exp\left[-\lambda\int_0^t \mathrm{d}t\right] = \mathrm{e}^{-\lambda t} \tag{4-19}$$

按式(4-15)得故障率密度函数为:

$$f(t) = \lambda(t)R(t) = \lambda\mathrm{e}^{-\lambda t} \tag{4-20}$$

式(4-20)是指数分布的概率密度函数。图4-5(a)是指数分布时的 $f(t)$、$R(t)$ 及 $\lambda(t)$ 的曲线。反过来讲,当故障概率密度函数是指数分布时,故障就是常数。因此,对于正常使用期内由于偶然原因而发生的故障事件,常用指数分布来描述。

对于按正态分布的故障概率密度函数来讲,有

$$f(t) = \frac{1}{\sigma\sqrt{2\pi}}\mathrm{e}^{-\frac{1}{2}(\frac{t-\mu}{\sigma})^2} \tag{4-21}$$

故障概率为

56

$$F(t) = \int_{-\infty}^{t} \frac{1}{\sigma\sqrt{2\pi}} e^{-\frac{1}{2}(\frac{t-\mu}{\sigma})^2} dt \tag{4-22}$$

可靠度为

$$R(t) = 1 - F(t) = \int_{t}^{\infty} \frac{1}{\sigma\sqrt{2\pi}} e^{-\frac{1}{2}(\frac{t-\mu}{\sigma})^2} dt \tag{4-23}$$

故障率为

$$\lambda(t) = \frac{f(t)}{R(t)} = \frac{e^{-\frac{1}{2}(\frac{t-\mu}{\sigma})^2}}{\int_{t}^{\infty} e^{-\frac{1}{2}(\frac{t-\mu}{\sigma})^2} dt} \tag{4-24}$$

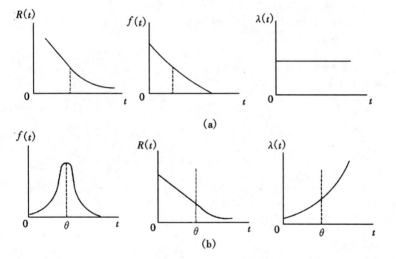

(a)指数分布的 $f(t)$、$R(t)$ 和 $\lambda(t)$ 曲线　(b)正态分布的 $f(t)$、$R(t)$ 和 $\lambda(t)$ 曲线

图 4-5

图 4-5(b)为故障密度分布为正态时的 $f(t)$、$R(t)$ 及 $\lambda(t)$ 的曲线。从图中可看出,$\lambda(t)$ 曲线的形状与耗损期的 $\lambda(t)$ 的形状一样,故正态分布主要用来描述耗损故障期的故障状况。下面介绍几种不同元件的故障率数据。

1. 国外机电元器件故障率通用数据[37]

元 器 件 种 类	故障率 $1/10^6$h
电阻器(固定)	
高稳定性炭膜电阻	0.5
一般线绕电阻	0.5
精密线绕电阻	1.0
合成电阻(二级)	0.1
金属膜电阻	0.1
氧化膜电阻	0.05
非线性碳化硅电阻	1.0
热敏电阻	1.0
电阻器(可变)	
小型线绕电阻	5.0
精密线绕电阻	6.0
炭膜可变电阻	2.0
一般线绕电阻	3.0
电容器(固定)	
油浸电容	3.0
纸介电容	1.0
金属化纸介电容	0.5
合成膜电容	0.5
云母电容	0.3
陶瓷电容	0.1
聚苯乙烯电容	0.1
电容器(电解)	
铝箔电解电容	2.0
钽箔电解电容	1.0
片状钽电容	0.5
晶体管	
锗大功率管	1.0
锗小功率管	0.1
硅大功率管	0.5
硅小功率管	0.05
半导体二极管	
锗点接触二极管	0.5
锗金键二极管	0.2
硅稳压二极管	0.1
硅大功率二极管	0.5

续表

元 器 件 种 类	故障率 1/10⁶h
锗结型二极管	0.2
硅小功率二极管	0.02
金属整流器	
硒整流器	5.0
氧化亚铜整流器	5.0

2. 机械零部件的平均故障率数据

零部件种类	故障率 1/10⁶h
滚珠轴承(重型)	20.0
滚珠轴承(轻型)	10.0
柱形轴承	5.0
套筒轴承	5.0
轴(高应力)	0.2
轴(低应力)	0.02
销钉	15.0
轴销	1.0
联接器	5.0
传动带	40.0
齿轮	10.0
螺旋齿轮	1.0
摩擦离合器	3.0
电磁离合器	6.0
弹簧(高应力)	1.0
弹簧(低应力)	0.2
微动弹簧	1.0
标准弹簧(蠕变)	2.0
标准弹簧(破裂)	0.2
振动架	9.0
机械连接头	0.2
平头螺钉	0.5
螺母	0.02
螺栓	0.02
齿轮齿条副	2.0
刃口支架(磨损)	10.0

3. 气动和液压元件的平均故障率数据

零 部 件 种 类	故障率 $1/10^6$h
波纹管	5.0
膜片(金属)	5.0
（橡胶）	8.0
密封垫圈	0.5
旋转闸	7.0
滑动闸	3.0
"O"型闸	0.2
过滤器(阻塞)	1.0
过滤器(泄漏)	1.0
固定漏孔	1.0
可变漏孔	5.0
节流阀	5.0
管	0.2
接合管(连接管)	0.5
接头和接点	0.4
挠性导管(高应力)	40.0
挠性导管(低应力)	4.0
导管	1.0
一般压力容器	3.0
高标准压力容器	0.3
降压阀(阻塞)	0.5
降压阀(泄漏)	2.0
手动阀	15.0
球形阀	0.5
电磁阀	30.0
控制阀	30.0
活塞	1.0
汽缸	0.1
千斤顶	0.5
压力表(压力计)	10.0
压力开关	15.0
布尔登(管式)压力计(蠕变)	0.2
布尔登(管式)压力计(泄漏)	0.05
喷嘴和活瓣的组合件(破碎)	0.2
喷嘴和活瓣的组合件(阻塞)	0.6

60

第三节　系统可靠度计算

产品、设备是由许多零(元)件、组件及部件等组合而成的,它们通过相互作用而实现联系,以完成一定的功能。由此可见,产品的系统可靠度是建立在系统中各个零(元)部件之间的作用关系和这些零(元)部件本身可靠度的基础上的。

一、串联系统

可靠性串联系统最常见也最简单。许多实际工程系统是可靠性串联或以串联系统为基础的。所谓串联系统是指系统中任何一个单元发生故障,就将导致整个系统发生故障。图 4-6(a)是一个串联系统的模型,设系统中各个单元是相互独立的,各个单元的可靠度为 $R_1, R_2, \cdots, R_n$,串联系统的可靠度为 R_s,根据概率的乘法定理,有

$$R_s = R_1 \times R_2 \cdots \times R_n = \prod_{i=1}^{n} R_i \qquad (4\text{-}25a)$$

从上式可看出,系统可靠度小于或至多等于各串联单元可靠度的最小值,因为可靠度一般小于 1。

若单元可靠度是时间 t 的函数,则

$$R_s(t) = \prod_{i=1}^{n} R_i(t) \qquad (4\text{-}25b)$$

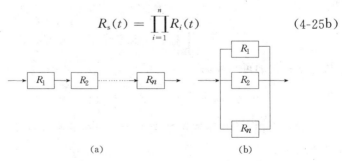

(a)　　　　　　　　(b)

图 4-6　串联和并联系统的方框图

若所有单元的故障都服从指数分布,则

$$R_s(t) = \prod_{i=1}^{n} e^{-\lambda_i t} = e^{-\sum\limits_{i=1}^{n} \lambda_i t} = e^{-\lambda_s t}$$

这说明指数分布的单元组成的串联系统仍然服从指数分布,系统故障率等于各单元故障率之和,即:

$$\lambda_s(t) = \lambda_1 + \lambda_2 + \cdots + \lambda_n = \sum_{i=1}^{n} \lambda_i(t) \tag{4-26}$$

由此可见,从设计角度考虑,要提高串联系统的可靠度,就应:①提高单元可靠度,即减小 λ_i;②尽可能减少串联单元数目;③等效地缩短任务时间 t。

二、并联系统

在系统中通常包含有多个同功用的单元,它们并行联接。系统只有在所有单元发生故障情况下才发生故障,这种系统称为并联系统,如图 4-6(b)所示。设系统中各个单元是相互独立的,各单元的不可靠度为 $F_1, F_2 \cdots, F_n$,且并联系统的不可靠度为 F_s,根据概率的乘法定理,有

$$F_s = F_1 \times F_2 \cdots \times F_n = \prod_{i=1}^{n} F_i \tag{4-27}$$

或

$$(1 - R_s) = (1 - R_1)(1 - R_2)\cdots(1 - R_n)$$

$$= \prod_{i=1}^{n}(1 - R_i) \tag{4-28}$$

故并联系统的可靠度为

$$R_s = 1 - F_s = 1 - \prod_{i=1}^{n}(1 - R_i) \tag{4-29a}$$

从上式可看出,并联系统可靠度大于或至少等于各并联单元可靠度的最大值。

若单元可靠度是时间 t 的函数,且服从指数分布时,则有

$$R_s = 1 - \prod_{i=1}^{n} \left[1 - R_i(t)\right]$$

$$= 1 - \prod_{i=1}^{n} (1 - e^{-\lambda_i t}) \qquad (4\text{-}29b)$$

对于最常用的两个单元并联系统,按上式 R_s,应为

$$R_s = 1 - (1 - R_1)(1 - R_2) = R_1 + R_2 - R_1 R_2$$

当两个单元的可靠度为时间的函数,且服从指数分布,其故障率分别为 λ_1 和 λ_2,则有

$$R_s = e^{-\lambda_1 t} + e^{-\lambda_2 t} - e^{-(\lambda_1 + \lambda_2)t}$$

该系统的平均寿命为 Q,则

$$Q = \int_0^\infty R(t)\mathrm{d}t = \frac{1}{\lambda_1} + \frac{1}{\lambda_2} - \frac{1}{\lambda_1 + \lambda_2}$$

如果 $R_1 = R_2$,$\lambda_1 = \lambda_2 = \lambda$,则

$$R_s = 2R - R^2$$

$$R_s(t) = e^{-\lambda t}(2 - e^{-\lambda t})$$

$$Q = \frac{3}{2\lambda}$$

两单元并联系统平均寿命为单元系统的 1.5 倍。由式(4-27)可看出,可靠性并联等于不可靠性串联,它们之间存在对偶性。

以上是两种基本联接方法,实际系统多是串并联的组合,如图 4-7 所示。在这种情况下,可以先把每一组成单元(串联与并联)的可

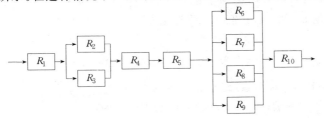

图 4-7　串并联系统

靠度求出,转换成单纯的串联或并联系统,然后求出系统的可靠度。

三、计算举例

现以汽车制动系统为例,计算其可靠度。图 4-8 是其可靠性框图。

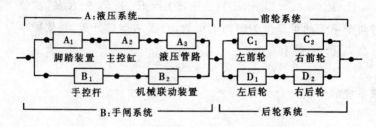

图 4-8　汽车制动系统可靠性框图

从图 4-8 中可看出,该系统有两套部分独立的子系统,一套是脚踏操作式液压系统 A,另一套是手控式机械系统 B,二者是并联关系。液压系统由三个单元组成:脚踏装置(A_1)、主控缸(A_2)和液压管路(A_3),它们之间是串联关系。手闸系统由两个单元组成:手控杆(B_1)和机械联动装置(B_2),二者之间亦是串联关系。两个子系统控制同一套闸瓦,为了安全运行起见,或是两个前轮 C,或是两个后轮 D 必须同时作用,否则汽车就会失控。因此,控制系统与前后轮系统之间是串联系统。车轮系统分前轮和后轮两个子系统,它们是并联关系。前后轮子系统均由两个轮子组成,如前轮 C_1 和 C_2,后轮 D_1 和 D_2,它们均是串联关系。

给定图中各单元的可靠度分别为:

$R(A_1) = 0.995$,　$R(A_2) = 0.975$,　$R(A_3) = 0.972$

$R(B_1) = 0.990$,　$R(B_2) = 0.980$

$R(C_1) = R(C_2) = R(D_1) = R(D_2) = 0.980$

欲算整个系统的可靠度,先计算出各个子系统的可靠度:

64

（1）液压系统

$$R(\text{A})=R(\text{A}_1)R(\text{A}_2)R(\text{A}_3)$$
$$=0.995\times0.975\times0.972$$
$$=0.942$$

（2）手闸系统

$$R(\text{B})=R(\text{B}_1)R(\text{B}_2)=0.990\times0.980=0.970$$

（3）前轮系统

$$R(\text{C})=R(\text{C}_1)R(\text{C}_2)=0.980\times0.980=0.960$$

（4）后轮系统

$$R(\text{D})=R(\text{D}_1)R(\text{D}_2)=R(\text{C})=0.960$$

（5）A、B 并联系统

$$R(\text{AB})=1-[1-R(\text{A})][1-R(\text{B})]$$
$$=1-(1-0.942)(1-0.970)$$
$$=0.998$$

（6）C、D 并联系统

$$R(\text{CD})=1-[1-R(\text{C})][1-R(\text{D})]$$
$$=1-(1-0.96)(1-0.96)$$
$$=0.998$$

最后计算整个制作系统的可靠度为：

$$R_s=R(\text{AB})R(\text{CD})=0.998\times0.998=0.996$$

计算结果表明：如果有 1 000 辆行驶着的汽车，则有 4 辆可能因车闸故障而造成灾祸。

第四节 可靠性设计的基本概念

一、引言

1. 安全系数及其不足之处

设计人员在满足功能要求的前提下,首要目的是考虑安全可靠、成本低、重量轻、体积小等因素,以选择最佳的结构设计。为达到此目的,需要在设计阶段估计元件、系统的可靠性,即要求考虑设计变量的不确定性。传统的设计方法,其机械零件设计的计算是建立在材料力学及弹性力学的基础上,以安全系数为依据的,即静强度计算采用以下强度条件:

$$[S_0] = f(P, L, T, E, \mu, \cdots) \leqslant \frac{S_j x}{n}$$

式中,$[S_0]$——许用应力;

$\quad P$——作用在零件上的载荷;

$\quad L$——零件的几何特征尺寸;

$\quad T$——温度;

$\quad E, \mu$——材料的弹性模量及泊桑比;

$\quad S_j x$——零件的极限应力;

$\quad n$——安全系数。

以上各量,在传统设计方法中都是把它们看成常量来计算的。正因为如此,一些设计者以为,只要安全系数大于某一根据实际使用经验规定的数值,就认为该零件是安全的。事实上,上述各量都是多值的,是随机变量。根据定义,随机变量是那些在未实现以前不能确定其值的量。例如零件未制成以前,其尺寸的真值是未知的;若该零件需要热处理,在未热处理以前,其强度的确切值也是未知的。传统的设计方法完全忽视了这一事实。

可靠性设计方法则认为零件的应力、强度以及其他设计变量，都应当做随机变量来对待，这样在设计阶段就可计算零件的可靠度。机械零件的应力取决于设计中零件的受力情况、温度、应力集中等多种随机变量影响而形成的随机变量分布。同样，强度取决于材料强度、表面粗糙度、构件几何尺寸诸因素而形成强度的随机变量分布，见图 4-9 所示。一旦确定了这两个分布，就可以容易地计

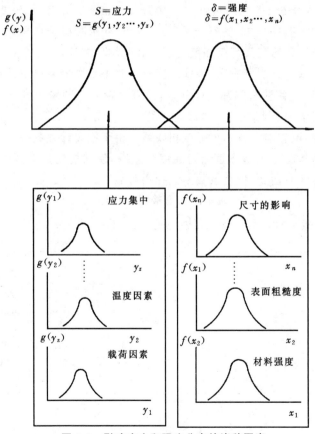

图 4-9 影响应力和强度分布的诸种因素

算出零件的可靠度。这样,人们对于"强度"这个概念就从零件发生"破坏"或"不破坏"这两个极端的准则,改换为"出现故障的概率"这个与实际情况相符的准则。

表 4-1 列举了在应力、强度都为正态分布时 11 个与不同均值、标准差对应的安全系数与可靠度。从表中可看出,在同样的安全系数下,如序号 1~8,安全系数均为 2.5,但其结构可靠度相差很大,从 0.662 8 直到接近于 1.0,序号 9 的安全系数是 5,可靠度为 0.973 8,序号 10 的安全系数是 1.25,可靠度却是 0.999 1。表中安全系数的定义都是强度均值与载荷均值之比。

从以上分析可看出,传统的安全系数不足之处有以下几点。

(1)把各种参数都当作常量,没有分析参数的随机变化特性,这是根本的缺点。

(2)没有与定量的可靠度相联系。由于把设计参数视为常量,没有分析参数的散布度对可靠度的影响,使结构的安全程度具有不确定性。因此,安全系数不能代表可靠度。

表 4-1　安全系数与可靠度

序号	强度均值 μ_b	应力均值 μ_s	强度标准差 σ_σ	应力标准差 σ_s	安全系数 μ_σ/μ_s	可靠度 $R^{①}$
1	500	200	20	25	2.5	~1.0
2	500	200	80	30	2.5	0.999 7
3	500	200	100	30	2.5	0.997 9
4	500	200	80	75	2.5	0.996 5
5	500	200	120	60	2.5	0.987
6	250	100	20	25	2.5	0.964
7	250	100	10	15	2.5	0.916 6
8	250	100	250	255	2.5	0.662 8
9	500	100	200		5.0	0.973 8
10	500	400	20	25	1.25	0.999 1
11	500	100	50	50	5.0	~1.0

①设应力与强度均为正态分布。

68

(3)安全系数是根据经验确定的,有主观随意性。例如为了安全起见,人们可能取较大的安全系数,这样就可能不必要地增加了结构尺寸,浪费材料。从可靠性角度看,传统安全系数偏大偏小的可能性都有。

2.可靠性工作重点是设计阶段

根据 20 年来各国开展可靠性工作的经验,可以说在系统的整个寿命周期内,对可靠性起重要影响的是设计阶段,见图 4-10 所示。

影 响 因 素		影响程度
可靠性 { 固有可靠性 {	①零、部件材料	30%
	②设计技术	40%
	③制造技术	10%
使用可靠性	④使用、运输、操作、安装、维修	20%

图 4-10　各种因素对系统可靠性的影响程度

把可靠性工作的重点放在设计阶段,这是因为,要想提高系统或产品的可靠性,就必须从固有可靠性和使用可靠性两方面来考虑。固有可靠性是考虑可靠性如何组成、事前如何提高其固有的可靠性问题,即在设计时规定了系统的固有可靠性。如果在设计阶段没有认真考虑其可靠性问题,例如材料、零部件选择不当,安全系数太低,检查、调整、维修不便等,以后无论怎样注意制造、严格管理、精心使用,也难以保证可靠性要求。使用可靠性是考虑对高可靠性如何进行管理和维修的问题,它涉及到在产品的整个寿命周期内实现全面持续的可靠性管理。因此,预防故障的发生、及时清除出现的故障、便于检查和发现故障等是技术设计的主要任务。

二、可靠性设计的基本程序

可靠性设计的基本程序如图 4-11 所示。

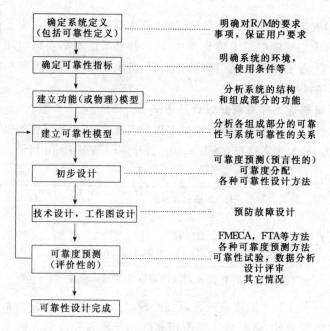

图 4-11 可靠性设计基本程序

三、可靠性设计方法

现代化的、结构复杂的产品或系统,可能由成千上万的零件和辅助系统组成。其中有一些零部件和子系统,如飞机的发动机、起落架、汽车的制动器、转向器等,一旦发生故障,便会危及人的生命安全并造成物质损失;有一些零部件与子系统,如机床变速箱、汽车变速器、电视机的显像管等,一旦发生故障,只给人们带来工作和生活上的不便与物质损失,或者产品局部功能丧失;有一些零部件要承受环境应力,而另一些则不承受;等等。因此,为了适应产品与系统以及其构成部分的种种差异,可靠性设计有多种不同方法,诸如概率设计、耐环境设计、冗余设计、预防故障设计、人机工程设计等。下面仅就其中概率设计、预防故障设计和冗余设计作一简介。

1. 机械零件的概率设计方法

概率设计方法的基本思想是按零件的失效概率的大小来衡量零件的可靠性,其理论基础是应力-强度"干涉"原理。

将应力 s 与强度 δ 的分布密度函数分别用 $f_s(s)$、$f_\delta(\delta)$ 表示。如图 4-12 所示,可能出现三种情况。

图 4-12(a)所示情况的零件是绝对安全的,因为零件的强度总是大于应力,其可靠度 $R=1$。图 4-12(b)则相反,零件是绝对不安全的,因为零件的强度总是小于应力,故其可靠度 $R=0$。图 4-12 (c)则介于二者之间,曲线相互"干涉"。

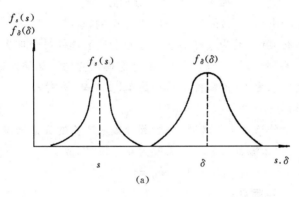

(a)

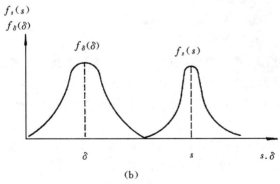

(b)

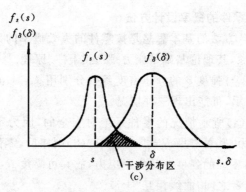

图 4-12 应力-强度间的干涉

无疑,图 4-12(b)的情况是应当避免的,但图 4-12(a)的情况也是没有必要的,因为这样势必造成所设计的零件过于庞大,价格过高。图 4-12(c)的"干涉"情况,倒是值得研究的。如何保证在一定可靠度的前提下,使零件的结构简单、重量轻、价格低,这是我们追求的目标。

当两个分布发生干涉时,阴影部分表示零件的失效概率(即不可靠度)。由于零件失效与不失效为互递事件,故:

$$R = 1 - P_f = 1 - F \tag{4-31}$$

式中,R——可靠度;

P_f——失效概率;

F——不可靠度。

需要指出,两个分布的重迭面积不能用来做为失效概率的定量表示,因为当两个分布曲线完全重迭时,失效概率也仅为50%,仍有50%的可靠度。还应注意,两个分布的差仍为一种分布,故失效概率仍呈分布状态。

可靠度的概念实质上就是零件的应力 s 与强度 δ 相互"干涉"时,零件的强度比应力大的概率。即:

$$R = P(\sigma > s) = P[(\sigma - s) > 0] \tag{4-32}$$

72

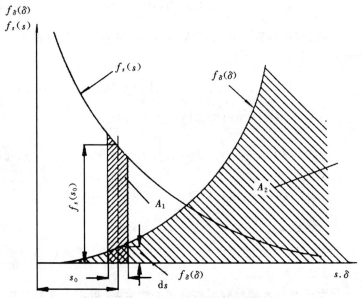

图 4-13　应力-强度干涉放大图

图 4-13 为应力-强度干涉区放大图。由图可知，应力值 s_0 落在区间 $\left[s_0-\dfrac{\mathrm{d}s}{2}, s_0+\dfrac{\mathrm{d}s}{2}\right]$ 内的概率等于面积 A_1，即：

$$P\left(s_0-\frac{\mathrm{d}s}{2} \leqslant s \leqslant s_0+\frac{\mathrm{d}s}{2}\right)=f_s(s_0)\mathrm{d}s=A_1 \qquad (4\text{-}33)$$

同时，强度值 δ 超过应力值 s 的概率等于阴影面积 A_2，即：

$$P(\delta>s_0)=\int_{s_0}^{\infty}f_\delta(\delta)\mathrm{d}\delta=A_2 \qquad (4\text{-}34)$$

式(4-33)和式(4-34)表示应力和强度两个同时发生的独立事件，所以根据概率乘法定理，应力 s_0 在小区间内的可靠度为：

$$\mathrm{d}R=f_s(s_0)\mathrm{d}s \cdot \int_{s_0}^{\infty}f_\delta(\delta)\mathrm{d}\delta \qquad (4\text{-}35)$$

因为零件的可靠度为强度值 σ 大于所有可能的应力值 s 的整个概率，故有：

$$R = \int_{-\infty}^{\infty} \mathrm{d}R = \int_{-\infty}^{\infty} f_s(s) \Big[\int_{s}^{\infty} f_\delta(\delta) \mathrm{d}\delta \Big] \mathrm{d}s \qquad (4\text{-}36)$$

同理,对于具有一定强度值 δ_0 在 $\mathrm{d}\delta$ 间隔小区间内零件的失效概率为:

$$\mathrm{d}P_f = f_\delta(\delta_0)\mathrm{d}\delta \cdot \int_{\delta_0}^{\infty} f_s(s)\mathrm{d}s$$

而在整个干涉区间内零件的失效概率为:

$$P_f = P(s \geqslant \delta) = \int_{-\infty}^{\infty} f_\delta(\delta) \Big[\int_{\delta}^{\infty} f_s(s)\mathrm{d}s \Big] \mathrm{d}\delta \qquad (4\text{-}37)$$

可靠度 R 为:

$$R = P(s < \delta) = 1 - P_f$$

$$= 1 - \int_{-\infty}^{\infty} f_\delta(\delta) \Big[\int_{-\infty}^{\delta} f_s(s)\mathrm{d}s \Big] \mathrm{d}\delta \qquad (4\text{-}38)$$

根据应力与强度不同分布形式的组合,可用式(4-36)或式(4-38)求出其可靠度。

对于正态分布或对数正态分布的组合,一般不必求解类似失效概率的积分式,可直接利用正态分布的概率特性来解决。工程中常用的钢材,其抗拉极限、屈服极限和耐劳极限均服从于正态分布,而合金钢则倾向于服从对数正态分布。

应力 s 和强度 δ 为正态分布的概率密度函数为:

$$f_s(s) = \frac{1}{\delta_s \sqrt{2\pi}} \exp \Big[-\frac{(s-\mu_s)^2}{2\delta_s^2} \Big], \quad -\infty < s < \infty \qquad (4\text{-}39)$$

$$f_\delta(s) = \frac{1}{\delta_\delta \sqrt{2\pi}} \exp \Big[-\frac{(\delta-\mu_\delta)^2}{2\delta_\delta^2} \Big], \quad -\infty < \delta < \infty \qquad (4\text{-}40)$$

式中,μ_s——应力均值;

σ_s——应力标准差;

μ_δ——强度均值;

σ_δ——强度标准差。

定义 $y = \delta - s$。根据概率理论,两个服从正态分布的独立随机

74

变量之差,亦服从正态分布,其均值和标准差分别为:

$$\left.\begin{array}{l} \mu_y = \mu_\sigma - \mu_s \\ \delta_y = \sqrt{\sigma_\sigma^2 + \sigma_s^2} \end{array}\right\} \tag{4-41}$$

故有:

$$f(y) = \frac{1}{\sigma_y \sqrt{2\pi}} \exp\left[-\frac{1}{2}\left(\frac{y-\mu_y}{\delta_y}\right)^2\right], -\infty \leqslant y \leqslant \infty \tag{4-42}$$

那么可靠度为:

$$R = P(\delta - s > 0) = P(y > 0)$$

$$= \int_0^\infty \frac{1}{\sigma_y \sqrt{2\pi}} \exp\left[-\frac{1}{2}\left(\frac{y-\mu_\sigma}{\sigma_y}\right)^2\right] dy \tag{4-43}$$

式(4-43)可用图 4-14 来表示。将随机变量化为标准式:

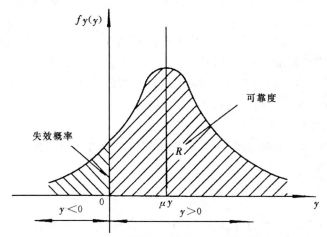

图 4-14 随机变量 y 的概率度密度函数

令 $Z = \dfrac{y - \mu_y}{\sigma_y}$,则 $\sigma_y dZ = dy$

故

$$R = \frac{1}{\sqrt{2\pi}} \int_z^\infty \exp\left[-\frac{Z^2}{2} dZ\right] \tag{4-44}$$

当 $y = 0$ 时,则

$$Z = \frac{0 - \mu_y}{\sigma_y} = -\frac{\mu_y}{\sigma_y}$$

根据式(4-41)可得:

$$Z = -\frac{\mu_\delta - \mu_s}{\sqrt{\sigma_\delta^2 + \sigma_s^2}} \qquad (4\text{-}45)$$

由式(4-44)可知,当 Z 值已知时,可根据正态分布面积表查出可靠度 R。换言之,Z 值与可靠度 R 是一一对应的,因此,Z 值可靠性指数,也称为联结系数,因为式(4-45)实际上把应力、强度和可靠度三者联系起来,所以称该式为耦合方程(联系方程)。这是一个非常重要的方程。

进行可靠性设计时,一般先规定目标可靠度,这时,可按标准正态分布面积表查出可靠性指数 Z,再利用式(4-45)求得所需要的设计参数,如尺寸等。

例:已知在一发动机零件中的应力是正态分布,其均值为400MPa,标准偏差为 40MPa。基于期望的温度范围和其它各因素,材料强度的分布亦为正态分布,其均值为700MPa,标准偏差为 80MPa,试计算其可靠度。若材料强度标准偏差扩大为100MPa时,其可靠度又如何?

解:(1)如按常规设计,以强度均值对应力均值之比求出安全系数为:

$$n = \frac{\mu_\delta}{\mu_s} = \frac{700}{400} = 1.75$$

为计算零件的可靠度,使用式(4-45)耦合方程,得:

$$Z = -\frac{\mu_\delta - \mu_s}{\sqrt{\sigma_\delta^2 + \sigma_s^2}} = -\frac{700 - 400}{\sqrt{(80)^2 + (40)^2}} = -3.35$$

因此,由正态分布表可查得可靠度为 99.959%。

(2)假定零件热处理不佳,且环境温度有较大的变化,从而使得零件强度的标准偏差增大到 $\sigma_\delta = 100$MPa。而前述定义的安全系数保持不变。根据耦合方程式得：

$$Z=-\frac{\mu_\delta-\mu_s}{\sqrt{\sigma_\delta^2+\sigma_s^2}}=-\frac{300}{\sqrt{(100)^2+(40)^2}}=-2.78$$

零件可靠度为 99.72%。由此可见，当零件强度和应力的均值保持不变，而增大(缩小)它们之中一个或两个的离散度，即标准偏差时，就可降低(提高)零件的可靠度。这一点用常规的安全系数是无法反映出来的。

2. 预防故障设计法

预防故障设计法是由经验积累产生的可靠性设计法。我国国家标准《生产设备安全卫生设计总则》(GB5083—85)对各类生产设备的安全卫生设计提出了基础标准。凡各类生产设备设计的专用标准，均应符合该标准的要求。有关电气设备的安全设计则另有国家标准《电气设备安全设计导则》(GB4064—83)。下面仅就预防故障设计的六原则作一简介。

(1)技术上成熟。选用可靠的硬件和软件方案，有效利用过去的经验与实验结果(数据)。例如，采用过去行之有效的结构设计，采用试验选出的较优参数水平组合，以及合理的经验参数等。采用保守的设计方案，只要总体技术性能满足指标要求就可以，不采用技术上较先进但不成熟的方案。

(2)简单化。在功能要求的范围内，使产品有尽可能高的可靠性的成功经验，就是尽可能使用简单功能的元件，尽可能减少元器件的种类与数量，同时要求结构简单、工艺简单、使用方便和维修简单等。因为一般说来，产品或系统的结构越复杂、零部件数量越多、使用越复杂，越容易发生故障。

(3)标准化、通用化和系列化。尽可能使产品系列化、部件组件通用化和零件标准化。"三化"不仅是一项重要的技术经济指标，也是可靠性、安全性的一项重要原则。实行"三化"的产品，由于一般有成熟的批量生产经验和使用维修经验，因此，能充分消除缺陷和薄弱点。这不仅与产品的质量的稳定性有关，而且与人机工程和维修性的效果有关。

(4)考虑使用性和维修性。设计人员必须明确，一般产品、系统中操作、维修人员的功能是保证产品、系统可靠性的主要因素之一。因此，设计中必须排除各种不利于操作和维修的因素，以保证不发生错误操作并能够迅速进行维修作业。如考虑元器件的互换性（在能替换的场合，替换后无须校正），所有元器件是否易于获得，是否易于检查和具有维修的空间等。

(5)高度优化所用材料与关键零部件的可靠性。材料的选用应保证性能符合要求，可靠性好，对环境条件的适应性强，加工容易，成本适宜。机械零件的选择应保证所用材质优良，可靠性好，有足够的强度、刚度和寿命，结构设计合理，热处理质量好、稳定，能保证足够的强度、韧性和硬度。电器元件的选用应保证性能符合要求，对环境条件的适应能力强，故障率低于规定标准，成本适宜。

(6)充分运用故障分析的成果。实践表明，通过事故情报或故障分析所判明的故障原因、机理等资料，作为可靠性情报提供给设计人员，可为可靠性设计提供改进设计和参数选优的取值范围。如果一处失效就会导致整个系统失效，这种系统失效模式叫做"单点失效"。在系统设计中，应尽可能避免单点失效。

3. 冗余设计

所谓冗余设计，是以两个或两个以上的同功能的重复结构并行工作、确保在局部发生故障时整机不致丧失功能的设计。图4-6(b)的并联系统就是冗余系统。这种方法由于采用增加多余的资源以换取可靠性，因而被称为冗余技术。应该指出，这里所谓冗余，是指完成该设备应完成的基本功能所增加的重要部分，并不是多而无用的意思。

这种冗余设计在电子设备及电路设计中获得广泛的应用。特别是在 60 年代以后，数字逻辑电路以及计算技术的发展，对大型

78

电子设备的可靠性的要求日益提高,这项技术发展很快。

冗余设计应遵循下列两个基本原则。

(1)冗余度的选择问题。冗余度是指容错部件所用硬件数与非容错部件的硬件数的比值。从理论上讲,似乎冗余度越高则可靠度越高,但应注意,所消耗的元件费用也增加,因而有一个性能/价格比的问题。以并行冗余为例,n 个并行部件的总可靠度为 $1-(1-R)^n$,R 为单个部件的可靠度。表 4-2 为不同冗余度时的可靠度 R_n 及可靠度增益 R_n/R_{n-1}。

表 4-2　不同冗余度时的可靠度及其增益

| 冗余度 | $R_n=1-(1-R)^n$ | | | | | | | | |
| | $R=0.6$ | | | $R=0.7$ | | | $R=0.9$ | | |
	R_n	R_n/R_1	R_n/R_{n-1}	R_n	R_n/R_1	R_n/R_{n-1}	R_n	R_n/R_1	R_n/R_{n-1}
1	0.6	1.0	—	0.7	1.0	—	0.9	1.0	—
2	0.84	1.4	1.4	0.91	1.3	1.3	0.99	1.1	1.1
3	0.936	1.56	1.114	0.973	1.39	1.07	0.999	1.11	1.009
4	0.974	1.62	1.04	0.992	1.42	1.02	0.9999	1.111	1.0009

从表中可看出,当原有部件的可靠度为 0.6 时,双重冗余可以把可靠度提高 40%,三重冗余比双重冗余只提高 11.4%,而四重冗余时,只比三重冗余提高 4%。由此可见,在不考虑检测及切换部件的可靠度时,虽然总的可靠度可以随冗余度的增加而提高,但冗余度高时效率不高。

另外,利用低可靠度的部件比用高可靠度的部件构成冗余系统效果好。如原有部件的可靠度分别为 0.6 和 0.9,都是双重冗余时,前者提高可靠度为 40%,而后者只为 10%,三重冗余时,前者提高 11.4%,后者只为 0.9%。

(2)冗余级别的选择问题。一个复杂的系统可分解成:系统、子系统、部件及元件等不同级别。在哪一个级别上进行冗余才能获得较高的可靠度增益,这是一个非常重要的选择。以双重并行冗余为例,其系统可靠度为 $R_s=2R-R^2$。设故障率按指数分布,则 $R=$ $e^{-\lambda t}$,故 $R_s=2e^{-\lambda t}-e^{-2\lambda t}\approx1-(\lambda t)^2$。若把系统分解成相等的 n 个部件,则每一部件的可靠度为 $R=e^{-\frac{\lambda}{n}t}$。如果在部件级进行冗余,则每个双重冗余部件的可靠度为 $(2e^{-\frac{\lambda}{n}t}-e^{-\frac{2\lambda}{n}t})$,这时由 n 个冗余部件组成的系统的可靠度则为:

$$(2e^{-\frac{\lambda}{n}t}-e^{-\frac{2\lambda}{n}t})^n\approx(1-\frac{\lambda^2t^2}{n^2})^n\approx1-\frac{1}{n}(\lambda t)^2$$

与系统级冗余的可靠度 $1-(\lambda t)^2$ 比较,部件级冗余的可靠度高。同理,在元件级冗余时,n 进一步增大,则系统的可靠度就更接近于 1。由此可得出:冗余级别越低,系统的可靠度越高。

冗余设计时应考虑下述一些消极倾向:①冗余措施会带来整个产品、系统的重量与体积的增加,从而使产品、系统的成本增加;②因备用冗余部件的增加,使维修性变差,增大维修工作量;③冗余度越高,检测及切换电路就越复杂,其可靠性也越低,从而抵消了多重冗余的优越性;④会增加早期故障以及维修费。因此,在采用冗余技术时,应设法避免上述消极倾向。

第五节 人的可靠性分析

一、引言

人在各种工程系统的总体可靠性中起着重要的作用,因为各种系统之间都是通过人这个子系统相互联接起来的,如何研究人对整个系统在运行过程中的影响作用,是一个十分重要的问题。

在人机系统中,人与机器相互结合,人就成为系统的组成部分,他就必须按系统目标的统一要求,完成所分担的职能作用。为了获得系统的最高效能,除了硬件的可靠度指标要高以外,还要求操作技术熟练,机器要适合人的生理要求,即人的操作可靠性指标也要高。所以，人机系统的可靠度与机器可靠度和人的操作可靠度有关，其关系表达式为：

$$R_s = R_m \times R_n$$

式中，R_s——人机系统的可靠度；

　　　R_m——机器设备的可靠度；

　　　R_n——人的操作可靠度。

机器设备的可靠度通过可靠性设计与制造，可以得到很高的可靠度，在人机系统中可以看做常量。但对人来说，从本质上得到可靠性的改善是有限的，因为影响人的可靠度的因素很多，而且这些影响因素是变化的。根据多方面的统计数据研究表明，人为差错在系统故障中占有很大的比例，据参考文献介绍，电子设备的故障大约为 $60\% \sim 70\%$ 是由人引起的，在飞机和导弹系统中，由人引起的故障分别占故障的 $60\% \sim 70\%$ 和 $20\% \sim 53\%$，总故障的 $10\% \sim 15\%$ 是直接由人引起的。

因此，在安全系统工程中，不仅要研究和充分发挥硬件的最佳效果和最高可靠性，而且要研究作为系统重要构成的人，在任何客观环境条件下，能最可靠和最易于发挥其最大限度的功能作用。换句话说，在系统设计阶段应遵循有关人机工程的原则，显著提高人的可靠性，另外，仔细地挑选和培训有关人员，也有助于改善人的可靠性。

二、应力

应力是影响人的行为及其可靠性的一个重要因素。显然，一个承受过重应力的人会有较高的可能性造成人为差错。根据研究表明，人的工作效率与应力（或忧虑）之间有如图 4-15 所示的关系。

从图中可看出，应力不完全是一种消极因素。实际上，适度的应力有利于把人的功效提高到最佳状态。如果应力过轻，任务简单且单调，反而使人会觉得工作没有意义而变得迟钝，因而人的功效

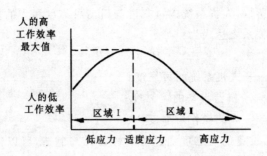

图 4-15 人的功效与应力的关系

不会达到高峰状态;相反,若应力过重,超过中等应力情况下,将引起人的功效下降。引起下降的原因是多方面的,如疲劳、忧虑、恐惧或其他心理上的应力。图中曲线划分为两个区域:在区域 I 内,人的功效随应力的增加而提高;在区域 II 内,人的功效随应力增加而降低。

1. 职业应力

职业应力可分为以下四种类型。

类型 I:与工作负荷有关的问题。当在超负荷情况下工作,工作要求超过了个人满足这些要求的能力;同样,当在低负荷情况下工作,一个人完成的工作调动不起积极性。低负荷工作的例子有:①不需要动脑筋;②没有发挥个人专长和技能的机会;③重复性工作。

类型 II:与职业变动有关的问题。这种职业改变破坏了人的行为、心理和认识的功能模式。这种应力类型出现在与生产率和增长有关的机构中。职业变动的形式如调整编制、职务提升、科学开发和重新安置等。

类型 III:与职业上受到挫折有关。当工作不能满足预先的目标时,会导致这种情况。如缺乏联系、分工不明确、官僚主义、缺乏职业开发准则等。

类型Ⅳ:其他可能的职业性环境因素,如振动、噪声、高温、光线太暗或太亮、不好的人际关系等。

2. 操作人员的应力

人都有一定的局限性,当执行某一具体任务时,若超过这些限度,差错的发生概率就会上升。为了使人为差错减到最小,设计工程师和可靠性工程师应密切配合,在设计阶段应考虑到操作人员的能力限度或特征。操作人员可能受到的应力特征是:①反馈给操作人员的信息不充分,不能确定其工作正确与否;②要求操作人员迅速地对两个或两个以上的显示值做出比较;③操作人员要在很短时间内做出决策;④要求操作人员延长监视时间;⑤为了完成一项任务,所要做的步骤很多;⑥有一个以上的显示值难以辨认;⑦要求同时高速完成一个以上的控制;⑧要求操作人员高速完成操作步骤;⑨要求根据不同来源收集的数据做出决策。

3. 个人的应力因素

个人应力因素是指一般工作人员可能因某种原因造成了心理压力而引起的应力。这些因素中有些是在一个人的一生中遇到的实际问题。将其中一些列举如下:①必须与性格难以捉摸的人在一起工作;②不喜欢做现在的工作或事情;③与配偶或子女有矛盾;④严重的经济困难造成的心理上的压力;⑤在工作中有可能成为编外人员;⑥在工作中得到晋升的机会很少;⑦缺乏完成现在工作的能力;⑧健康欠佳;⑨时间上要求很紧的工作;⑩为了按期完成工作,不得不加班干;⑪工作上上级提出过多的要求;⑫做一项凭自己的能力和经验不屑去做的工作等。

三、人为差错

人为差错是指人员未能实现规定的任务(或实现了禁止的动作),可能导致中断计划运行或引起人员伤亡和财产损坏。人为差错对系统产生的影响随不同的系统而不同,造成的后果也是不一样的。因此,必须对人的差错的特点、类型以及后果加以分析,并定量化地给出它们发生的概率。人为差错的发生有各种不同原因,大多数人为差错发生的原因是基于这样一个事实,即人可以用各种不同方式去做各种不同的事情。

人为差错一般可按以下几种形式分类。

1. 按信息处理过程分类

(1)未正确提供、传递信息。如果发现提供的信息有误,那就不能认为是操作人员的差错。在分析人为差错时,对这一点的确认是绝对必要的。

(2)识别、确认错误。如果正确地提供了操作信息,则要查明眼、耳等感觉器官是否正确接收到这一信息,进而是否正确识别到了。如果肯定其过程中某处有误的话,就判定为识别、确认错误。这里所谓识别,是指对眼前出现的信号或信息的识别;确认是指操作人员积极搜寻并检查作业所需的信息而言。

(3)记忆、判断错误。进行记忆、判断或者意志决定的中枢处理过程中产生的差错或错误属于此类。

(4)操作、动作错误。中枢神经虽然正确发出指令,但它未能转换为正确的动作而表现出来。这种情况包括姿势、动作的紊乱所引起的错误,或者拿错了操作工具及弄错了操作方向等错误,遗漏了动作等。

表 4-3 给出了差错的直接原因和动机的分析参考表。

表 4-3　差错的直接原因和动机分析表

直　接　原　因	动　机
(1)未正确提供、传递信息 　①未发出信息,未传递信息 　②内容不明或者易弄错 　③显示的场所、传递的方法不当,不能一目了然 　④环境条件不完善或者受环境的干扰(光线暗、噪声大等) 　⑤其他	

续表

直　接　原　因	动　　机
(2)识别、确认错误 　①无知觉、误知觉 　②无识别、误识别 　③无确认、误确认	①对眼前的信号、信息没看见、看错、不关心 ②嫌麻烦,在检查上偷了工 ③遇到意外事,使识别、确认有误 ④误解,贸然断定 ⑤注意力只集中到眼前突发事件上,忽视其他信息
(3)记忆、判断错误 　①无记忆、误记忆 　②无判断(忘记)、误判断 　③意志抑制失效,意图的判定有误	①想不起指示、联络事项 ②已经知道危险,但一瞬间误认不危险 ③认定可靠无须确认,因而未检查 ④认为以前都成功了,这次也没问题 ⑤以为对方知道,未联络 ⑥以为工作已了结,开始了下一道作业 ⑦被其他事分了神,工作顺序失误 ⑧想着下一道作业(担心)漏了工序 ⑨情况骤变,时间紧迫,被迫立即作出判断 ⑩热衷于工作,没发觉时间过去而延误 ⑪作业课题太难,沉思 ⑫过度的紧张、兴奋,致使不能作出判断
(4)动作、操作错误 　①动作欠缺、省略、误动作 　②跳过操作程序 　③操作程序有误 　④姿势、动作紊乱	①因惊慌、愤怒、恐怖而不能控制动作 ②看着眼前的状况,漫不经心地动手操作 ③感情用事,莽撞行事 ④提前停止作业 ⑤急不可待地做其他事,失去时机 ⑥不能控制习惯动作的冒出 ⑦反射性动作 ⑧捷径反应 ⑨无目的、无意义地重复操作

2. 按执行任务性质分类

人为差错按照执行任务阶段的错误性质可划分为几种类别。

(1)设计错误。这是由于设计人员设计不当造成的错误。错误一般分为三种情况:①设计人员所设计的系统或设备,不能满足人机工程的要求,违背了人机相互关系的原则;②设计时过于草率,设计人员偏爱某一局部设计导致片面性;③设计人员在设计过程中对系统的可靠性和安全性分析不够或没有进行分析。

（2）操作错误。这是操作人员在现场环境下执行各种功能时所产生的错误,主要有:缺乏合理的操作规程;任务复杂而且在超负荷条件下工作;人的挑选和培训不够;操作人员对工作缺乏兴趣,不认真工作;工作环境太差;违反操作规程,等等。

根据 Altman 的分析,很多潜在的错误与职责有关。就决策来讲,例如决定不成熟;采用了一些不必要的规则;对一些行之有效的规章制度没采用;对目标变化反应不成熟;操作方向不正确;以及对控制对象的变化反应不及时等都易出现错误。在制定程序时易出的潜在错误,例如安排一些不必要的操作步骤,或遗漏了一些重要步骤等。此外,与解决问题职责有关的潜在错误,如使用错误的公式、识别、检测、分类及制定标准等职责也可能造成人为错误等。在操作运行中所产生的人为差错,一般分为两种类型,一种是疏忽型,由于操作人员注意力不集中,没有注意到仪表显示上的变化,或记错、忘记执行某一功能;另一种是执行型,包括操作、识别(判断)和解释错误,例如采取了不必要的控制动作来达到所希望的效果,对信息的判断不正确从而进行了一些有害操作,误将正确的对象当做错误对象处理等。这一类型错误发生的频率高于其他类型错误的频率。

（3）装配错误。生产过程中装配错误有:使用了不合格的或错误的零件;漏装了零件;零部件的装配位置与图纸不符;虚焊或漏焊及导线接反等。

（4）检验错误。检验的目的是发现缺陷或毛病。由于在检验产品过程中的疏忽而没有把缺陷或毛病完全检测出来从而产生检验错误,这是允许的,因为检验不可能有 100% 的准确性。一般认为检验的有效度只有 85%。

（5）安装错误。没有按照设计说明书、图纸或安全手册进行设备安装造成的错误。

（6）维修错误。维修保养中发生的错误例子很多,如设备调试不正确,校核疏忽,检修前和检修后忘记关闭或打开某些阀门,某些部位用错了润滑剂等。随着设备的老化,维修次数增多,发生维修错误的可能性增加。

3．**人的故障模式**

如上分析,人为差错的发生有各种不同的原因,诸如信息提供、识别、判断、操作等一个或多个人的活动都可涉及人为差错。这些差错归纳起来为人的故障模式,如图 4-16 所示。

4．**人为差错的概率估计**

人为差错的概率是对人的行为的基本量度。其定义如下：

$$P_{he} = \frac{E_n}{O_{pe}} \tag{4-47}$$

式中,E_n——某项工作(作业对象)中,发生的差错数；

O_{pe}——某项工作中,可能发生差错的机会的总次数；

P_{he}——在完成某项工作中,人为差错发生的概率。

图 4-16　人的故障模式

(1)人为差错概率(数据)。这里选出一些典型的人为差错概率值,可供读者参考,见表 4-4。

(2)人为差错概率的估计。人的差错概率受多种因素的影响,如操作的紧迫程度、单调性、不安全感、设备状况、人的生理状况、心理素质、教育、训练程度以及社会影响和环境因素等。因此,具体进行人的可靠性分析非常复杂,一般要根据操作的内容、环境等因素进行修正,而且在决定这些修正系数时有很大的经验性和主观性。

表 4-4　典型人为差错概率

序号	操作说明	人为差错概率
1	图表记录仪读数	0.006
2	模拟仪表读数	0.003
3	读图表	0.01
4	不正确地理解指示灯上的指示	0.001
5	在高度紧张情况下将控制器拧错了方向	0.5
6	把控制器转错了方向(没有违反群体习惯)	0.000 5
7	拧上插接件	0.01
8	阀门关闭不正	0.002
9	在一组仅靠标签识别的相同控制器中选错了标签	0.003
10	阅读技术说明书	0.008
11	确定多位置电气开关的位置	0.004
12	安装垫圈	0.004
13	安装鱼形夹	0.004
14	固定螺母、螺钉和销子	0.003
15	准备书面规程中疏忽了一项或书写错了一项	0.003
16	分析真空管失真	0.004
17	分析锈蚀和腐蚀	0.004
18	分析凹陷、裂纹和划伤	0.003
19	分析缓变电压和电平	0.04

人们在处理或执行任何一次任务时,例如操作人员在操纵使用和处理设备、装置和物料时,都有一个对任务(情况)的识别(输入)、判断和行动(输出)三个过程。在这三个过程中都有发生差错的可能性。因此就某一行动而言,其可靠度 R 为:

$$R = R_1 R_2 R_3 \tag{4-48}$$

式中,　R_1——与输入有关的可靠度,如声、光、数字或显示器等信号传入耳、眼等器官;

R_2——与判断有关的可靠度,如信号输入大脑,并进行判断;

R_3——与输出有关的可靠度,如根据判断做出反应。

R_1、R_2、R_3 的参考值见表 4-5。

表 4-5　R_1、R_2、R_3 的参考值

类别	影　响　因　素	R_1	R_2	R_3
简单	变量不超过几个,人机工程学上考虑全面	0.999 5~0.999 9	0.999 0	0.999 5~0.999 9
一般	变量不超过 10 个	0.999 0~0.999 5	0.995 0	0.999 0~0.999 5
复杂	变量超过 10 个,人机工程学上考虑不全面	0.990 0~0.999 0	0.990 0	0.990 0~0.999 0

由 R 可计算人的某一动作的差错概率:

$$q=k(1-R) \tag{4-49}$$

$$k=abcde$$

式中,a——作业时间系数;

b——操作频率系数;

c——危险状况系数;

d——生理、心理条件系数;

e——环境条件系数。

a~e 取值见表 4-6。

表 4-6　a、b、c、d、e 取值范围

符号	项　　目	内　　　容	取值范围
a	作业时间	有充足的富裕时间 没有充足的富裕时间 完全没有富裕时间	1.0 1.0~3.0 3.0~10
b	操作频率	频率适当 连续操作 很少操作	1.0 1.0~3.0 3.0~10
c	危险情况	即使误操作也安全 误操作时危险性大 误操作时有产生重大灾害的危险	1.0 1.0~3.0 3.0~10

符号	项　目	内　　　容	取值范围
d	心理、生理条件	综合条件(教育、训练、健康状况、疲劳、愿望等)较好 综合条件不好 综合条件很差	1.0 1.0～3.0 3.0～10
e	环境条件	综合条件较好 综合条件不好 综合条件很差	1.0 1.0～3.0 3.0～10

四、人为差错率预测方法

人为差错率预测方法(Technique for Human Error Rate Prediction 缩写为 THERP),是用来分析操作人员在系统运行过程中,采取必要的操作与措施时发生失误的概率。这种方法的分析步骤如下:①调查被分析的系统和操作程序;②研究人员可能导致差错的事件;③把整个操作程序分解成各个操作步骤和单个动作;④建造人的可靠性分析事件树;⑤根据经验或实验得出每个动作的可靠度(参考表 4-3);⑥求出各个动作和各个操作步骤的可靠度,如果各个动作中事件相容,则按概率计算;⑦求出整个操作程序的不可靠度,即人的差错概率。

在人为差错率预测方法中,需要用事件树分析方法进行分析,该方法在本书第七章中介绍。为了阅读方便,有关人为差错的分析内容,见第七章第三节人为差错的事件树分析,在此不作介绍。

五、防止引起操作人员差错的措施

引起操作人员差错的原因很多,下面选择一些常见的人为差错原因并对其采取的预防措施作一介绍。

1. 注意力不集中和疲劳是操作人员出现差错的两个重要原因

对注意力不集中的预防措施有:在重要的位置上安装受到注

意的装置,提供舒适的工作环境,在各工序之间消除多余的间歇。

对疲劳的预防措施有:消除不合理的工作位置和不合理的操作方式,缩短精力集中的时间,消除环境造成的应力和疲劳的心理要求等。

2. 没有注意一些重要的显示,控制不精确和接通顺序不正确

光凭指针显示危险情况,易造成人为差错。若采用发声和发光手段来引起操作人员对问题的注意,则可避免出现忽视重要显示的情况。对要求精确调节的控制装置,首先要求机构灵活且用力较小;同时利用"卡嗒卡嗒"发声来控制装置,则能避免由操作人员引起的控制不精确问题。为避免不按顺序要求接通控制装置,可在关键部位设置连锁装置,并保证功能控制装置按其要求以一定的顺序排列。另外要避免采用外形相似或控制记号难以理解的控制装置。

3. 读数错误

一般从仪表上读数能造成错误,可采取的措施有:消除视觉误差问题,当仪表位置分散时,读表人可移动身体,合理安排仪表位置,采用数字排列方式以达到符合人视觉的要求。

4. 振动和噪声

在不规则的振动和高噪声的环境下,操作易发生差错,可采用隔振器和吸声装置来克服,最好是从振源和声源上采取措施。另外,噪声还会影响操作人员交谈,造成对指令不能正确理解。

5. 不遵守规定的程序

不遵守规定的程序是操作人员产生差错的一个重要原因。其措施是避免太长、太慢或太快的操作程序和设置符合人的群体习惯的操作方式等。

6. 生理和心理上的应力

消除和减轻生理和心理上的应力是减少人为差错的重要方面。除了加强教育与培训之外,改善环境条件及创造和谐的氛围都

是有力的措施。例如,工作场所的布置,除保证操作人员能迅速地在设备之间活动,并及时与其他操作人员保持联络外,应设法避免其他人员对操作人员个人空间的侵犯,保证合理的空间间隔与个人"领土"。这不仅涉及人体尺寸和感觉系统,还涉及人的个性、性别、年龄、文化、感情状态和人际关系的社会因素。

第五章 故障模式及影响分析

第一节 概述

故障模式及影响分析(Failure Mode and Effect Anlysis 缩写为 FMEA)是安全系统工程中重要的分析方法之一。它是由可靠性工程发展起来的,主要分析系统、产品的可靠性和安全性。其基本内容是对系统或产品各个组成部分,按一定的顺序进行系统分析和考察,查出系统中各子系统或元件可能发生的各种故障模式,并分析它们对系统或产品的功能造成的影响,提出可能采取的预防改进措施,以提高系统或产品的可靠性和安全性。

故障模式及影响分析,在许多重要领域被明确规定为设计人员必须掌握的技术,故障模式及影响分析有关资料被规定为不可缺少的设计文件。在我国军用标准 GJB—450—88 的可靠性设计及评价一节中明确指出,故障模式及影响分析是找出设计上潜在缺陷的手段,是设计审查中必须重视的资料之一。

故障模式、影响及致命度分析(Failure Mode, Effect and Criticality Analysis 缩写为 FMECA)是在故障模式及影响分析的基础上增加一层工作,即计算出这些故障模式影响的致命度有多大,使分析量化。因此,故障模式、影响及致命度分析也可看成是故障模式及影响分析的一种扩展。

一、分析方法的特点

要保证系统或产品的可靠性,最好的方法就是预防故障。为预防故障,就要预测故障的发生。在可靠性工程中预测方法很多,故障模式及影响分析是其中一种有代表性的研究方法,其特点如下。

(1)故障模式及影响分析是通过原因来分析系统故障(结果)。即用系统工程方法,从元件(或组件)的故障开始,由下向上逐次分析其可能发生的问题,预测整个系统的故障,利用表格形式,找出不希望的初始原因事件。

(2)系统发生故障便可能丧失其功能。故障模式及影响分析除考虑系统中各组成部分上、下级的层次概念,如物理、空间、时间关系外,还主要考虑功能联系。从可靠性的角度看,则侧重于建立上级和下级的逻辑关系。因此,故障模式及影响分析是以功能为中心,以逻辑推理为重点的分析方法。

(3)该方法是一种定性分析方法,不需要数据作为预测依据,只要有理论知识和过去故障的经验积累就可以了,因而便于掌握。当个人知识不够时,可采用集思广益的办法进行分析。

(4)该方法适用于产品设计、工艺设计、装备设计和预防维修等环节。

二、故障模式及影响分析的目的和要求

故障模式及影响分析是按一定程序和表格(即模型)进行的,通过分析应达到以下的目的和要求:①搞清楚系统或产品的所有故障模式及其对系统或产品功能以及对人、环境的影响;②对有可能发生的故障模式,提出可行的控制方法和手段;③在系统或产品设计审查时,找出系统或产品中薄弱环节和潜在缺陷,并提出改进设计意见,或定出应加强研究的项目,以提高设计质量,降低失效率,或减少损失;④必要时对产品供应列入特殊要求,包括设计、性能、可靠性、安全性或质量保证的要求；⑤对于由协作厂提供的部件以及对于应当加强试验的若干参数需要制定严格的验收标准；⑥明确提出在何处应制定特殊的规程和安全措施，或设置保护性设备、监测装置或报警系统；⑦为系统安全分析、预防维修提供有用的资料。

第二节　故障的基本概念

一、故障

所谓故障，一般是指元件、子系统、系统在规定的运行时间、条件内，达不到设计规定的功能。

系统或产品发生故障有多方面原因，以机电产品为例，从其制造、产出和发挥作用，一般都要经历规划、设计、选材、加工制造、装配、检验、包装、贮存、运输、安装、调试、使用、维修等多个环节，每一个环节都有可能出现缺陷、失误、偏差与损伤，这就有可能使产品存在隐患，即处于一种可能发生故障的状态，特别是在动态负载、高速、高温、高压、低温、摩擦和辐射等苛刻条件下使用，发生故障的可能性更大。

从安全角度来说，一般使用事故、灾害的概念。所谓事故、灾害，是指"故障引起的人身伤亡和物质财产的损失"。也就是说，故障是事故、灾害的原因。一个系统或产品从正常发展成事故有一个过程：正常→异常→征兆状态→故障→事故。

征兆状态是指即使判断为异常，还未达到故障以至事故与灾害状态。通过观测、检测、监视这种征兆状态可收集到征兆信息，利用征兆信息，可以诊断、预测故障与事故。

根据可靠性定义，讨论故障时不能离开"功能、时间和条件"三个因素。

1. 功能

系统或产品发生故障,即丧失功能,其原因或根源不外乎是下级发生故障或不正常(其症状或现象称为故障模式)。上级和下级的层次概念,除考虑原对象的物理、空间关系外,应主要考虑功能联系及其重要性方面的问题。

故障模式若从可靠性定义来说,一般可从五个方面来考虑:运行过程中的故障;提前动作;在规定的时间不动作;在规定的时间不停止;运行能力降低、超量或受阻。

一般说来,产品或系统不同,故障模式也不同,上述五类故障模式进一步细化如表 5-1 所示。

表 5-1　一般故障模式(IEC TC 56)

①结构破损	⑨内部泄漏	⑱错误动作	㉗输出量过小
②机械上卡住	⑩外部泄漏	⑲不能开机	㉘无输入
③振动	⑪超出允许上限	⑳不能关机	㉙无输出
④不能保持在指	⑫低于允许下限	㉑不能切换	㉚电短路
定位置上	⑬间断性工作不稳定	㉒提前动作	㉛电开路
⑤不能开启	⑭漂移性工作不稳定	㉓滞后动作	㉜漏电
⑥不能关闭	⑮意外运行	㉔输入量过大	㉝其他
⑦误开	⑯错误指示	㉕输入量过小	
⑧误关	⑰流动不畅	㉖输出量过大	

2. 条件

在研究系统或产品的故障时,首先应了解其具有的功能及内部状态如何,是否有内部缺陷和劣化的因素,是否由于环境条件或所受应力的作用正在劣化或损伤扩展。也就是说,应将故障原因分为诱发故障的内因和直接造成故障的外因,即:

内因————————————————外因

（内部原因、缺陷）　　　　　　　（外部应力、人员差错、环境条件、使用条件变化等）

3. 时间

考虑到故障对功能的影响时，必然要提出系统或产品的保证期是多少？故障大概在什么时间发生？在 $t=0$ 时，功能当然正常，但在某个时间以后就可能出现问题。而且，故障发生的难易程度也是随时间变化的。故障模式及影响分析不是按时间序列进行分析的，这是它的不足之处。

4. 概率

在故障模式及影响分析中，一般要评定相对发生频率等级。如果有过去的各种数据，在故障模式、影响及致命度分析中利用故障率数据，可以对故障后果作出评价。

二、故障模式、原因、机理及效应

1. 故障模式

故障模式是从不同表现形态来描述故障的，是故障现象的一种表征，即由故障机理发生的结果——故障状态。相当于医学上的疾病症状。

表 5-1 介绍了各种不同的故障模式。但产品不同，故障模式也不同。例如机床、汽车、起动设备等机械产品的故障模式表现为磨损、疲劳、折断、冲击、变形、破裂等。为了便于分析，对某些机电产品的故障模式举例如下。

水泵、涡轮机、发电机的故障模式有：误起动、误停机、速度过快、反转、异常的负荷振动、发热、线圈漏电、运转部分破损等。

容器的故障模式有：泄漏、不能降温、加热、断热、冷却过分等。

热交换器、配管类的故障模式有：堵塞、流路过大、泄漏、变形、振动等。

阀门、流量调节装置的故障模式有：不能开启或不能闭合、开关错误、泄漏、堵塞、破损等。

电力设备的故障模式有：电阻变化、放电、接地不良、短路、漏电、断开等。

计测装置的故障模式有：信号异常、劣化、示值不准、损坏等。

支承结构的故障模式有：变形、松动、缺损、脱落等。

齿轮的故障模式有：断裂、压坏、熔融、烧结、磨耗(损等)。

滚动轴承的故障模式有：滚动体轧碎、磨损、压坏、腐蚀、烧结、裂纹、保持架损坏等。

滑动轴承的故障模式有：腐蚀、变形、疲劳、磨损、胶合、破裂等。

电动机的故障模式有：磨损、变形、发热、腐蚀、绝缘破坏等。

环境应力造成的故障模式见表 5-2 所示。

表 5-2 环境影响和故障模式[24]

环境因素	主要影响	典型故障模式
高温	热老化 金属氧化 结构变化 设备过热 粘度下降、蒸发	绝缘失效 接点接触电阻增大，金属材料表面电阻增大 橡胶、塑料裂纹和膨胀 元件损坏、着火、低熔点焊锡缝开裂、焊点脱开 丧失润滑特性
低温	增大粘度和浓度 结冰现象 脆化 物理收缩 元件性能改变	丧失润滑特性 电气机械功能变化，液体凝固，盲管破裂 结构强度减弱，电缆损坏，蜡变硬，橡胶变脆 结构失效，增大活动件的磨损，衬垫、密封垫弹性消失，引起泄漏 铝电解电容器损坏，石英晶体往往不振荡，蓄电池容量降低
高湿度	吸收湿气 电化反应 锈蚀 电解	物理性能下降，电强度降低，绝缘电阻降低，介电常数增大 机械强度下降 影响功能，电气性能下降，增大绝缘体的导电性
干燥	干裂 脆化 粒化	机械强度下降 结构失效 电气性能变化

续表

环境因素	主要影响	典型故障模式
低气压	膨胀 漏气 空气绝缘强度下降 散热不良	容器破裂,爆裂膨胀 电气性能变化,机械强度下降 绝缘击穿、跳弧,出现电弧、电晕放电现象和形成臭氧,电气设备工作不稳定甚至故障 设备温度升高
太阳辐射	老化和物理反应 脆化、软化粘合	表面特性下降、膨胀、龟裂、折皱、破裂,橡胶和塑料变质,电气性能变化 绝缘失效、密封失效、材料失色,产生臭氧
砂尘	磨损 堵塞 静电荷增大 吸附水分	增大磨损、机械卡死、轴承损坏 过滤器阻塞、影响功能、电气性能变化 产生电噪声 降低材料的绝缘性能
盐雾	化学反应 锈蚀和腐蚀 电解	增大磨损,机械强度下降,电气性能变化 绝缘材料腐蚀 产生电化腐蚀、结构强度减弱
霉菌	霉菌吞噬和繁殖吸附水分 分泌腐蚀液体	有机材料强度降低、损坏,活动部分受阻塞导致其他形式的腐蚀,如电化腐蚀 光学透镜表面薄膜浸浊,金属腐蚀和氧化
风	力作用 材料沉积 热量损坏(低速风) 热量增大(高速风)	结构失效、影响功能、机械强度下降 机械影响和堵塞,加速磨损 加强低温影响 加速高速影响
雨	物理应力 吸收水和浸渍 锈蚀 腐蚀	结构失效,头锥、整流罩淋雨浸蚀 增大失热量,电气失效,结构强度下降 破坏防护镀层,结构强度下降、表面特性下降 加速化学反应
湿度冲击	机械应力	结构失效和强度下降,密封破坏,电气元件封装损坏
臭氧	化学反应破裂、裂纹 脆化 粒化 空气绝缘强度下降	加速氧化 电气或机械性能发生变化 机械强度下降 影响功能 绝缘性下降,发生跳弧现象

环境因素	主 要 影 响	典 型 故 障 模 式
振动	机械应力疲劳 电路中产生噪声	晶体管外引线、固体电路的管脚、导线折断 金属构件断裂、变形、结构失效 联接器、继电器、开关的瞬间断开、电子插件性 能下降。陀螺漂移增大,甚至产生故障。加速度 表精度降低,输出脉冲数超过预定要求。导致特 性和引信装置的电气功能下降。粘层、键合点脱 开,电路瞬间短路、断路
冲击	机械应力	结构失效,机件断裂或折断,电子设备瞬间短路
噪声	低频影响与振动相 同。高频影响设备元 件的谐振	电子管、波导管、调速管、磁控管、压电元件、薄 壁上的继电器、传感器活门、开关、扁平的旋转 天线等均受影响,结构可能失效
真空	有机材料分解、蜕变、 放大、蒸发、冷焊	放气和蒸发污染光学玻璃。轴承、齿轮、相机快 门等活动部件磨损加快 两种金属表面会粘合在一起,产生冷焊现象
加速度	机械应力 液压增加	结构变形和破坏 漏液
高压爆 破环境	机械应力冲击波	结构失效,密封破裂 破裂,结构破坏

2. 故障原因

系统、产品的故障原因,主要来自两个方面。从内在因素,即固有可靠性方面看,有以下原因:①系统、产品的硬件设计不合理或存在潜在的缺陷,如设计水平低,未采取防震、防湿、减荷、安全装置、冗余等设计对策;②系统、产品中零、部件有缺陷;③制造质量低,材质选用有错或不佳等;④运输、保管、安装不善。

根据经验数据表明,在各类机电产品故障比率中,由固有可靠性引起的约占总数的 80%。

从外在因素,即使用可靠性方面看,引起故障的主要原因是环境条件和使用条件。系统或产品的环境条件与使用条件越苛刻,越容易发生故障。湿度和温度过高或过低、振动、噪声、冲击、灰尘、有害气体等不仅是产品可靠性的有害因素,也是对操作人员有害的因素,换句话说,都是促发故障的原因。根据机电产品寿命的统计表明,以室温(20~25℃)为基数,每升高10℃,使用寿命就缩短1/15~1/2。

只要存在着上述原因,就意味着系统或产品潜在有故障,在一定条件下,就会产生一定模式的故障。

3. 故障机理

故障机理是指诱发零件、产品、系统发生故障的物理与化学过程、电学与机械学过程,也可以说是形成故障源的原因。换句话说,就是要考虑某个故障模式是如何发生的,以及它发生的可能性有多大。因此,在研究故障机理时,需要考虑下列三个原因。

(1)对象。对象是指发生故障的实体(系统或产品本身),以及其内部状态与潜在缺陷。对象的内部状态与结构,对故障的发生有抑制或促进作用。

(2)外部原因。指能引起系统或产品发生故障的外界破坏因素,如外部环境应力、时间因素、人为差错等故障诱因。若从"人—机—环境系统"来说,即人、环境与机的关系。

(3)结果。指在外部原因作用于对象后,对象内部状态发生变化,当此变化量超过某一阈值,便形成故障。

4. 故障效应

指的是某一故障发生后,它对系统、子系统、部件有什么影响,影响程度有多大。

5. 故障模式、故障机理与故障原因的关系

一般说来,故障原因孕育着故障机理,而故障模式反映着故障机理的差别。但是,故障模式相同,其故障机理并不一定相同。例如机械零件变形这一故障模式,其机理可能有冲击、温度、破坏等多种。同一故障机理,也可能出现不同的故障模式。例如疲劳这一

故障机理,就可以出现表面破裂、耗损、折断等故障模式。因此,考察一个部件,故障模式就可能不只一种,如阀门故障至少有:内部泄漏、外部泄漏、打不开、关不紧等四种模式。

图 5-1 是交流接触器的故障过程,从图中可以清楚地看出故障模式、故障机理与故障原因之间的关系。

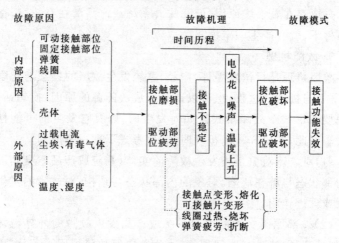

图 5-1　交流接触器故障过程示意图

第三节　故障模式及影响分析的分析步骤

一、故障模式及影响分析的分析步骤

故障模式及影响分析的思路是,从设计功能上,按照系统-子系统-元件顺序分解研究故障模式,再按逆过程,即元件-子系统-系统顺序研究故障的影响,选择对策,改进设计。因此,其分析步骤按图 5-2 所示。

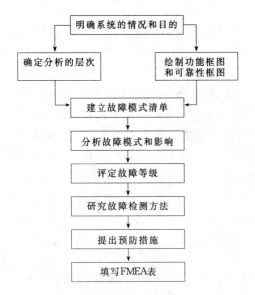

图 5-2 故障模式及影响分析程序框图

二、程序的说明

下面对程序中几个步骤加以说明。

1. 明确系统的情况和目的

在分析步骤中首先应对系统的任务、功能、结构和运行条件等诸方面有一个全面的了解。如系统由哪些子系统、组件和元件组成,它们各自的特性、功能,以及它们之间的联接、输入输出的关系;系统运行方式和运行的额定参数、最低性能要求、操作和维修方式与步骤;系统与其他系统的相互关系、人机关系,以及其他环境条件的要求等。要掌握这些情况,就应了解系统的设计任务书、技术设计说明书、图纸、使用说明书、标准、规范、事故情报等资料。

2. 确定分析的层次

分析开始时就要根据系统的情况,决定分析到什么层次,这是一个重要的问题。图 5-3 是分析层次与故障模式及影响分析的关系。由图 5-3 可见,不同的分析层次故障模式及影响分析应有不同的格式,在各分析层次中,由于故障所在层次不同,故障模式对上一层影响和对下一层的故障原因追究深度也不相同。换句话说,如果分析的层次太浅,就会漏掉重要的故障模式,得不到有用的资料;反之,若分析得过深,一切都分析到元件,则会造成结果繁杂,费时太多,同时对制定措施也带来了困难。一般说来,对关键的子系统可以分析得深一些,次要的可以分析浅些,有的可以不分析。具体到什么程度,可经分析小组成员讨论决定。对那些功能件或外购件,如电机、泵、阀门、开关、继电器、轴承等可作为元件对待,不必进一步分析。

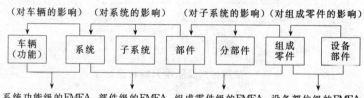

图 5-3 分析的层次和故障模式及影响分析

3. 绘制功能框图和可靠性框图

关于功能框图已在本书第二章中做了介绍,在此不再重复。

可靠性框图是从可靠性的角度建立的模型,它把实际系统的物理、空间要素与现象表示为功能与功能之间的联系,尤其明确了它们之间的逻辑关系。图 5-4 是高压空气压缩机的可靠性框图。

4. 建立故障模式清单、分析故障模式及影响

这一步是实施故障模式及影响分析的核心,通过对可靠性框图所列全部项目的输出分析,根据理论知识、实践经验和有关故障资料,判明系统中所有实际可能出现的故障模式,即导致规定输出功能的异常和偏差。分析过程的基本出发点,不是从故障已发生开始考虑,而是分析现有设计方案,会有哪种故障发生,即对每一种

输出功能的偏差,预测可能发生什么故障,对部件、子系统、系统有什么影响及其程度,列出认为可能发生的全部故障模式。选定、判明故障模式是一项技术性很强的工作,必须细致、准确。下面介绍5W1H启发性分析方法要领,供分析时参考。

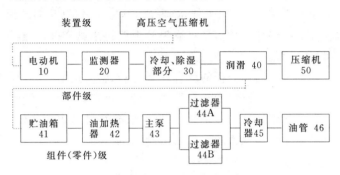

图 5-4　高压空气压缩机可靠性框图

所谓5W1H方法,就是指 Who(谁)、When(何时)、Where(何处)、What(什么)、Why(为什么)、How(怎样、如何)的总称,以提问方式来完成对故障事故的思考。

为什么(Why):为什么要有这个元件? 为什么这个元件会发生故障? 为什么不加防护装置? 为什么不用机械代替人力? 为什么不用特殊标志? 为什么输出会出现偏差?

什么(What):功能是什么? 工作条件是什么? 与什么有关系? 规范、标准是什么? 在什么条件下发生故障? 将会发生什么样的故障? 采用什么样的检查方法? 制定什么样的预防措施?

谁(Who):谁操作? 故障一旦发生谁是受害者? 谁是加害者? 影响到哪些功能? 谁来实施安全措施?

何时(When):何时发生故障?何时检测安全装置?何时完成预防措施计划?

何地(Where):在什么部位发生故障? 防护装置装在什么地方最好?何处有同样的装置? 监测、报警装置装在什么地方最好? 何地需要安全标志？

如何（How）：发生故障的后果如何？影响程度如何？如何避免故障发生？安全措施控制能力如何？如何改进设计？

另外，在故障分析时，应根据对象的不同采取不同的分析方法。但必须注意，切勿只见树木（现象）不见森林（真正的原因）。要从全局出发，综合各种信息采取失效物理的微观分析，一般可按下面的程序进行。

（1）掌握全局性分析的综合调查。如果陷入过于细微的故障现象之中，往往会把原因和结果搞错，所以，首先要做全局性的调查。

（2）从非破坏性的外部分析到解剖、破坏性的内部分析。

（3）建立故障原因的假设，并进而求证。

5. 研究故障检测方法

设定故障发生后，说明故障所表现的异常状态及如何检测，例如通过声音的变化，仪表指示量的变化进行检测。对保护装置和警报装置，要研究能被检测出的程度如何并做出评价。

6. 确定故障等级

由于各种故障模式所引起的子系统、系统事故有很大的差别，因而在处理措施上就要分清轻重缓急区别对待。故障等级是衡量对系统任务、人员安全造成影响的尺度。因此，有必要对故障的等级进行划分。确定故障等级的方法有以下几种。

（1）简单划分法。将故障模式对子系统或系统影响的严重程度分四个等级，见表 5-3 所列，可根据实际情况进行分级。

（2）评点法。在难于取得可靠性数据的情况下，可采用此法，它比简单划分法较精确。该方法从几个方面来考虑故障对系统的影响程度，用一定点数表示程度的大小，通过计算，求出故障等级。

表 5-3 故障模式分级表

故障等级	影响程度	可能造成的危害或损失
Ⅳ 级	致命性的	可能造成死亡或系统损失
Ⅲ 级	严重的	可能造成严重伤害、严重职业病或主要系统损坏
Ⅱ 级	临界的	可能造成轻伤、职业病或次要系统损坏
Ⅰ 级	可忽略的	不会造成伤害和职业病,系统也不会受损

评点数由下式求出:

$$C_s = \sqrt[i]{C_1 \cdot C_2 \cdots C_i} \qquad (5\text{-}1)$$

式中, C_s——总点数,$0 < C_s < 10$;

C_i——因素系数,$0 < C_i < 10$。

评点因素和系数如表 5-4 所示。

表 5-4 评点因素和系数

评 点 因 素	系数 C_i
1. 故障影响大小 2. 对系统造成影响的范围 3. 故障发生的频率 4. 防止故障的难易程度 5. 是否新设计	$0 < C_i < 10$ $1 < i < 5$

仅仅其评点因素的内容比较模糊,而且系数取值范围较大,不易评得准确。

另一种求点数的方法列于表 5-5,可根据评点因素求出点数,然后求和,得出总点数 C_s。

以上两种评点方法求出的总点数 C_s,均可按表 5-6 评出故障等级。

表 5-5 评点参考表

评点因素	内 容	点数
影响大小	造成生命财产损失	5.0
	造成相当程度的损失	3.0
	元件功能有损失	1.0
	无功能损失	0.5
对系统影响程度	对系统造成两处以上重大影响	2.0
	对系统造成一处以上重大影响	1.0
	对系统无过大影响	0.5
发生频率	很可能发生	1.5
	偶然发生	1.0
	不大发生	0.7
防止故障的难易程度	不能防止	1.3
	能够防止	1.0
	易于防止	0.7
是否新设计	内容相当新的设计	1.2
	内容和过去相类似的设计	1.0
	内容和过去同样的设计	0.8

表 5-6 评点数与故障等级

故障等级	评点数 C_s	内 容	应采取的措施
Ⅳ 致命的	7～10	完不成任务,人员伤亡	变更设计
Ⅲ 严重的	4～7	大部分任务完不成	重新讨论设计或变更设计
Ⅱ 临界的	2～4	一部分任务完不成	不必变更设计
Ⅰ 可忽略的	<2	无影响	无

(3)风险矩阵法。故障一旦发展成为事故,所造成的后果受两个因素影响,一是故障发生的概率,另一是故障发生后造成的后果。为了能得出一个比较准确的评价,就需要有一个衡量标准——风险率(或称危险度),它是用故障概率和严重度综合评定的。

严重度是指故障模式对系统功能的影响程度。一般分为四个等级,见表 5-7。

表 5-7　严重度等级划分

严重度等级	内　　　　容
I 低的	1. 对系统任务无影响
	2. 对子系统造成的影响可忽略不计
	3. 通过调整故障易于消除
II 主要的	1. 对系统任务虽有影响但可忽略
	2. 导致子系统的功能下降
	3. 出现的故障能够立即修复
III 关键的	1. 系统的功能有所下降
	2. 子系统功能严重下降
	3. 出现的故障不能立即通过检修予以修复
IV 灾难性的	1. 系统功能严重下降
	2. 子系统功能全部丧失
	3. 出现的故障需经彻底修理才能消除

故障概率是指在一特定时间内故障模式所出现的次数。时间可根据具体情况来定,如一年、半年,或根据大修间隔期,或完成一项任务的周期,或其他被认为合适的期间来决定。

各故障模式的概率,可根据其出现的概率来评定。分级如下:

I 级(故障概率很低)　在运行期间发生故障的概率很小,以致可忽略,即一种故障模式发生的概率小于全部概率的 0.01。

II 级(故障概率低)　在运行期间内发生故障是偶然的,即一种故障模式发生的概率为总概率 0.01～0.1。

III 级(故障概率中等)在运行期间内发生故障的概率为中等,即一种故障模式发生的概率为总概率的 0.1～0.2。

IV 级(故障概率高)在运行期间内发生故障的概率是很高的,即一种故障模式发生的概率大于总概率的 0.2。

有了严重度和故障概率的数据,就可进行风险矩阵评价。以故障概率为纵坐标,严重度为横坐标,画出风险率矩阵图,如图 5-5 所示。将所有故障模式按其严重度和概率分别填入矩阵图内,就可看出系统风险的密集情况。处于图中斜线区的故障模式表示风险率高，应研究对策使其风险率下降。特别指出，划分故障等级时，即使是对同一产品，由于系统层次的故障模式及影响分析和零件层次的故障模式及影响分析不同，所以要采用分别划分评定等

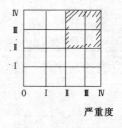

图 5-5 风险率矩阵图

级标准的方法。若用统一标准进行分析，对故障模式的评价就会发生混乱，不同层次上的严重度也会模糊不清了。

在分析中若遇有不希望发生的故障模式(或薄弱环节)，或对其中原因不明的致命性的故障模式，应当采用故障树分析法，彻底地追查其发生的途径和原因，并采取对策。

第四节 致命度分析

一、什么是致命度分析

致命度分析(Criticality Analysis 缩写为 CA)是在故障模式及影响分析的基础上扩展出来的。在系统进行初步分析(如故障模式及影响分析)之后，对其中特别严重的故障模式(如Ⅳ级有时也对Ⅲ级)单独再进行详细分析。致命度分析就是对系统中各个不同的严重故障模式计算临界值——致命度指数，即给出某故障模式产生致命度影响的概率。它是一种定量分析方法。故障模式及影响分析结合使用时，叫做故障模式、影响及致命度分析(FMECA)。

二、致命度分析的目的

致命度分析的主要目的是：①尽量消除致命度高的故障模式；②当无法消除故障模式时，应尽量从设计、制造、使用和维修等方

面去降低其致命度和减少其发生的概率;③根据故障模式不同的致命度,对其零、部件或产品提出相应的不同质量要求,以提高其可靠性和安全性;④根据不同情况可采取对产品或部件的有关部位增设保护装置、监测预报系统等措施。

三、致命度指数的计算

致命度指数按下式计算:

$$C_r = \sum_{i=1}^{n} (\alpha \cdot \beta \cdot K_A \cdot K_E \cdot \lambda_G \cdot t \cdot 10^6) \tag{5-2}$$

式中,C_r——致命度指数。表示相应系统元件每 100 万次(或 100
        万件产品中)运行造成系统故障的次数(或件数);

   n——元件的致命性故障模式总数;

   i——致命性故障模式的第 i 个序号;

  λ_G——元件单位时间或周期的故障率;

  K_A——元件 λ_G 的测定值与实际运行条件强度修正系数;

  K_E——元件 λ_G 的测定值与实际行动条件环境修正系数;

   t——完成一项任务,元件运行的小时数或周期(次)数;

  α——致命性故障模式与故障模式比,即 λ_G 中致命性故障模
        式所占的比例(<1);

  β——致命性故障模式发生并产生实际影响的条件概率,其
        值如下:

故　障　影　响	发 生 概 率 β
实际丧失规定功能	$\beta = 1.00$
很可能丧失规定功能	$0.1 \leqslant \beta < 1.00$
可能丧失规定功能	$0 < \beta < 0.1$
没有影响	$\beta = 0$

10^6——单位调整系数,将 C_r 值由每工作一次的损失换算为
每工作 10^6 次的损失换算系数,经此换算后 $C_r > 1$。

四、致命度分析表格

致命度分析所用的表格如表 5-8 所示。

表 5-8　致命度分析表

日期_____
制表_____
主管_____

系统——致命度分析
子系统——

1 项目编号	致命故障			致命度计算									
	2 故障模式	3 运行阶段	4 故障影响	5 项目数	6 K_A	7 K_E	8 λ_G	9 故障率数据来源	10 运转时间或周期	11 可靠性指数	12 α	13 β	14 C_r

致命度分析(或故障模式、影响及致命度分析)的正确性取决于两个因素:首先与分析者的水平有直接关系,要求分析者有一定实践经验和理论知识;其次则取决于可利用的信息,信息多少决定了分析的深度,如没有故障率数据时,只能利用故障模式发生的概率,用风险矩阵的方法分析,无法填写详细的致命度分析表。若所用的数据不可靠,则分析的结果必然有差错。

第五节　故障模式及影响分析表格与举例

故障模式及影响分析的表格将汇总所有分析的结果,因此,它是进行分析的重要工具,也是可靠性设计、审查和安全分析中的一个重要文件。表示形式很多,应根据分析不同对象和目的来选用。下面以美国舰船用的高压空气压缩机为例加以介绍。

1. 功能说明

该高压空气压缩机的功能是提供操作用全部高压空气。在分析中不考虑外电源和压缩机贮罐的故障以及操作人员的误操作。

2. 功能分解

压缩机系统由一台电动机驱动,采用闭路循环水冷却。该系统由五个子系统组成:①电动机,向压缩机、润滑、冷却各子系统输送扭矩;②监测器系统,包括各种压力表、安全阀、压力开关、温度监测和报警器等,监测压力、温度可起到安全保护的作用;③冷却与除湿系统,冷却水流经内冷却器、后部冷却器、润滑油冷却器、气缸夹套及端部冷却器来完成冷却作用。除湿部分的功能是将进入压缩机的空气的水分除掉;④润滑系统,保证压缩机各运动副接触之间的润滑和气缸的良好润滑;⑤压缩机,装有自身润滑装置、冷却液自动排放系统和电动计时器等。

图5-6是压缩机系统的功能框图,表示出五个子系统和功能输出之间的关系。

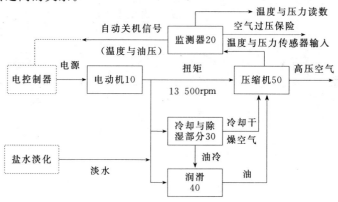

图5-6 高压空气压缩机系统功能框图

3. 可靠性框图

可靠性框图见表5-4。从图中可看出,由电动机(10)到压缩机

（50）各组件相互之间是串联关系；在部件（零件）级，除过滤器 44A 到过滤器 44B 是并联外，其余均是串联的关系。

4. 故障模式及影响分析表

分析表见表 5-9 和表 5-10。

系统名称 高压空气压缩机
图号 一
页号 二

部门
制表人
审查人
完成日期

表5-9 故障模式及影响分析表

项目	功能	故障模式	发生时机	原因	征兆检测的可能性	故障影响 子系统	系统	人员	现有安全装置	严重度	措施	备注
高压空气压缩机	输出压缩空气	空气压力低	运行中	压缩机各段阀门、气缸故障	空气压力读出		供气压力低		无	3		
		空气压力高	运行中	压缩机各段阀门故障	空气压力读出	空气压力泄压阀部分堵塞	如泄压阀能运行则影响可忽略		空气压力泄压阀部分损坏	3		
		空气温度高	运行中	冷却部分有故障	空气温度读出	自动停车装置动作	如停车则无空气输出		温度指示器指示高温.自动停车	3		
		空气量降低	运行中	电动机故障(转速下降)	无	电动机电流高	供气量降低		电动机超负荷、继电器部分损坏	3		
		无空气输出	运行中	电动机故障	读出	电动机不转	用户无空气		无	3		
				电动机故障、仪表装置和监测故障	读出	压缩机功能失效	错误停车		无			
				冷却和除湿部分故障	读出	自动停车	用户无空气		自动停车部分损坏			
				润滑系统故障	读出	自动停车	用户无空气		自动停车部分损坏			

115

表 5-10 故障模式及影响分析表

项目	功能	故障模式	发生时机	原因	征兆检测的可能性	故障影响 子系统	故障影响 系统	故障影响 人员	现有安全装置	严重度	措施	备注
电动机	驱动压缩机	不转	运行中	2 个线圈开路	电流增大	电机温度升高	无空气输出		无	4		设过电流保护,将使电动机过热之前跳闸
	冷却和润滑的传动装置	转速低	运行中	1 个线圈开	电流增大	电机温度升高	空气输出量减少		无	2		
		转动不良	运行中	顶部轴承同轴跳动,电气连接或接触不良	由于转速变动造成振动噪声大	电机温度升高	油封损坏,冷却及润滑效率降低		无	3		会造成损坏、扩大振动,传感器和停车装置能在重大破坏前使压缩机停车

续表

项目	功能	故障模式	发生时机	原因	征兆检测的可能性	故障影响			现有安全装置	严重度	措施	备注
						子系统	系统	人员				
仪表和温度监测装置	压力与温度读出	输出正常但读出不正常	运行中	仪表或传感器故障	操作正常		造成错误停车		无	3		
		读出数正常但实际输入不正常	运行中	仪表故障	无明显征兆		输出损失造成压缩机损坏		自动停车和报警将限制损坏	3		
	自动停车	由于失效而动作	运行中	仪表故障	压缩机停车	仪表动作	造成错误停车		无	1		
		无动作（但输入正常）	运行中	仪表故障	仪表指针不正常（超过红线）		压缩机损坏、无空气输出		仪表能给操作者信号	4		

第六章　事故树分析

第一节　概述

事故树分析(Fault Tree Analysis 缩写为 FTA)是安全系统工程中最重要的分析方法。该方法是由美国贝尔电话实验室的维森(H. A. Watson)提出的,最先用于民兵式导弹发射控制系统的可靠性分析,故称为故障树分析或失效树分析。在安全管理方面即安全性分析与评价方面,主要分析事故的原因和评价事故风险,故称为事故树分析。

事故树分析是一种表示导致灾害事故的各种因素之间的因果及逻辑关系图。也就是在设计过程中或现有生产系统和作业中,通过对可能造成系统事故或导致灾害后果的各种因素(包括硬件、软件、人、环境等)进行分析,根据工艺流程、先后次序和因果关系绘出逻辑图(即事故树),从而确定系统故障原因的各种可能组合方式(即判明灾害或功能故障的发生途径及导致灾害、功能故障的各因素之间的关系)及其发生概率,进而计算系统故障概率,并据此采取相应的措施,以提高系统的安全性和可靠性。

一、事故树分析方法的特点

事故树分析方法具有以下特点。

(1)事故树分析是一种图形演绎方法,是故障事件在一定条件下的逻辑推理方法。它可以就某些特定的故障状态作逐层次深入的分析，分析各层次之间各因素的相互联系与制约关系，即输入（原因）与输出（结果）的逻辑关系，并且用专门符号标示出来。

（2）事故树分析能对导致灾害或功能事故的各种因素及其逻辑关系做出全面、简洁和形象的描述，为改进设计、制定安全技术措施提供依据。

（3）事故树分析不仅可以分析某些元、部件故障对系统的影响，而且可对导致这些元、部件故障的特殊原因（人的因素、环境等）进行分析。

（4）事故树分析可作为定性评价，也可定量计算系统的故障概率及其可靠性参数，为改善和评价系统的安全性和可靠性提供定量分析的数据。

（5）事故树是图形化的技术资料，具有直观性，即使不曾参与系统设计的管理、操作和维修人员通过阅读也能全面了解和掌握各项防灾控制要点。

进行事故树分析的过程，也是对系统深入认识的过程，可以加深对系统的理解和熟悉，找出薄弱环节，并加以解决，避免事故发生。事故树分析除可作为安全性和可靠性分析外，还可在安全上进行事故分析及安全评价。另外，还可用于设备故障诊断与检修表的制定。

二、事故树分析的程序

事故树分析的程序，常因评价对象、分析目的、粗细程度的不同而不同，但一般可按如下程序进行，见图 6-1。

1. 熟悉系统

全面了解系统的整个情况，包括系统性能、工作程序、各种重要的参数、作业情况及环境状况等，必要时绘出工艺流程图及其布置图。

2. 调查事故

尽量广泛地了解系统的事故。既包括分析系统已发生的事故，也包括未来可能发生的事故，同时也要调查外单位和同类系统发生的事故。

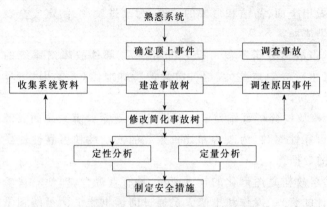

图 6-1　事故树分析的一般程序

3. 确定顶上事件

所谓顶上事件就是我们要分析的对象事件——系统失效事件。对调查的事故，要分析其严重程度和发生的频率，从中找出后果严重且发生概率大的事件作为顶上事件。也可事先进行危险性预先分析(PHA)、故障模式及影响分析(FMEA)、事件树分析(ETA)，从中确定顶上事件。

4. 调查原因事件

调查与事故有关的所有原因事件和各种因素，包括机械设备故障；原材料、能源供应不正常(缺陷)；生产管理、指挥和操作上的失误与差错；环境不良，等等。

5. 建造事故树

这是事故树分析的核心部分之一。根据上述资料，从顶上事件开始，按照演绎法，运用逻辑推理，一级一级找出所有直接原因事

120

件,直到最基本的原因事件为止。按照逻辑关系,用逻辑门连接输入输出关系(即上下层事件),画出事故树。

6. **修改、简化事故树**

在事故树建造完成后,应进行修改和简化,特别是在事故树的不同位置存在相同基本事件时,必须用布尔代数进行整理化简。

7. **定性分析**

求出事故树的最小割集或最小径集,确定各基本事件的结构重要度大小。根据定性分析的结论,按轻重缓急分别采取相应对策。

8. **定量分析**

定量分析应根据需要和条件来确定。包括确定各基本事件的故障率或失误率,并计算其发生概率,求出顶上事件发生的概率,同时对各基本事件进行概率重要度分析和临界度分析。

9. **制定安全对策**

建造事故树的目的是查找隐患,找出薄弱环节,查出系统的缺陷,然后加以改进。在对事故树全面分析之后,必须制定安全措施,防止灾害发生。安全措施应在充分考虑资金、技术、可靠性等条件之后,选择最经济、最合理、最切合实际的对策。

第二节　事故树的建造

一、事故树的符号及其意义

事故树中使用的符号通常分为事件符号和逻辑门符号两大类,目前有关资料中符号尚不统一,但差别不大,为了便于使用,下面介绍几种常用的符号。

1. **事件符号**

(1)矩形符号。矩形符号[见图 6-2(a)]表示顶上事件或中间事件。顶上事件是所分析系统不希望发生的事件,它位于事故树的顶端。中间事件是位于顶上事件和基本事件之间的事件。二者都是需要往下分析的事件。

（2）圆形符号。圆形符号[见图 6-2(b)]表示基本原因事件，即基本事件，是不能再往下分析的事件，故位于事故树的底部。

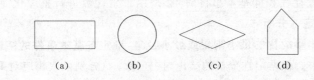

(a)　　　　　(b)　　　　　(c)　　　　　(d)

图 6-2　事件符号

（3）菱形符号。菱形符号[见图 6-2(c)]有两种意义。一种是表示省略事件，即没有必要详细分析或原因不明确的事件。另一种是表示二次事件，如由原始灾害引起的二次灾害，即来自系统之外的原因事件。

（4）房形符号。房形符号[见图 6-2(d)]表示正常事件，是系统正常状态下发生的正常事件。有的也称为激发事件，例如电动机运转等。

事件符号原则上有上述四种，其中只有矩形符号是必须往下分析的事件，其余三种都是无须进一步分析的事件，故将此三者合称为基本事件或底事件。

在事件符号内必须填写事件。从分析事故的目的出发，"事件"就是构成事故的因素。所填入的事件必须是具体事件，不得笼统、含糊不清。例如不能用"违章操作"代替"未戴防毒用具，或未穿好工作服操作"，也不能用"人的不安全行为"代替"手伸进冲模内操作"等等。也就是说不能把管理上的状况和人的状况填入其中。

2. **逻辑门符号**

逻辑门符号是表示相应事件的连接特性符号，用它可以明确表示该事件与其直接原因事件的逻辑连接关系。

122

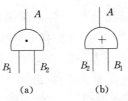

图 6-3　与门、或门符号

（1）与门。与门[见图 6-3（a）]表示只有所有输入事件 B_1、B_2 都发生时，输出事件 A 才发生。换句话说，只要有一个输入事件不发生，则输出事件就不发生。有若干个输入事件也是如此。

（2）或门。或门[见图 6-3（b）]表示输入事件 B_1、B_2 中任一个事件发生时，输出事件 A 发生。换句话说，只有全部输入事件都不发生，输出事件才不发生。有若干个输入事件也是如此。

关于"与门"和"或门"的意义及其应用，可用开关电路加以说明。图 6-4 是一串联系统，若把灯亮作为顶上事件，则开关 K_1 和开关 K_2 必须同时关合，电灯才亮（与门）；反之，若把灯不亮作为顶上事件，则系统中开关 K_1 和 K_2 任一个断开，电灯不亮（或门）。同样，图 6-5 是一并联系统，若把灯亮作为顶上事件，则开关 K_1 和 K_2 任一关合，则电灯亮（或门）；反之，开关 K_1 和 K_2 同时断开，则电灯不亮（与门）。

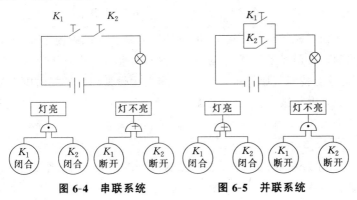

图 6-4　串联系统　　　**图 6-5　并联系统**

从上面两例中，可看出这样一种因果关系：在决定输出事件（顶上事件）的各个输入事件中，只要有一个输入事件发生，输出事件就发生。这种因果关系就是"或"的逻辑关系，即用"或门"连接。还有一种因果关系，在决定输出事件（顶上事件）的各个输入事件同时发生，输出事件才发生。这是"与"的逻辑关系，用"与门"连接。

（3）条件门。条件门分条件与门和条件或门两种，见图 6-6 与图 6-7。条件与门表示输入事件 B_1、B_2 不仅同时发生，而且还必须满足条件 a，才会有输出事件 A 发生，否则就不发生。a 是指输出事件 A 发生的条件，而不是事件。例如油库火灾爆炸的直接原因是："火源"和"油气聚集"。但这些直接原因事件同时发生也不一定发生火灾爆炸，而火灾爆炸还必须取决于油气达到爆炸极限 $1.4\% \sim 7.6\%$，这一条件必须在条件与门内注明，其连接关系如图 6-8 所示。条件或门表示输入事件 B_1、B_2 至少有一个发生，在满足条件 a 的情况下，输出事件 A 才发生。

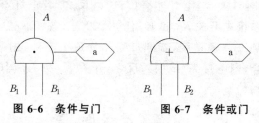

图 6-6　条件与门　　　　图 6-7　条件或门

例如："氧气瓶超压爆炸"的直接原因是："与火源接触"、"接近热源"和"在阳光下曝晒"。在这三者中，只要有一个直接原因事件发生，就会使氧气瓶超压，但并不一定发生爆炸，只有"瓶内应力超过钢瓶强度极限"时才必然爆炸。因此，需在或门连接的基础上附加一个条件，这就是条件或门结构，其连接关系如图 6-9 所示。

3. 转移符号

当事故树规模很大时，在一张图纸上不能绘出树的全部内容，需要将某些部分树在其他图纸上画出；或整个树中有多处包含同样的部分树,为简化起见,就要用转入和转出符号。

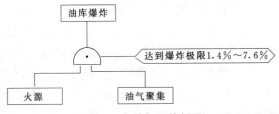

图 6-8　条件与门的例子

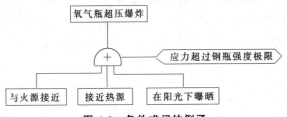

图 6-9　条件或门的例子

（1）转出符号。转出符号[见图 6—10(a)]表示这个部分树由此转出,并在三角形内标出对应的数字,以表示向何处转移。

（2）转入符号。转入符号[见图 6—10(b)]连接的地方是相应转出符号连接的部分树转入的地方。三角形内标出从何处转入,转出转入符号内的数字一一对应。

(a)　　　　　　　　　(b)

图 6—10　转移符号

二、故障事件的分类

1. 故障与失效

首先来区分一下特定的词"失效"(failure)和一个一般的词

125

"故障"(fault)。例如一个继电器，如果在它两端加上电压时它能正确地闭合，则我们称这个继电器是"成功"的；反之，若继电器没能闭合，则我们称这个继电器是"失效"的。另一种可能就是由于某个先行部件工作不当而使继电器错误地闭合，显然，这并不是继电器失效。然而，继电器错误地工作会使电路进入一个错误的状态，我们称这样发生的事件为"故障"。一般说来，一切失效都是故障，但不是所有的故障都是失效。

2. 部件故障事件和系统故障事件

故障事件是指系统或系统中的部件发生状态改变的过程，即故障事件不发生指的是系统、部件处于正常状态，故障事件发生指的是系统、部件处于故障状态。

在因果关系分析中，部件失效一般是基本事件。部件失效可分为一次失效、二次失效及受控故障。一次失效是指由于故障事件本身的直接原因而使其处于不能正常工作的状态，必须对部件进行修理才能使它恢复到能工作的状态。一次失效是由设计条件范围内的输入所引起的，部件的自然老化是造成这种失效的原因。例如，"传动轴由于金属疲劳而断裂"，"灯泡钨丝烧断"等。

二次失效与一次失效现象相同，但部件本身不会造成失效，过去或现在加到部件上的过应力是造成二次失效的原因。这种应力来自超出极限条件的振动、频率、持续时间或极性，或者来自机械、热、电、化学、磁和放射性等能源的能量输入。应力也可能由相邻部件或环境造成，包括气象或地质条件及其他工程系统。另外如操作人员、检验人员等在工作中损坏了部件，也可能造成二次失效。例如："保险丝由于电流过大而烧断"、"设备由于地震而破坏"等。值得注意的是，过应力的消除并不能保证部件恢复工作状态，因为应力在部件中留下了永久性的损害，必须加以修理。如果已经找到了一次和二次失效的确切模式，则一次和二次失效事件就同基本失效事件一样，在故障树中应填入圆形符号中。

126

受控故障（或称指令故障）是部件由于不正确的控制讯号或噪音而处于不能工作的状态,常常不必进行修理就可恢复到正常状态。这是因为无意识的控制讯号或噪音常常不留下记忆（损害）,而后续的正常输入讯号能使部件正常工作。受控故障的例子如"灯泡中没有电流通过使灯泡不亮"、"安全检测器受到噪音输入而偶然发生假讯号"、"操作人员未能按下紧急按钮"等。受控故障事件在建树过程中是需要进一步分解的。

一般说来,部件故障事件总可以按照图 6-11 的规则进行分解。图 6-12 是描述部件失效的特性图。

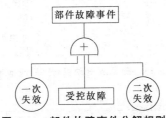

图 6-11　部件故障事件分解规则

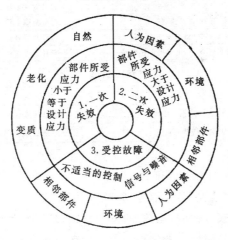

图 6-12　部件失效特性

如果矩形符号内的事件可以用图 6-11 的形式进行分解,那么它就是部件故障事件。反之,则称为系统故障事件。系统故障事件是指其发生原因无法从单个部件的故障引起,而可能是一个以上的部件或分系统的某种故障状态。这样划分的目的,是为了建造事件树时可做到思维清楚,条理性强,层次分明。为了进一步说明这两种故障事件,下面举一个简单的电动机-开关-电池电路的例子,如图 6-13 所示。系统有两种状态:工作和备用。

图 6-13　简单的电动机-开关-电池系统

工作状态

系 统 故 障	分　　类
按下开关时,开关不能闭合	部件故障事件
按下开关时,开关偶然打开	部件故障事件
给电动机加上电压后,电动机不转	部件故障事件
在加有电压的情况下,电动机停止转动	部件故障事件

备用状态

系 统 故 障	分　　类
没按开关时,开关偶然闭合	部件故障事件
电动机偶然开动	系统故障事件

3. 无源部件和有源部件

在大多数情况下,将部件划分为无源和有源(也称准静态和动态)部件是比较方便的。无源部件一般(或多或少)是以静态方式参加系统工作的,这样的部件相当于一个能量传送器,如管道、导线、轴颈、轴承和焊点等。有源部件相对来说是以一种动态方式参加系

128

统工作,它会以某种方式改变系统的性能,如阀门的开启或关闭会改变系统中液体(或气体)的流动方向,开关对电路的电流也有类似的作用,还有继电器、电阻器、水泵、离合器等。另外,也可将无源部件看做是一个"信号"传送器,而把有源部件看做是一个"信号"发生器。无源部件的失效将导致"信号"不能传输或只能部分传输,而有源部件失效将导致没有输出"信号",或输出"错误信号"。从定量可靠性的观点来看,无源部件的失效概率比较低,而有源部件的失效概率比较高。

4. 直接原因的概念

在顶上事件确定后,接下去就是要确定这个顶上事件发生的直接的、必要的和充分的原因。下面以一个例子来说明"直接原因"概念的应用。如图 6-14 是一个简单系统,当给 A 一个输入信号,它产生输出,对 B、C 提供输入,最后将信号传给 E。现选定"没有信号传给 E"做为顶上事件,并设定在分析中忽略从一个子系统向另一个子系统传输信号的传输器件(无源部件),这相当于认为电线(管道)和指令线路的失效概率为零。现对顶上事件进行逐级分析。事件"没有信号传给 E"的直接原因为"D 没有输出",千万要注意防止错误地认为"没有输入 D"是"没有信号传给 E"的直接原因。

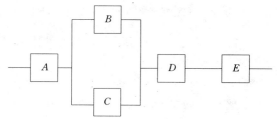

图 6-14 说明"直接原因"概念的系统

一级中间事件"D 没有输出"的直接原因有两种可能:①"D 有输入无输出";②"D 没有输入"。

所以"D 没有输出"就是事件①和事件②的并。从这里可看出,如果不是一次进行一步,而是错误地认为一级中间事件是"D 没有输入",那么就会把事件①丢了。

现在再做下一步分析,找出事件①和事件②的直接原因。如果分析的极限是子系统级,则事件①(还可写成"D 由于本身故障而没有发挥其正常功能")就是基本事件,不用进一步分析了。至于事件②,其直接原因是"B 和 C 均没有输出",它可表示为两个事件的交,即:

$$A_2 = A_3 \bigcap A_4$$

式中,A_3——"B 没有输出";

$\quad$ A_4——"C 没有输出";

$\quad$ A_2——事件②。

继续对事件 A_3 和 A_4 进行分析,对于 A_3,有:

$$A_3 = A_5 \bigcup A_6$$

式中,A_5——"B 有输入无输出";

$\quad$ A_6——"B 无输入"。

可以看出 A_5 是失效(基本事件),A_6 是一个可以进一步分析的故障。对 A_4 的处理与 A_3 类似。

三、事故树建造的启发性指导原则

在建造事故树时,希望有一些启发性的指导原则,根据以往的经验可归纳成以下几条。

(1)事件符号内必须填写具体事件,每个事件的含义必须明确、清楚,不能把管理上的状况和人的状态写入其中,不得写入笼统、含糊不清或抽象的事件。例如不能用"电动机工作时间过长"代替"给电动机通电时间过长"。

(2)尽可能地将一些事件划分为更明白的基本事件。例如"贮罐爆炸"用"加注过量造成爆炸"或"反应失控造成爆炸"来代替。

130

（3）找出每一级中间事件（或顶上事件）的全部直接原因。直接原因的概念是根据系统的"信号"或"能流"传递的次序来寻找的，见前述。

（4）将触发事件同"无保护动作"配合起来。例如"过热"用"冷却失灵"加上"系统未关机"来代替。

（5）找出相互促进的原因。例如"着火"用"可燃流体漏出"和"明火"来代替。

四、建造事故树时的注意事项

事故树应能反映出系统故障的内在联系和逻辑关系，同时能使人一目了然，形象地掌握这种联系与关系，并据此进行正确的分析，为此，建造事故树时应注意以下几点：

1. 熟悉分析系统

建造事故树由全面熟悉开始。必须从功能的联系入手，充分了解与人员有关的功能，掌握使用阶段的划分等与任务有关的功能，包括现有的冗余功能以及安全、保护功能等。此外，使用、维修状况也要考虑周全。这就要求广泛地收集有关系统的设计、运行、流程图、设备技术规范等技术文件及资料，并进行深入细致的分析研究。

2. 选好顶上事件

建造事故树首先要选定一个顶上事件。顶上事件是指系统不希望发生的故障事件。选好顶上事件有利于使整个系统故障分析相互联系起来，因此，对系统的任务、边界以及功能范围必须给予明确的定义。顶上事件在大型系统中可能不是一个，一个特定的顶上事件可能只是许多系统失效事件之一。顶上事件在很多情况下是用 $FMEA$——故障模式及影响分析、故障预先性分析或 ETA——事件树分析得出的。一般考虑的事件有：对安全构成威胁的事件——造成人身伤亡，或导致设备财产的重大损失（火灾、爆炸、中毒、严重污染等）；妨碍完成任务的事件——系统停工，或丧失大部分功能；严重影响经济效益的事件——通讯线路中断、交通停顿等妨碍提高直接收益的因素。

3. 合理确定系统的边界条件

所谓边界条件是指规定所建造事故树的状况。有了边界条件就明确了事故树建到何处为止。一般边界条件包括以下几项。

（1）确定顶上事件。

（2）确定初始条件。它是与顶上事件相适应的。凡具有不止一种工作状态的系统、部件都有初始条件问题。例如贮罐内液体的初始量就有两种初始条件，一种是"贮罐装满"，另一种是"贮罐是空的"，必须加以明确规定。时域也必须加以规定，例如，在启动或关机条件下可能发生与稳态工作阶段不同的故障。

（3）确定不许可的事件。指的是建树时规定不允许发生的事件，例如"由系统之外的影响引起的故障"。

4. 调查事故事件是系统故障事件还是部件故障事件

要对矩形符号的每个说明进行检查，并要问："这个故障能否由部件失效组成？"如果回答"能"，则这个事件归为"部件故障事件"，那么就在这个事件下面加一个"或"门，并寻找一次、二次失效和受控故障。如果回答"否"，则这个事件归为"系统故障事件"，这时就要寻找最简捷的、充分必要的直接原因。若是系统故障事件，在这个事件下面可用"或"门、"与"门或"条件"门，至于用哪种门，必须由必要而充分的直接原因事件来定。

5. 准确判明各事件间的因果关系和逻辑关系

对系统中各事件间的因果关系和逻辑关系必须分析清楚，不能有逻辑上的紊乱及因果矛盾。每一个故障事件包含的原因事件都是事故事件的输入，即原因——输入，结果——输出。逻辑关系应根据输入事件的具体情况来定，若输入事件必须全部发生时顶上事件才发生，则用"与"门；若输入事件中任何一个发生时顶上事件即发生,则用"或"门。

6.避免门连门

门的所有输入事件都应当是正确定义的故障事件,任何门不能与其他门直接相连。

五、事故树的建造方法

按照确定顶上事件的方法和原则确定顶上事件以后,就要分析顶上事件是怎样发生的。由顶上事件出发循序渐进地寻找每一层事件发生的所有可能的直接原因,一直到基本事件为止。寻找直接原因事件可从三个方面考虑:机械(电器)设备故障或损坏、人的差错(操作、管理、指挥)以及环境不良等因素。下面,我们用实例来说明事故树的建造方法与过程。

例1 如图 6-15 所示的泵系中,贮罐在 10min 内注满而在 50min 内排空,即一次循环时间是 1h。合上开关以后,将定时器调整到使触点在 10min 内断开的位置。假如机构失效,报警器发出响声,操作人员断开开关,防止加注过量造成贮罐破裂。

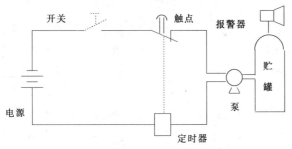

图 6-15 一个泵系的示意图

(1)确定顶上事件。根据启发性指导原则 1,确定以"贮罐(在时刻 t)破裂"为事故树的顶上事件,如图 6-16 所示。并设定初始条件为"贮罐是空的"。

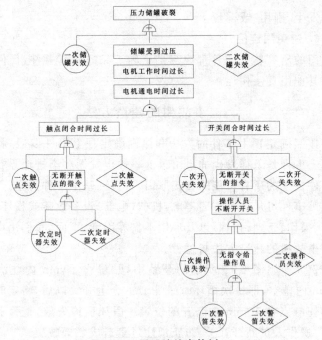

图 6-16　原系统的事故树

（2）调查顶上事件发生的直接原因事件、事件性质和逻辑关系。根据建树的注意事项 4，顶上事件失效由部件失效组成，故在顶上事件下面用"或"门，其一次、二次失效事件为贮罐自然老化和过应力造成，而受控故障则是贮罐受到过压。贮罐受到过压含义不清。根据原则 1，可改写成"电机工作时间过长"，更具体应写为"电机通电时间过长"。

（3）调查"电机通电时间过长"的直接原因事件、事件性质和逻辑关系。根据原则 4，将"电机通电时间过长"用"触点闭合时间过长"和"开关闭合时间过长"联系起来。这两个事件都同时发生，"电机通电时间过长"才发生，故它们用"与"门连接。

（4）调查"触点闭合时间过长"和"开关闭合时间过长"事件的

直接原因事件。根据注意事项4,二者都由部件失效组成,故在其下面均用"或"门连接,一次、二次失效事件为触点和开关本身,受控故障则分别为"无断开触点的指令"和"无断开开关的指令",后者具体改写成"操作人员不断开开关"。

(5)调查"无断开触点的指令"的直接原因事件。触点断开动作是由定时器控制的,定时器失效当然触点断不开,换言之,它是部件故障事件。故其下接"或"门,一次、二次失效是定时器本身。至于受控故障在这里不再有可能出现,亦即对这一分支的分解过程就此结束。

(6)调查"无断开开关的指令"的直接原因事件。开关是由操作人员操作的,在这个例子中的操作人员可认为是系统中的一个部件。因此,根据注意事项4进行分解,操作人员一次失效是指在设计条件内工作的操作人员未能在报警器报警时按下紧急停机按钮。二次失效是指例如"报警器报警时操作人员已被火烧死"这种事件。对于受控故障是"没有报警声"。

"没有报警声"即"无指令给操作人员",这是一个部件故障事件,根据注意事项4进行分解,一次、二次失效是报警器本身,受控故障在这里不再有可能出现,这一分支分解过程到此结束,即事故树建造完毕。

例2 对油库静电爆炸进行事故分析。汽油、柴油作为燃料在生产过程中被大量使用,许多工厂都有小型油库,如何保证油库安全是一个很重要的问题。由于汽油和柴油的闪点温度低,爆炸极限又处于低值范围,所以油料一旦泄漏碰到火源,或挥发后与空气混合到一定比例遇到火源,就会发生燃烧爆炸事故。火源种类较多,有明火、撞击火花、雷击火花和静电火花等。本例仅就静电火花造成油库爆炸的事故树建造过程做一介绍,见图6-17。

(1)确定顶上事件——"油库静电爆炸"(一层)。

(2)调查爆炸的直接原因事件、事件的性质和逻辑关系。直接原因事件:"静电火花"和"油气达到可燃浓度"。这两个事件不仅要同时发生,而且必须在"油气浓度达到爆炸极限"时,爆炸事件才会发生,因此,用"条件与"门连接(二层)。

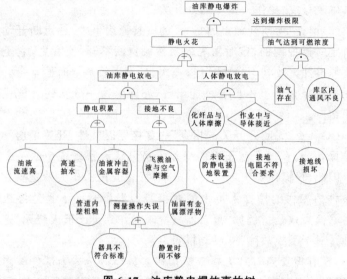

图 6-17　油库静电爆炸事故树

(3)调查"静电火花"的直接原因事件、事件的性质和逻辑关系。直接原因事件:"油库静电放电"和"人体静电放电"。这两个事件只要其中有一个发生,则"静电火花"事件就会发生,因此,用"或"门连接(三层)。

(4)调查"油气达到可燃浓度"的直接原因事件、事件的性质和逻辑关系。直接原因事件:"油气存在"和"库区内通风不良"。"油气存在"这是一个正常状态下的正常功能事件,因此,该事件用房形符号。"库区内通风不良"为基本事件。这两个事件只有同时发生,"油气达到可燃浓度"事件才发生,故用"与"门连接(三层)。

(5)调查"油库静电放电"的直接原因事件、事件的性质和逻辑关系。直接原因事件:"静电积累"和"接地不良"。这两个事件必须

136

同时发生，才会发生静电放电，故用"与"门连接（四层）。

（6）调查"人体静电放电"的直接原因事件、事件的性质和逻辑关系。直接原因事件："化纤品与人体摩擦"和"作业中与导体接近"。同样，这两个事件必须同时发生，才会发生静电放电，故用"与"门连接（四层）。

（7）调查"静电积累"的直接原因事件、事件的性质和逻辑关系。直接原因事件："油液流速高"、"管道内壁粗糙"、"高速抽水"、"油液冲击金属容器"、"飞溅油液与空气摩擦"、"油面有金属漂浮物"和"测量操作失误"。这些事件只要其中有一个发生，就会发生"静电积累"，因此，用"或"门连接（五层）。

（8）调查"接地不良"的直接原因事件、事件的性质和逻辑关系。直接原因事件："未设防静电接地装置"、"接地电阻不符合要求"和"接地线损坏"。这三个事件只要其中有一个发生，就会发生"接地不良"，因此，用"或"门连接（五层）。

（9）调查"测量操作失误"的直接原因事件、事件的性质和逻辑关系。直接原因事件："器具不符合标准"和"静置时间不够"。这两个事件只要其中有一个发生，则"测量操作失误"就会发生，因此用"或"门连接（六层）。

以上就是建造油库静电爆炸事故树的全过程。

第三节　事故树的数学描述

一、事故树的结构函数

为了对事故树进行分析，必须了解它的结构特性。结构函数是描述系统状态的函数，它完全取决于元、部件的状态。通常假定任何时间，元、部件和系统只能取正常或故障两种状态，并且任何时刻系统的状态由元、部件状态唯一决定。

现在假定系统由 n 个单元(即元、部件)组成,且下列二值变量 x_i 对应于各单元的状态为:

$$x_i = \begin{cases} 1 & \text{表示单元 } i \text{ 发生(即元、部件故障)} \\ & (i=1,2,\cdots,n) \\ 0 & \text{表示单元 } i \text{ 不发生(即元、部件正常)} \\ & (i=1,2\cdots,n) \end{cases}$$

同样,系统的状态变量用 y 表示,则:

$$y = \begin{cases} 1 & \text{表示顶上事件发生} \\ 0 & \text{表示顶上事件不发生} \end{cases}$$

y 完全取决于单元状态 (X),因此,y 是 (X) 的函数,记为:

$$y = \Phi(X),\text{或}$$
$$y = \Phi(x_1, x_2, \cdots, x_n)$$

$\Phi(X)$ 称为系统的结构函数,因为有 n 个变量故称为 n 阶的结构函数。

下面介绍两种简单系统的结构函数。

1. 与门的结构函数

图 6-18 是事故树的基本结构单元中的与门结构,因此,只有所有基本事件发生时,顶上事件才发生。

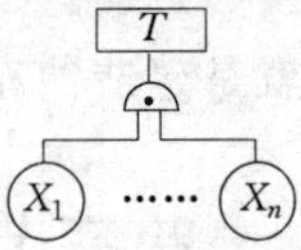

根据布尔代数运算法则,它是逻辑"与"(逻辑乘)的关系,其逻辑式为:

图 6-18 与门结构

$$Z = \bigcap_{i=1}^{n} x_i = x_1 \bigcap x_2 \bigcap \cdots \bigcap x_n \qquad (6\text{-}1)$$

这就是与门结构函数。用代数算式表示为:

$$\Phi(X) = \prod_{i=1}^{n} x_i = x_1 \cdot x_2 \cdot \cdots \cdot x_n$$
$$= \min(x_1, x_2, \cdots, x_n) \qquad (6\text{-}2)$$

式中，$\min(x_1, x_2, \cdots x_n)$——从 $x_1 \sim x_n$ 中取最小值，即只要其中有一个最小的"0"（正常），则整个系统为"0"（正常）。

$\prod$——连乘的符号，也是布尔代数中的"交"（$\cap$）。

2. 或门的结构函数

图 6-19 是事故树的基本结构单元中的或门结构，因此，只要有一个或一个以上基本事件发生时，顶上事件就发生。根据

图 6-19　或门结构

布尔代数运算法则，它是逻辑"或"（逻辑加）的关系，其逻辑式为：

$$Z = \bigcup_{i=1}^{n} x_i = x_1 \bigcup x_2 \bigcup \cdots x_n \tag{6-3}$$

这就是或门结构函数。用代数算式表示为：

$$Z = x_1 + x_2 + \cdots + x_n = \sum_{i=1}^{n} x_i \tag{6-4}$$

当 x_i 仅取 0、1 二值时，结构函数可写成：

$$\begin{aligned}
\Phi(X) &= 1 - \prod_{i=1}^{n}(1-x_i) \\
&= \bigcup_{i=1}^{n} x_i \\
&= 1 - (1-x_1)(1-x_2)\cdots(1-x_n) \\
&= \max(x_1, x_2, \cdots, x_n)
\end{aligned} \tag{6-5}$$

式中，$\max(x_1, x_2, \cdots, x_n)$——从 $x_1 \sim x_n$ 中取最大值，即只要其中有一个最大的"1"（故障），整个系统就为"1"（故障）。

3. m/n 表决门的结构函数

图 6-20 是事故树的基本结构单元中的表决门，表示一种表决的逻辑关系，仅当 n 个输入事件中有 m 个以上事件发生时，则门输出事件发生。m/n 表决门常用于电路设计中提高系统的可靠性的重要设计方法，在控制系统、安全系统的设计中广泛采用。图 6-21 是 2/3 表决系统可靠性框图。n 中取 m 系统，对应于各元、部

139

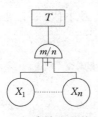

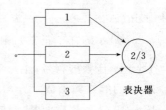

图 6-20　m/n 表决门结构　　　　图 6-21　2/3 表决系统可靠性框图

件的状态(x_i)：

$$\Phi(X)=\begin{cases} 1 & \text{当} \sum x_i \geqslant m \text{ 时，表示顶上事件发生} \\ 0 & \text{表示顶上事件不发生} \end{cases}$$

式中，m——使系统发生故障的最小基本事件数。

用结构函数 $\Phi(X)$ 表示，在 $m=2$、$n=3$ 时，

$$\Phi(X)=1-(1-x_1x_2)(1-x_1x_3)(1-x_2x_3)$$

$$=1-\prod_{i=1}^{3}(1-x_ix_{i+1})$$

$$=\max(x_1x_2,x_1x_3,x_2x_3) \tag{6-6}$$

式中，$\max(x_1x_2,x_1x_3,x_2x_3)$——从 $x_1 \sim x_3$ 中取二者之积最大值，

而且只有当最大值数大于或等于 2，系统才发生故障。

4. 复杂系统的结构函数

由与门和或门组成的事故树，根据逻辑乘与逻辑加的关系，可以写出其结构函数。若系统的事故树如图 6-22 所示，则其结构函数为：

$$\Phi(X)=\{x_1 \cap [x_3 \cup (x_4 \cap x_5)]\} \cup \{x_2 \cap [x_4 \cup (x_3 \cap x_5)]\}$$

$$\tag{6-7}$$

用代数算式表示为：

$$x_1[x_3+(x_4x_5)]+x_2[x_4+(x_3x_5)] \tag{6-8}$$

5. 结构函数的运算规则

在结构函数中，事件的逻辑加（逻辑或）运算和逻辑乘（逻辑

140

与)运算,服从集合(布尔)代数的运算规则。为了便于运算,下面将有关集合、概率含义和运算规则分别列于表 6-1 和表 6-2 中。

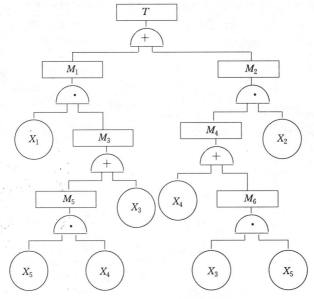

图 6-22　某一系统的事故树

在集合表达式中所采用的事件并和交,即"∪"和"∩",表示事件之间的关系,它们相当于布尔代数算子"∨"(或)和"∧"(与),也相当于代数算式的"＋"和"×"。

表 6-1　集合与概率的含义对照表

符　号	集　合	概　率
A	集合	事件
$\overline{A}$	A 的补集	A 的对立事件
$A \in B$	A 属于 B(或 B 包含 A)	事件 A 发生导致事件 B 发生
$A = B$	A 与 B 相等	事件 A 与事件 B 相等
$A \cup B\ (A+B)$	A 与 B 的并集	事件 A 与事件 B 至少有一个发生
$A \cap B\ (A \cdot B)$	A 与 B 的交集	事件 A 与事件 B 同时发生
$A - B$	A 与 B 的差集	事件 A 发生而事件 B 不发生
$A \cap B = 0$	A 与 B 没有共同交集	事件 A 与事件 B 互不相容

表 6-2   集合代数的运算规则

运 算 律	并集(逻辑加)的关系式	交集(逻辑乘)的关系式
交换律	$A \cup B = B \cup A$	$A \cap B = B \cap A$
结合律	$A \cup (B \cup C) = (A \cup B) \cup C$	$A \cap (B \cap C) = (A \cap B) \cap C$
分配律	$A \cup (B \cap C) =$ $(A \cup B) \cap (A \cup C)$	$A \cap (B \cup C) = (A \cap B) \cup (A \cap C)$
等幂律	$A \cup A = A$	$A \cap A = A$
吸收律	$A \cup (A \cap B) = A$	$A \cap (A \cup B) = A$
德·摩根律	$\overline{A \cup B \cup \cdots \cup F} = \overline{A} \cap \overline{B} \cap \cdots \cap \overline{F}$	$\overline{A \cap B \cap \cdots \cap F} = \overline{A} \cup \overline{B} \cup \cdots \cup \overline{F}$
互补律	$A \cup \overline{A} = 1$	$A \cap \overline{A} = 0$
回归律	$\overline{\overline{A}} = A$	

6. 事故树结构函数运算举例

下面是普通车床车削时切屑割手伤害事故树,见图 6-23 所示。

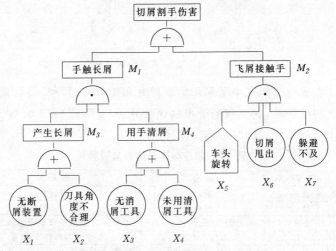

图 6-23   切屑割手伤害事故树

根据事故树的逻辑关系,即与门结构为逻辑乘,或门结构为逻

142

辑加。因此,该事故树的结构函数如下:

$$\Phi(X) = M_1 + M_2$$
$$= M_3 M_4 + x_5 x_6 x_7$$
$$= (x_1 + x_2)(x_3 + x_4) + x_5 x_6 x_7$$
$$= x_1 x_3 + x_2 x_3 + x_1 x_4 + x_2 x_4 + x_5 x_6 x_7$$

二、单调关联系统

单调关联系统是指系统中任一组成单元的状态由正常(故障)变为故障(正常)而不会使系统的状态由故障(正常)变为正常(故障)的系统。也就是说,系统每个元、部件对系统的功能(可靠性)发生影响,如果系统中所有元、部件发生故障,则系统一定呈故障状态;反之,所有元、部件正常,系统一定正常。而且,当故障的元、部件经过修复转为正常时系统不会由正常转为故障;反之,正常部件故障不会使系统由故障转为正常。根据以上特点,单调关联系统的结构函数具有下述性质。

(1) $$\Phi(1, X) \neq \Phi(0, X) \tag{6-9}$$

式中,

$$\Phi(1, X) = \Phi(x_1, x_2, \cdots, x_i = 1 \cdots x_n),$$
$$\Phi(0, X) = \Phi(x_1, x_2, \cdots, x_i = 0 \cdots x_n)$$

若不等式(6-9)不成立,则基本事件 x_i 与结构函数中 $\Phi(X)$ 无关。其含义是:第 i 个元、部件正常与否,与系统正常与否无关。这样,第 i 个元、部件就是逻辑多余元、部件。含有逻辑多余元、部件的系统不是单调关联系统。

(2) $$\Phi(0) \equiv 0, \Phi(1) \equiv 1 \tag{6-10}$$

式中,

$$\Phi(0) = \Phi(0, 0, \cdots, 0),$$
$$\Phi(1) = \Phi(1, 1, \cdots, 1)$$

其含义是:组成系统的所有元、部件都正常,系统一定正常;反之,所有元、部件发生故障,系统一定发生故障。

(3) 有两个结构函数:

$$\Phi(X)=\Phi(x_1,x_2,\cdots,x_n)$$

$$\Phi(Y)=\Phi(y_1,y_2,\cdots,y_n)$$

若 $X\geqslant Y$,即 $x_1\geqslant y_1,x_2\geqslant y_2,\cdots,x_n\geqslant y_n$,则:

$$\Phi(X)\geqslant\Phi(Y) \tag{6-11}$$

根据布尔代数的不等值定理:$1>0$,

所以 $\Phi(0,1,1,0,1)>\Phi(0,0,1,0,1)>\Phi(0,0,1,0,0)$,

而 $\Phi(1,0,1,0,1)$ 与 $\Phi(1,1,0,0,1)$ 则不可比较,因为不满足 $X\geqslant Y$ 的条件。

式(6-11)的含义是:在可比条件下,当系统中的故障元、部件多时,系统故障可能性大,也就是说,系统中正常元、部件发生故障时,系统不可能出现由故障状态转为正常状态。这就体现了结构函数的单调性。

(4)

$$\bigcap_{i=1}^{n}x_i\leqslant\Phi(X)\leqslant\bigcup_{i=1}^{n}x_i \tag{6-12}$$

式(6-12)的含义是:或门结构(串联系统)是单调关联系统不可靠性的上限,而与门结构(并联系统)则是单调关联系统的下限。由与门和或门结构组成的事故树都是单调关联系统。本书讨论的都是单调关联系统。

三、可靠性框图与事故树的对应关系

系统的可靠性是从系统正常工作角度出发分析问题的,而事故树则是从系统故障角度出发分析问题,因此,二者之间存在着一定的内在联系,见表 6-3。

从表 6-3 中可知,当考虑故障时,串联系统和事故树的或门结构对应,并联系统和与门结构对应;若考虑可靠度(成功率)时,则串联系统和与门结构相对应,并联系统和或门结构相对应。

144

一般说来,任何一个可靠性框图都可以找出一个对应的事故树。

表 6-3   可靠性框图与事故树的对应关系

		串联系统	并联系统
	框图		
可靠性	可靠度	$R_1 \cdot R_2$(乘法定理、AND)	$R_1 + R_2 - R_1 \cdot R_2$ (加法定理、OR)*
	不可靠度	$F_1 + F_2 - F_1 F_2$ (加法定理、OR*)△	$F_1 \cdot F_2$(乘法定理、AND)
	数学模型	最小寿命系统 $R_s = \prod\limits_{i=1}^{n} R_i$	最大寿命系统 $F_s = \prod\limits_{i=1}^{n} F_i$
	门的结构	或门 (OR)	与门 (AND)
	数学模型	$Z = x_1 \bigcup x_2$(逻辑或)	$Z = x_1 \bigcap x_2$(逻辑加)
	结构函数	$\Phi(X) = 1 - \prod\limits_{i=1}^{n}(1 - x_i)$	$\Phi(X) = \prod\limits_{i=1}^{n} x_i$
备注		* 在 n 个单元情况下,串联系统的不可靠度(或并联系统的可靠度)的 F(或 R)为(一次项之和)-(二次项之和)+(三次项之和)-(四次项之和)+…,这样加、减交替直至 n 次项。 △或 $1 - R_s = (1 - R_1)(1 - R_2)$ 在 n 个单元情况下,其通式为:$R_s = 1 - \prod\limits_{i=1}^{n}(1 - R_i)$	

145

第四节　事故树的定性分析

事故树的定性分析就是对任何事件都不需要分配数值（即基本事件的发生概率或故障率），只对事件分配"0"或"1"的二值制（即"0"指事件不发生，"1"指事件发生）的分析方法。事故树定性分析的目的，主要是查明系统由初始状态（基本事件）发展到事故状态（顶上事件）的途径，并求出能引起发生顶上事件的最少的事件的组合，为改善系统安全提供相应的对策。

一、利用布尔代数化简事故树

在事故树初稿编制好之后，需要对事故树进行仔细检查并利用布尔代数化简，特别是在事故树的不同部件存在有相同的基本事件时，必须用布尔代数进行整理化简，然后才能进行定性、定量分析，否则就可能造成分析错误。例如图 6-24 的事故树示意图，设顶上事件为 T，中间事件为 M_i，基本事件为 x_1、x_2、x_3，若其发生概率均为 0.1，即 $q_1=q_2=q_3=0.1$，求顶上事件的发生概率。

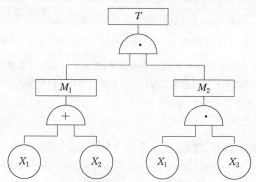

图 6-24　事故树示意图

根据事故树的逻辑关系，可写出其结构式如下：

146

$$T = M_1 M_2$$
$$= (x_1 + x_2) x_1 x_3$$

按独立事件的概率和与积的计算公式,顶上事件的发生概率为:

$$Q_T = [1-(1-q_1)(1-q_2)] q_1 q_3$$
$$= [1-(1-0.1)(1-0.1)] 0.1 \times 0.1$$
$$= 0.001\ 9$$

图 6-24 中基本事件 x_1 有重复,现利用布尔代数对上述结构式进行整理、化简,则:

$$T = (x_1 + x_2) x_1 x_3$$
$$= x_1 x_3 x_1 + x_1 x_3 x_2 \quad \text{(分配律)}$$
$$= x_1 x_1 x_3 + x_1 x_2 x_3 \quad \text{(交换律)}$$
$$= x_1 x_3 + x_1 x_2 x_3 \quad \text{(等幂律)}$$
$$= x_1 x_3 \quad \text{(吸收律)}$$

通过化简得到结构函数为 $x_1 x_3$,即由两个基本事件组成的、通过一个与门和顶上事件连接的新事故树,如图 6-25 所示,其顶上事件发生的正确概率为:

$$Q_T = q_1 q_3 = 0.01$$

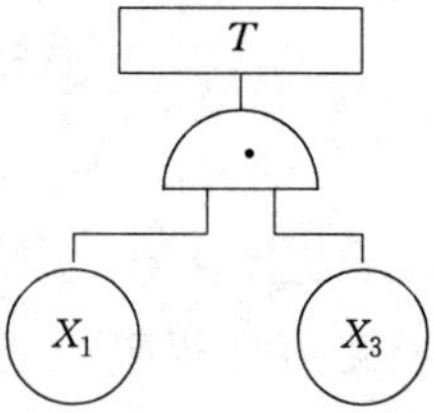

图 6-25 图 6-24 事故树的等效图

产生上述错误原因,是因为事故树中有与顶上事件发生无关的事件。从化简结果可看出,如果 x_1、x_3 发生,则不管 x_2 是否发生,顶上事件都必然发生。从原事故树可以看出,当 x_2 发生时,要使顶上事件发生,也必须有 x_1、x_3 都发生做前提条件。因此 x_2 是多余的。在计算 T 的概率时,只能按其等效图计算。

为了使读者熟练地掌握利用布尔代数化简事故树的方法,下面再举两例。

例 1 化简图 6-26 的事故树,并做出等效图。

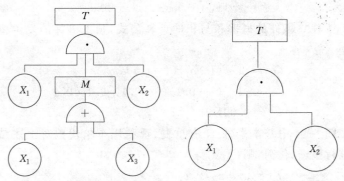

图 6-26 事故树示意图　　图 6-27 图 6-26 事故树的等效图

解:根据图示,其结构式为:

$$T = x_1 M x_2$$
$$= x_1(x_1 + x_3)x_2$$
$$= x_1 x_1 x_2 + x_1 x_3 x_2 \quad (分配律)$$
$$= x_1 x_2 + x_1 x_2 x_3 \quad (等幂律、交换律)$$
$$= x_1 x_2 \quad (吸收律)$$

经化简后得事故树的结构式为 $x_1 x_2$,由于是逻辑积的关系,故用与门和顶上事件连接,其等效图如图 6-27 所示。

例 2 化简图 6-28 中的事故树,并做出等效图。

解:根据图示,其结构式为:

$$T = M_1 M_2$$
$$= (M_3 + x_1)(x_4 + M_4)$$
$$= (x_2 x_3 + x_1)(x_4 + M_5 x_1)$$
$$= (x_2 x_3 + x_1)[x_4 + (x_2 + x_4)x_1]$$
$$= (x_2 x_3 + x_1)(x_4 + x_2 x_1 + x_4 x_1) \qquad (分配律)$$
$$= x_2 x_3 x_4 + x_2 x_3 x_2 x_1 + x_2 x_3 x_4 x_1 + x_1 x_4 + x_1 x_2 x_1 + x_1 x_4 x_1$$

148

$$=x_1x_2x_2x_3+x_1x_2x_3x_4+x_1x_2x_1+x_1x_4x_1+x_2x_3x_4+x_1x_4$$
（交换律）

$$=x_1x_2x_3+x_1x_2x_3x_4+x_1x_2+x_1x_4+x_2x_3x_4$$
（等幂律）

$$=x_1x_2+x_2x_3x_4+x_1x_4$$
（吸收律）

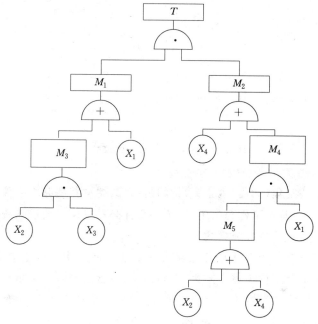

图 6-28　事故树示意图

根据化简后的事故树结构式，做出其等效图。如图 6-29 所示。

二、最小割集与最小径集

在事故树分析中，最小割集与最小径集的概念起着非常重要的作用。事故树定性分析的主要任务是求出导致系统故障（事故）的全部故障模式。系统的全部故障模式就是系统的全部最小割集，所以全部最小割集的集合又称之为系统的故障谱。系统的全部正常模式就是系统的全部最小径集。通过对最小割集或最小径集的分析,可以找出系统的薄弱环节,提高系统的安全性和可靠性。

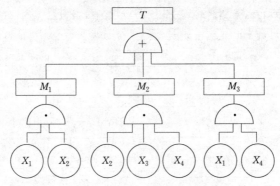

图 6-29 图 6-28 事故树的等效图

1. 割集和最小割集

所谓割集(截集、截止集)指的是:事故树中某些基本事件的集合,当这些基本事件都发生时,顶上事件必然发生。所以系统的割集也就是系统的故障模式。

如果在某个割集中任意除去一个基本事件就不再是割集了,这样的割集就称为最小割集。换句话说,也就是导致顶上事件发生的最低限度的基本事件组合。因此,研究最小割集,实际上是研究系统发生事故的规律和表现形式,发现系统最薄弱环节。由此可见,最小割集表示了系统的危险性。

2. 最小割集的求法

最小割集的求法有多种,下面仅就常用的行列法和布尔代数化简法做一介绍,其他方法与这两种方法相近,故不再介绍。

(1)行列法。又称下行法,这种方法是 1972 年由富塞尔(Fussel)提出,所以又称为富塞尔法。该算法的基本原理是从顶上事件开始,由上往下进行,与门仅增加割集的容量(即割集内包含的基本事件的个数),而不增加割集的数量;或门则增加割集的数

150

量,而不增加割集的容量。每一步按上述的原则,由上而下排列,把与门连接的输入事件横向排列,把或门连接的输入事件纵向排列,这样逐层向下,直到全部逻辑门都置换成基本事件为止。得到的全部事件积之和,即是布尔割集(BICS),再经布尔代数化简,就可得到若干最小割集。

下面以图 6-30 事故树为例,求最小割集。

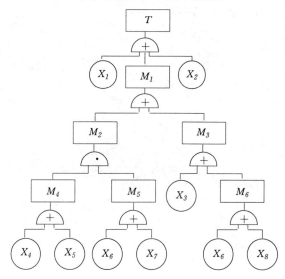

图 6-30　事故树示意图

如图所示,顶上事件与下一层的中间事件 x_1、M_1、x_2 是用或门连接的。故 T 被 x_1、M_1、x_2 代替时,纵向排列:

$$T \xrightarrow{\text{或门}} \begin{cases} x_1 \\ M_1 \\ x_2 \end{cases}$$

M_1 与下一层事件 M_2、M_3 之间也是或门连接的,故 M_1 被 M_2、M_3 代替时,仍然是纵向排列。

151

$$\begin{cases} x_1 \to x_1 \\ M_1 \to \begin{cases} M_2 \\ M_3 \end{cases} \\ x_2 \to x_2 \end{cases}$$

M_2 与下一层事件 M_4、M_5 之间是与门连接的,故 M_2 被 M_4、M_5 代替时,要横向排列。而 M_3 与下层事件 x_3、M_6 是或门连接的,故 M_3 被 x_3、M_6 代替时,要纵向排列。

$$\begin{cases} x_1 \to x_1 \\ M_2 \xrightarrow{\text{与门}} M_4 M_5 \\ M_3 \xrightarrow{\text{或门}} \begin{cases} x_3 \\ M_6 \end{cases} \\ x_2 \to x_2 \end{cases}$$

同理
$$\begin{cases} x_1 \to x_1 \\ M_4 M_5 \xrightarrow{\text{或门}} \begin{cases} x_4 M_5 \xrightarrow{\text{或门}} x_4 x_6 + x_4 x_7 \\ x_5 M_5 \xrightarrow{\text{或门}} x_5 x_6 + x_5 x_7 \end{cases} \\ x_3 \to x_3 \\ M_6 \xrightarrow{\text{或门}} \begin{cases} x_6 \\ x_8 \end{cases} \\ x_2 \to x_2 \end{cases}$$

整理得割集: 最小割集:

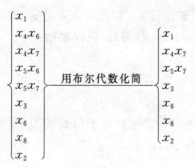

152

上述 9 个割集,利用布尔代数化简,根据吸收律,$x_6+x_4x_6=x_6$,$x_6+x_5x_6=x_6$,所以 x_4x_6 和 x_5x_6 被吸收,得到 7 个最小割集。根据最小割集的定义,做出其等效图,如图 6-31 所示。

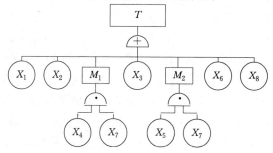

图 6-31 图 6-30 事故树的等效图

(用最小割集表示)

(2)布尔代数化简法。实践证明,事故树经过布尔代数化简,得到若干交集的并集,每个交集实际就是一个最小割集(见图 6-31 中等效图所示)。下面仍以图 6-30 为例,利用布尔代数化简法求其最小割集如下:

$$T = x_1 + M_1 + x_2$$
$$= x_1 + M_2 + M_3 + x_2$$
$$= x_1 + M_4M_5 + x_3 + M_6 + x_2$$
$$= x_1 + (x_4 + x_5)(x_6 + x_7) + x_3 + x_6 + x_8 + x_2$$
$$= x_1 + x_4x_6 + x_4x_7 + x_5x_6 + x_5x_7 + x_3 + x_6 + x_8 + x_2$$

(分配律)

$$= x_1 + x_2 + x_3 + x_6 + x_8 + x_4x_6 + x_4x_7$$
$$+ x_5x_6 + x_5x_7$$

(交换律)

$$= x_1 + x_2 + x_3 + x_6 + x_8 + x_4x_7 + x_5x_7$$

(吸收律)

结果得 7 个交集的并集,这 7 个交集就是 7 个最小割集,即

$$\{x_1\},\{x_2\},\{x_3\},\{x_6\},\{x_8\},\{x_4,x_7\},\{x_5,x_7\}$$

这与第一种算法的结果是一致的。上述两种算法相比,布尔代数化

简法较为简单。但行列法便于用计算机辅助计算最小割集,故国际上仍普遍承认行列法。

3. 径集和最小径集

所谓径集(路集、通集)指的是:事故树中某些基本事件的集合,当这些基本事件都不发生时,顶上事件必然不发生。所以系统的径集也就代表了系统的正常模式,即系统成功的一种可能性。

如果在某个径集中任意除去一个基本事件就不再是径集了,这样的径集就称为最小径集。换句话说,也就是不能导致顶上事件发生的最低限度的基本事件组合。因此,研究最小径集,实际上是研究保证正常运行需要哪些基本环节正常发挥作用的问题,它表示系统不发生事故的几种可能方案,即表示系统的可靠性。

4. 对偶树和成功树

(1)对偶树。设系统 S 有一个结构函数 $\Phi(X)$,现定义一个新的结构函数 $\Phi^D(X)$,使:

$$\Phi^D(X) = 1 - \Phi(1 - X) \tag{6-13}$$

式中 $(1-X) = (1-X_1, 1-X_2, \cdots\cdots, 1-X_n)$,称 $\Phi^D(X)$ 为 $\Phi(X)$ 的对偶结构函数,以 $\Phi^D(X)$ 为结构函数的系统称为系统 S 的对偶系统 S^D。

由于有 $1-\Phi^D(1-X) = 1-[1-\Phi(x)] = \Phi(X)$,所以 $\overline{S}$ 的对偶系统是 S。对偶是相互的,故称为相互对偶系统。相互对偶系统有如下基本性质:

$$S = \overline{S}$$
$$\Phi(X) = \overline{(\Phi^D(X))}$$

S 的割集是 $\overline{S}$ 的径集,反之亦然。

S 的最小割集是 $\overline{S}$ 的最小径集,反之亦然。

利用相互对偶系统的定义,可根据某系统的事故树建造其对偶树。具体做法:只要把原事故树中的与门改为或门,或门改为与门,其他的如基本事件、顶上事件不变,即可建造对偶树。根据相互对偶系统的基本性质,则事故树的最小割集就是对偶树的最小径集。因此,求事故树最小割集的方法,同样可用于对偶树。

(2)成功树。在对偶树的基础上,再把其基本事件 X_i 及顶上事件 T 改成它们的补事件(即各事件发生改为不发生),$y_i = \bar{x}_i = 1 - x_i$ 和 $S = \bar{T} = 1 - T$,就可得到成功树。为什么要这样改换?因为或门连接的输入事件和输出事件的情况,必须所有输入事件均不发生,输出事件才不发生,所以,在成功树中就要改用与门连接;而与门连接的输入事件和输出事件的情况,只要有一个事件不发生,输出事件就不能发生,所以,在成功树中就要改为或门连接,如图 6-32 所示。为了更好地理解改换的道理,回忆一下德·摩根律是会有帮助的。德·摩根律的两种形式为:

$$\overline{A + B} = \bar{A} \cdot \bar{B} \tag{6-14}$$

$$\overline{A \cdot B} = \bar{A} + \bar{B} \tag{6-15}$$

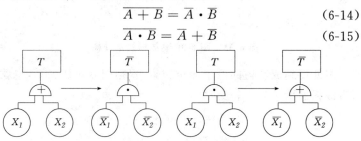

图 6-32 事故树、成功树的变换示例

例 1 以图 6-30 为例,画出其成功树,求原树的最小径集。

解:首先画成功树,见图 6-33。

用布尔代数化简法求成功树的最小割集如下:

$$\begin{aligned}
\bar{T} &= \bar{x}_1 \bar{M}_1 \bar{x}_2 \\
&= \bar{x}_1 \bar{M}_2 \bar{M}_3 \bar{x}_2 \\
&= \bar{x}_1 (\bar{M}_4 + \bar{M}_5)(\bar{x}_3 \bar{M}_6) \bar{x}_2 \\
&= \bar{x}_1 (\bar{x}_4 \bar{x}_5 + \bar{x}_6 \bar{x}_7)(\bar{x}_3 \bar{x}_6 \bar{x}_8) \bar{x}_2 \\
&= \bar{x}_1 \bar{x}_4 \bar{x}_5 \bar{x}_3 \bar{x}_6 \bar{x}_8 \bar{x}_2 + \bar{x}_1 \bar{x}_6 \bar{x}_7 \bar{x}_3 \bar{x}_6 \bar{x}_8 \bar{x}_2 \\
&= \bar{x}_1 \bar{x}_2 \bar{x}_3 \bar{x}_4 \bar{x}_5 \bar{x}_6 \bar{x}_8 + \bar{x}_1 \bar{x}_2 \bar{x}_3 \bar{x}_6 \bar{x}_7 \bar{x}_8
\end{aligned}$$

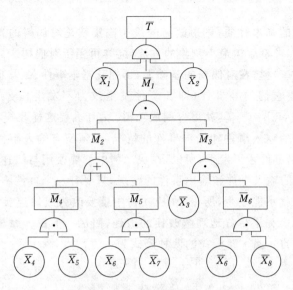

图 6-33   图 6-30 事故树的成功树

由此得到成功树的两个最小割集,根据相互对偶关系,也就是原事故树的两个最小径集,即:

$$P_1 = \{x_1, x_2, x_3, x_4, x_5, x_6, x_8\}$$
$$P_2 = \{x_1, x_2, x_3, x_6, x_7, x_8\}$$

例 2   图 6-34 是某系统的事故树,求其最小割集,画出成功树,求最小径集。

解:用布尔代数化简法求最小割集:

$$T = M_1 M_2$$
$$= (M_3 + M_4)(x_5 + x_6 + x_7)$$
$$= [(x_1 + x_2) + x_3 x_4](x_5 + x_6 + x_7)$$
$$= x_1 x_5 + x_1 x_6 + x_1 x_7 + x_2 x_5 + x_2 x_6 + x_2 x_7$$
$$+ x_3 x_4 x_5 + x_3 x_4 x_6 + x_3 x_4 x_7$$

得到 9 个最小割集,分别为:

$$G_1 = \{x_1, x_5\}, G_2 = \{x_1, x_6\}, G_3 = \{x_1, x_7\},$$

156

$G_4=\{x_2,x_5\}, G_5=\{x_2,x_6\}, G_6=\{x_2,x_7\}$,

$G_7=\{x_3,x_4,x_5\}, G_8=\{x_3,x_4,x_6\}, G_9=\{x_3,x_4,x_7\}$

画成功树（见图 6-35），最后用布尔代数化简法求最小径集。

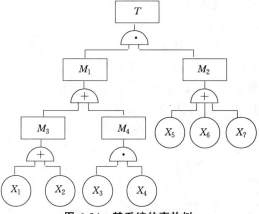

图 6-34 某系统的事故树

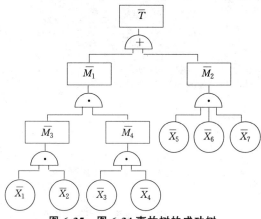

图 6-35 图 6-34 事故树的成功树

$$\overline{T}=\overline{M}_1+\overline{M}_2$$
$$=\overline{M}_3\overline{M}_4+\overline{x}_5\overline{x}_6\overline{x}_7$$

157

$$= \bar{x}_1 \bar{x}_2 (\bar{x}_3 + \bar{x}_4) + \bar{x}_5 \bar{x}_6 \bar{x}_7$$
$$= \bar{x}_1 \bar{x}_2 \bar{x}_3 + \bar{x}_1 \bar{x}_2 \bar{x}_4 + \bar{x}_5 \bar{x}_6 \bar{x}_7$$

得到成功树的三个最小割集,根据相互对偶的关系,也就是事故树的三个最小径集,分别为:

$$P_1 = \{x_1, x_2, x_3\}, P_2 = \{x_1, x_2, x_4\}, P_3 = \{x_5, x_6, x_7\}$$

如果将成功树最后经布尔代数化简的结果再换为事故树,则:

$$T = (x_1 + x_2 + x_3)(x_1 + x_2 + x_4)(x_5 + x_6 + x_7)$$

这样,就形成了三个并集的交集。根据最小径(割)集的定义,可做出其等效图,见图 6-36 所示。

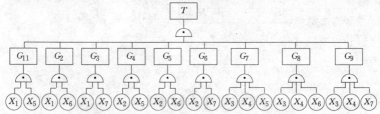

(a)用最小割集表示

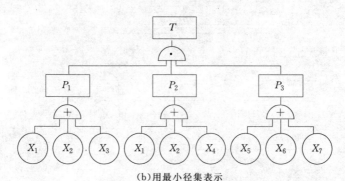

(b)用最小径集表示

图 6-36　图 6-34 事故树的等效图

5. 判别割(径)集数目的方法

从上例可看出,同一事故树中最小割集和最小径集数目是不相等的。如果在事故树中与门多、或门少,则最小割集的数目较少;

158

反之,若或门多与门少,则最小径集数目较少。在求最小割(径)集时,为了减少计算工作量,应从割(径)集数目较少的入手。

若遇到很复杂的系统,往往很难根据逻辑门的数目来判定割(径)集的数目。在求最小割集的行列法中曾指出,与门仅增加割集的容量(即基本事件的个数),而不增加割集的数量,或门则增加割集的数量,而不增加割集的容量。根据这一原理,下面介绍一种用"加乘法"求割(径)集数目的方法。该法给每个基本事件赋值为1,直接利用"加乘法"求割(径)集数目。但要注意,求割集数目和径集数目,要分别在事故树和成功树上进行。

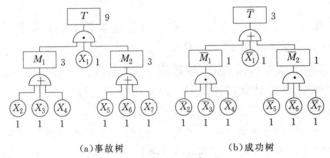

(a)事故树　　　　　　　(b)成功树

图 6-37　用"加乘法"求割、径集数目

如图 6-37 所示,首先根据事故树画出成功树,再给各基本事件赋与"1",然后根据输入事件与输出事件之间的逻辑门确定"加"或"乘",若遇到或门就用"加",遇到与门则用"乘"。

割集数目　　　　　　　径集数目

$M_1 = 1+1+1 = 3$　　　　$M_1 = 1 \times 1 \times 1 = 1$

$M_2 = 1+1+1 = 3$　　　　$M_2 = 1 \times 1 \times 1 = 1$

$T = 3 \times 3 \times 1 = 9$　　　　$T = 1+1+1 = 3$

从上例可看出,割集数目比径集数目多,此时用径集分析要比用割集分析简单。如果估算出某事故树的割、径集数目相差不多,一般从分析割集入手较好。这是因为最小割集的意义是导致事故发生的各种途径,得出的结果简明、直观。另外,在做定量分析时,用最小割集分析,还可采用较多的近似公式,而最小径集则不能。

必须注意,用上述方法得到的割、径集数目,不是最小割、径集的数目,而是最小割、径集的上限。只有当事故树中没有重复事件时,得到的割、径集的数目才是最小割、径集数目。

第五节　事故树的定量分析

一、引言

事故树定量分析的任务是:在求出各基本事件发生概率的情况下,计算或估算系统顶上事件发生的概率以及系统的有关可靠性特性,并以此为依据,综合考虑事故(顶上事件)的损失严重程度,与预定的目标进行比较。如果得到的结果超过了允许目标,则必须采取相应的改进措施,使其降至允许值以下。

在进行定量分析时,应满足几个条件:①各基本事件的故障参数或故障率已知,而且数据可靠,否则计算结果误差大,关于基本事件的故障率可参见本书第四章的有关内容;②在事故树中应完全包括主要故障模式;③对全部事件用布尔代数做出正确的描述。

另外,一般还要做三点假设:①基本事件之间是相互独立的;②基本事件和顶上事件都只有两种状态——发生或不发生(正常或故障);③一般情况下,故障分布都假设为指数分布。

进行定量分析的方法很多,本书只介绍几种常用的方法,而且以举例形式说明这些方法的计算过程,不在数学上做过多的证明。

二、直接分步算法

对给定的事故树,若已知其结构函数和基本事件的发生概率,从原则上来讲,应用容斥原理中的逻辑加与逻辑乘的概率计算公式,就可求得顶上事件发生的概率。

设基本事件 $x_1, x_2, \cdots x_n$ 的发生概率分别为 $q_1, q_2, \cdots, q_n$,则这些事件的逻辑加与逻辑乘的故障计算公式如下:

(1)逻辑加(或门连接的事件)的概率计算公式:

$$g(x \bigcup x_2 \bigcup \cdots \bigcup x_n)$$
$$= 1 - (1-q_1)(1-q_2) \cdots (1-q_n)$$
$$= 1 - \prod_{i=1}^{n}(1-q_i) = P_0 \qquad (6\text{-}16)$$

式中,g——顶上事件(或门事件)发生的概率函数;

$\quad P_0$——或门事件的概率;

$\quad g_i$——第 i 个基本事件的概率;

$\quad n$——输入事件数。

(2)逻辑乘(与门连接的事件)的概率计算公式;

$$g(x_1 \bigcap x_2 \bigcap \cdots \bigcap x_n) = q_1 q_2 \cdots q_n$$
$$= \prod_{i=1}^{n} q_i = P_A \qquad (6\text{-}17)$$

式中,P_A——与门事件的概率;

$\quad$其他符号同上。

直接分布算法适于事故树规模不大,而且事故树中无重复事件时使用。它是从底部的门事件算起,逐次向上推移,直算到顶上事件为止。

例　如图 6-38 所示的事故树,各基本事件的概率分别为:

$q_1 = q_2 = 0.01,$　　　　$q_3 = q_4 = 0.02,$

$q_5 = q_6 = 0.03,$　　　　$q_7 = q_8 = 0.04,$

求顶上事件发生的概率。

解:第一步,先求 M_3 的概率,因为是或门连接,故按式(6-16)求得:

$$P_{M3} = 1 - (1-0.03)(1-0.04)(1-0.04)$$

$$=1-0.893\,95=0.106\,05$$

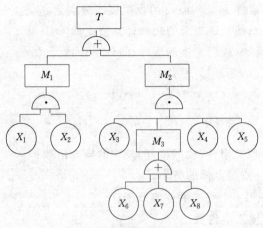

图 6-38 某事故树

第二步,求 M_2 的概率,因为是与门连接,按式(6-17)求得:

$$P_{M_2}=0.02\times0.106\,05\times0.02\times0.03=0.000\,001\,27$$

第三步,求 M_1 的概率,因为是与门连接,按式(6-17)求得:

$$P_{M_1}=0.01\times0.01=0.000\,1$$

第四步,求 T 的概率,因为是或门连接,按式(6-16)求得:

$$P_T=1-(1-0.000\,1)(1-0.000\,001\,27)=0.001$$

三、利用最小割集计算顶上事件发生的概率

在上节定性分析中,已给出用最小割集表示的事故树的等效图,从图中可看出,其标准结构式是:顶上事件 T 与最小割集 G_j 的逻辑连接为或门,而每个最小割集 G_j 与其包含的基本事件 x_i 的逻辑连接为与门。

如果各最小割集中彼此没有重复的基本事件,则可先求各个最小割集的概率,即最小割集所包含的基本事件的交(逻辑与)集,然后求所有最小割集的并(逻辑或)集概率,即得顶上事件的发生概率。

由于与门的结构函数为：

$$\Phi(X)=\bigcap_{i=1}^{n}x_i=\prod_{i=1}^{n}x_i$$

或门的结构函数为：

$$\Phi(X)=\bigcap_{i=1}^{n}x_i=1-\prod_{i=1}^{n}(1-x_i)=\bigcup_{i=1}^{n}x_i$$

式中，x_i——第 i 个基本事件；

n——基本事件数。

根据最小割集的定义，如果在割集中任意去掉一个基本事件，就不成为割集。换句话说，也就是要求最小割集中全部基本事件都发生，该最小割集才存在，即：

$$G_r=\bigcap_{i\in G_r}x_i \tag{6-18}$$

式中，G_r——第 i 个最小割集；

x_i——第 i 个最小割集中的基本事件。

在事故树中，一般有多个最小割集，只要存在一个最小割集，顶上事件就会发生，因此，事故树的结构函数为：

$$\Phi(X)=\bigcup_{r=1}^{N_G}G_r=\bigcup_{r=1}^{N_G}\bigcap_{i\in G_r}x_i \tag{6-19}$$

式中，N_G——系统中最小割集数；

其他符号同前。

因此，若各个最小割集中彼此没有重复的基本事件，可按下式计算顶上事件的发生概率：

$$g=\bigcup_{r=1}^{N_G}\prod_{X_i\in G_r}q_i \tag{6-20}$$

式中，N_G——系统中最小割集数；

r——最小割集序数；

i——基本事件序数；

$x_i \in G_r$——第 i 个基本事件属于第 r 个最小割集；

q_i——第 i 个基本事件的概率。

例 设某事故树有 3 个最小割集：$\{x_1, x_2\}$，$\{x_3, x_4, x_5\}$，$\{x_6, x_7\}$。各基本事件发生概率分别为：$q_1, q_2, q_3, \cdots, q_7$，求顶上事件发生概率。

解：根据事故树的 3 个最小割集，可做出用最小割集表示的等效图，见图 6-39。

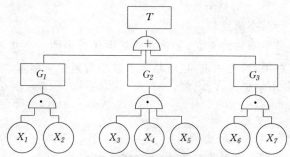

图 6-39　用最小割集表示的等效图

3 个最小割集的概率，可由各个最小割集所包含的基本事件的逻辑与分别求出：

$$q_{G_1} = q_1 q_2, \quad q_{G_2} = q_3 q_4 q_5, \quad q_{G_3} = q_6 q_7$$

顶上事件的发生概率，即求所有最小割集的逻辑或，得：

$$\begin{aligned} g &= 1 - (1 - q_{G_1})(1 - q_{G_2})(1 - q_{G_3}) \\ &= 1 - (1 - q_1 q_2)(1 - q_3 q_4 q_5)(1 - q_6 q_7) \end{aligned}$$

从结果可看出，顶上事件发生概率等于各最小割集的概率积的和。

用式(6-20)计算事故树顶上事件的概率，要求各最小割集中没有重要的基本事件，也就是最小割集之间是完全不相交的。若事故树各基本事件中有重复事件，则上式不成立。

例如：某事故树共有 3 个最小割集，分别为：

164

$$G_1 = \{x_1, x_2\}, G_2 = \{x_2, x_3, x_4\}, G_3 = \{x_2, x_5\}$$

则该事故树的结构函数式为:

$$T = G_1 + G_2 + G_3$$
$$= x_1 x_2 + x_2 x_3 x_4 + x_2 x_5$$

顶上事件发生概率为:

$$g = q(G_1 + G_2 + G_3)$$
$$= 1 - (1 - q_{G_1})(1 - q_{G_2})(1 - q_{G_3})$$
$$= (q_{G_1} + q_{G_2} + q_{G_3}) - (q_{G_1}q_{G_2} + q_{G_1}q_{G_3} + q_{G_2}q_{G_3}) + q_{G_1}q_{G_2}q_{G_3}$$

式中 $q_{G_1}q_{G_2}$ 是 G_1、G_2 交集的概率,即 $x_1 x_2 x_2 x_3 x_4$,根据布尔代数等幂律,有

$$x_1 x_2 x_2 x_3 x_4 = x_1 x_2 x_3 x_4$$

故

$$q_{G_1}q_{G_2} = q_1 q_2 q_3 q_4$$

同理:

$$q_{G_1}q_{G_3} = q_1 q_2 q_5$$

$$q_{G_2}q_{G_3} = q_2 q_3 q_4 q_5$$

$$q_{G_1}q_{G_2}q_{G_3} = q_1 q_2 q_3 q_4 q_5$$

所以顶上事件的发生概率为:

$$g = (q_1 q_2 + q_2 q_3 q_4 + q_2 q_5) - (q_1 q_2 q_3 q_4$$
$$+ q_1 q_2 q_5 + q_2 q_3 q_4 q_5) + q_1 q_2 q_3 q_4 q_5$$

由此,若最小割集中有重复事件时,必须将式(6-20)展开,用布尔代数消除每个概率积中的重复事件得:

$$g = \sum_{r=1}^{N_G} \prod_{x_i \in G_r} q_i - \sum_{1 \leqslant r < s \leqslant N_G} \prod_{x_i \in G_r \cup G_s} q_i + \cdots + (-1)^{N_G - 1} \prod_{r=1}^{N_G} q_i$$

$$(6\text{-}21)$$

式中,r、s——最小割集序数;

$\displaystyle\sum_{r=1}^{N_G}$——求 N 项代数和;

$x_i \in G_r$——属于第 r 个最小割集的第 i 个基本事件;

$\displaystyle\sum_{1 \leqslant r < s \leqslant N_G} \prod_{x_i \in G_r \cup G_s}$——表示属于任意两个不同最小割集的基本

事件概率和的代数和;

$x_i \in G_r \cup G_s$——表示第 i 个基本事件或属于第 r 个最小割

集,或属于第 S 个最小割集;

$1 \leqslant r < s \leqslant N_G$——任意两个最小割集的组合顺序。

四、利用最小径集计算顶上事件发生的概率

在上节定性分析中,同样也给出了用最小径集表示的事故树的等效图,从图中可看出,其标准结构式是:顶上事件 T 与最小径集 P_i 的逻辑连接为与门,而每个最小径集 P_i 与其包含的基本事件 x_i 的逻辑连接为或门。如果各最小径集中彼此无重复的基本事件,则可先求各最小径集的概率,即最小径集所包含的基本事件的并集(逻辑或),然后求所有最小径集的交集(逻辑与)概率,即得顶上事件的发生概率。因此,可按下式计算:

$$g = \prod_{r=1}^{N_P} \bigcup_{x_i \in P_r} q_i = \prod_{r=1}^{N_P} \left[1 - \bigcap_{x_i \in P_r} (1-q_i)\right] \tag{6-22}$$

式中,N_P——系统中最小径集数;

r——最小径集序数;

i——基本事件序数;

$x_i \in P_r$——第 i 个基本事件属于 r 个最小径集;

q_i——第 i 个基本事件的概率。

例　设某事故树有三个最小径集:$P_1 = \{x_1, x_2\}$,$P_2 = \{x_3, x_4, x_5\}$,$P_3 = \{x_6, x_7\}$。各基本事件发生的概率分别为:$q_1, q_2, \cdots, q_7$,求顶上事件的发生概率。

166

解：根据事故树的三个最小径集，做出用最小径集表示的等效图，如图 6-40 所示。

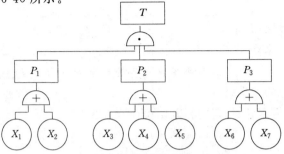

图 6-40　用最小径集表示的等效图

三个最小径集的概率，可由各个最小径集所包含的基本事件的逻辑或分别求出：

$$q_{p1}=1-(1-q_1)(1-q_2)$$
$$q_{p2}=1-(1-q_3)(1-q_4)(1-q_5)$$
$$q_{p3}=1-(1-q_6)(1-q_7)$$

顶上事件的发生概率，即求所有最小径集的逻辑与，得：

$$g =[1-(1-q_1)(1-q_2)][1-(1-q_3)$$
$$(1-q_4)(1-q_5)][1-(1-q_6)(1-q_7)]$$

用式（6-22）计算任意一个事故树顶上事件的发生概率时，要求各最小径集中没有重复的基本事件，也就是最小径集之间是完全不相交的。

如果事故树中各最小径集中彼此有重复事件，则式（6-22）不成立，需要将（6-22）式展开，消去概率积中基本事件 x_i 不发生概率 $(1-q_i)$ 的重复事件，即：

$$g=1-\sum_{r=1}^{N_p}\prod_{x_i\in P_r}(1-q_i)+\sum_{1\leqslant r<s\leqslant N_p}\prod_{x_i\in P_r\cup P_s}(1-q_i)$$

$$-\cdots+(-1)^{N_p-1}\prod_{\substack{r=1\\x_i\in P_r}}^{N_p}(1-q_i) \tag{6-23}$$

式中符号同前。

例 某事故树共有三个最小径集:$P_1=\{x_1,x_2\}$, $P_2=\{x_2,x_3\}$, $P_3=\{x_2,x_4\}$。各基本事件发生的概率分别为:q_1,q_2,q_3,q_4。求顶上事件的发生概率。

解:根据题意,可写出其结构函数式为
$$T=P_1\cdot P_2\cdot P_3$$
$$=(x_1+x_2)(x_2+x_3)(x_2+x_4)$$

顶上事件发生的概率为:
$$g=q(P_1\cdot P_2\cdot P_3)$$
$$=[1-(1-q_1)(1-q_2)][1-(1-q_2)(1-q_3)]$$
$$[1-(1-q_3)(1-q_4)]$$

将上式进一步展开得:
$$g=1-(1-q_1)(1-q_2)-(1-q_2)(1-q_3)$$
$$+(1-q_1)(1-q_2)(1-q_2)(1-q_3)$$
$$-(1-q_2)(1-q_4)+(1-q_1)(1-q_2)(1-q_2)(1-q_4)$$
$$+(1-q_2)(1-q_3)(1-q_2)(1-q_4)$$
$$-(1-q_1)(1-q_2)(1-q_2)(1-q_3)(1-q_2)(1-q_4)$$

根据等幂律:
$$\bar{x}_i\cdot\bar{x}_i=\bar{x}_i$$

所以 $$(1-q_i)(1-q_i)=(1-q_i)$$

整理上式得:
$$g=1-[(1-q_1)(1-q_2)+(1-q_2)(1-q_3)$$
$$+(1-q_2)(1-q_4)]+[(1-q_1)(1-q_2)(1-q_3)$$
$$+(1-q_1)(1-q_2)(1-q_4)+(1-q_2)(1-q_3)(1-q_4)]$$
$$-(1-q_1)(1-q_2)(1-q_3)(1-q_4)$$

168

五、化相交集为不交集合展开法求顶上事件发生的概率

由于事故树的各独立的基本事件一般是相交集合（即相容的），且各最小割（径）集一般也是相交集合（相容的），所以在实际运算中利用最小割（径）集计算顶上事件发生概率的方法，是非常繁琐的。因为，式(6-22)和式(6-23)展开后共有 2^{N_G-1} 项，当最小割（径）集数 $N_G=20$ 时，有 1 048 575 项，其中每一项代表的最小割（径）集又是许多基本事件的连乘积，使大型计算机也难以胜任。解决的办法，就是运用化相交集合为不相交集合理论，将事故树的最小割（径）集中的相容事件化为不相容事件，即把最小割（径）集的相交集合化为不相交集合。

设事故树有两个最小割集 G_1、G_2。由于 G_1、G_2 具有相交性（即含有相同的基本事件），因此，顶上事件发生概率，不等于最小割集 G_1 的发生概率和最小割集 G_2 的发生概率之和。但是可以证明，G_1 与 $\overline{G_1}G_2$ 一定不相交。根据布尔代数运算规则：

$$A+B=A+\overline{A}B$$
$$\overline{A}+\overline{B}=\overline{A}+A\overline{B}$$
$$A\overline{A}=0$$
$$\overline{\overline{A}}=A$$
$$\overline{AB}=\overline{A}+\overline{B}=\overline{A}+A\overline{B}$$
$$\overline{A+B}=\overline{A}\overline{B}$$

对于独立事件和相容事件，$A+B$ 和 $\overline{A}+\overline{B}$ 均为相交集合，而 $A+\overline{A}B$ 和 $\overline{A}+A\overline{B}$ 则为不交集合，由文氏图可以证明，如图 6-41 所示。

设 $A=\{a,b,c\}$，$B=\{a,d,e\}$，从上图可看：

$$\overline{A}\cup B=\{a,b,c,d,e\}$$
$$\overline{A}B=\{d,e\}$$
$$A\overline{B}=\{b,c\}$$

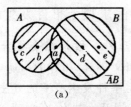 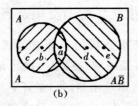

图 6-41 文氏图表示不交并集

所以
$$A+\overline{A}B=\{a,b,c\}+\{d,e\}$$
$$=\{a,b,c,d,e\}$$
$$=A\bigcup B$$

式中，"$\bigcup$"——集合并运算；

"$+$"——不交集合和运算。

这就是化相交集合为不交集合的最简单例子，若有 N 个最小割集，则可写成通式：

$$T=\bigcup_{i=1}^{N_G}G_i=G_1+\overline{G}_1(G_2\bigcup G_3\bigcup\cdots\bigcup G_N)$$
$$=G_1+\overline{G}_1G_2+\overline{\overline{G}_1G_2}(\overline{G}_1G_3\bigcup\overline{G}_1G_4\bigcup\cdots\bigcup\overline{G}_1G_N) \qquad (6\text{-}24)$$

这样运用布尔代数运算法则，直到全部相乘项化为代数和，即不交和为止。

例　图 6-42 事故树，已知 $q_1=q_2=0.2,q_3=q_4=0.3,q_5=0.25$。

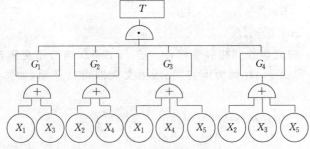

图 6-42 事故树示意图

该树的最小割集为：$G_1=\{x_1,x_3\},G_2=\{x_2,x_4\},G_3=\{x_1,x_4,$

170

x_5}, $G_4 = \{x_2, x_3, x_5\}$。试用上述方法求事故树的顶上事件发生概率的精确值。

解：按式（6-24）展开：

$$T = G_1 \cup G_2 \cup G_3 \cup G_4$$
$$= G_1 + \overline{G_1}(G_2 \cup G_3 \cup G_4)$$
$$= x_1 x_3 + \overline{x_1 x_3}(x_2 x_4 \cup x_1 x_4 x_5 \cup x_2 x_3 x_5)$$
$$= x_1 x_3 + (\overline{x}_1 \cup \overline{x}_3)(x_2 x_4 \cup x_1 x_4 x_5 \cup x_2 x_3 x_5)$$
$$= x_1 x_3 + (\overline{x}_1 x_2 x_4 \cup \overline{x}_1 x_2 x_3 x_5 \cup \overline{x}_3 x_2 x_4 \cup \overline{x}_3 x_1 x_4 x_5)$$
$$= x_1 x_3 + \overline{x}_1 x_2 x_4 + \overline{\overline{x}_1 x_2 x_4}(\overline{x}_1 x_2 x_3 x_5 \cup \overline{x}_3 x_2 x_4 \cup \overline{x}_3 x_1 x_4 x_5)$$
$$= x_1 x_3 + \overline{x}_1 x_2 x_4 + (x_1 \cup \overline{x}_2 \cup \overline{x}_4)$$
$$\qquad (\overline{x}_1 x_2 x_3 x_5 \cup \overline{x}_3 x_2 x_4 \cup \overline{x}_3 x_1 x_4 x_5)$$
$$= x_1 x_3 + \overline{x}_1 x_2 x_4 + (x_1 \overline{x}_3 x_2 x_4 \cup \overline{x}_3 x_1 x_4 x_5$$
$$\qquad \cup \overline{x}_2 \overline{x}_3 x_1 x_4 x_5 \cup \overline{x}_4 \overline{x}_1 x_2 x_3 x_5)$$
$$= x_1 x_3 + \overline{x}_1 x_2 x_4 + (x_1 \overline{x}_3 x_2 x_4$$
$$\qquad \cup \overline{x}_3 x_1 x_4 x_5 \cup \overline{x}_4 \overline{x}_1 x_2 x_3 x_5)$$
$$= x_1 x_3 + \overline{x}_1 x_2 x_4 + x_1 \overline{x}_3 x_2 x_4$$
$$\qquad + \overline{x_1 \overline{x}_3 x_2 x_4}(\overline{x}_3 x_1 x_4 x_5 \cup \overline{x}_4 \overline{x}_1 x_2 x_3 x_5)$$
$$= x_1 x_3 + \overline{x}_1 x_2 x_4 + x_1 \overline{x}_3 x_2 x_4$$
$$\qquad + (\overline{x}_1 \cup x_3 \cup \overline{x}_2 \cup \overline{x}_4)(\overline{x}_3 x_1 x_4 x_5 \cup \overline{x}_4 \overline{x}_1 x_2 x_3 x_5)$$
$$= x_1 x_3 + \overline{x}_1 x_2 x_4 + x_1 \overline{x}_3 x_2 x_4 + (\overline{x}_4 \overline{x}_1 x_2 x_3 x_5 \cup \overline{x}_4 \overline{x}_1 x_2 x_3 x_5$$
$$\qquad \cup \overline{x}_2 \overline{x}_3 x_1 x_4 x_5 \cup \overline{x}_4 \overline{x}_1 x_2 x_3 x_5)$$
$$= x_1 x_3 + \overline{x}_1 x_2 x_4 + x_1 \overline{x}_3 x_2 x_4 + \overline{x}_4 \overline{x}_1 x_2 x_3 x_5 + \overline{x}_2 \overline{x}_3 x_1 x_4 x_5$$

因为这是不交和（集合），而且基本事件相互独立，所以，

$$P(T) = P(x_1)P(x_3) + P(\overline{x}_1)P(x_2)P(x_4)$$
$$\qquad + P(x_1)P(\overline{x}_3)P(x_2)P(x_4)$$
$$\qquad + P(\overline{x}_4)P(\overline{x}_1)P(x_2)P(x_3)P(x_5)$$
$$\qquad + P(\overline{x}_2)P(\overline{x}_3)P(x_1)P(x_4)P(x_5)$$

171

$$=0.3\times0.3\times0.8\times0.2\times0.3$$
$$+0.2\times0.7\times0.2\times0.3$$
$$+0.7\times0.8\times0.2\times0.3\times0.25$$
$$+0.8\times0.7\times0.2\times0.3\times0.25$$
$$=0.133\ 2$$

可以看出,当相交集合项较多时,手算是相当繁琐的,必须借助于计算机。而当相交集合项很多时,计算机也很难实现,可以用递推化法来解决。例如 $T=G_1\bigcup G_2\bigcup G_3$,根据布尔代数运算规则,则有:

$$T=G_1+G_2+G_3$$
$$=G_1+\overline{G}_1G_2+G_3 \quad (因为\ A+B=A+\overline{A}B)$$
$$=G_1+\overline{G}_1G_2+(G_1+\overline{G_1G_2})G_3 \quad (同上)$$
$$=G_1+\overline{G}_1G_2+\overline{G}_1\ \overline{(G_1G_2)}G_3 \quad (因为\ \overline{A+B}=\overline{AB})$$
$$=G_1+\overline{G}_1G_2+\overline{G}_1(\overline{G}_1+\overline{G}_2)G_3 \quad (因为\ \overline{AB}=\overline{A}+\overline{B})$$
$$=G_1+\overline{G}_1G_2+\overline{G}_1(G_1+\overline{G}_2)G_3$$
$$=G_1+\overline{G}_1G_2+\overline{G}_1\overline{G}_2G_3$$

此结果可用文氏图表示,见图 6-43。

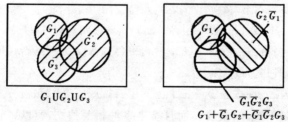

$$G_1\bigcup G_2\bigcup G_3$$

$$\overline{G}_1\overline{G}_2G_3$$

$$G_1+\overline{G}_1G_2+\overline{G}_1\overline{G}_2G_3$$

图 6-43 文氏图表示 G_1、$\overline{G}_2G_3$ 和 $\overline{G}_1\overline{G}_2G_3$ 不相交

同理可推广到一般通式:

$$T = \bigcup_{i=1}^{N} G_i = G_1 + \overline{G}_1 G_2 + \overline{G}_1 \overline{G}_2 G_3 + \cdots$$
$$+ \overline{G}_1 \overline{G}_2 + \cdots + \overline{G}_{N_G-1} G_{N_G} \tag{6-25}$$

例　仍以上题为例。

$$T = x_1 x_3 + x_2 x_4 + x_1 x_4 x_5 + x_2 x_3 x_5$$
$$= x_1 x_3 + (\overline{x_1 x_3}) x_2 x_4 + (\overline{x_1 x_3})(\overline{x_2 x_4}) x_1 x_4 x_5$$
$$+ (\overline{x_1 x_3})(\overline{x_2 x_4})(\overline{x_1 x_4 x_5}) x_2 x_3 x_5$$
$$= x_1 x_3 + (\overline{x}_1 + \overline{x}_3) x_2 x_4 + (\overline{x}_1 + \overline{x}_3)(\overline{x}_2 + \overline{x}_4) x_1 x_4 x_5$$
$$+ (\overline{x}_1 + \overline{x}_3)(\overline{x}_2 + \overline{x}_4)(\overline{x}_1 + \overline{x}_4 + \overline{x}_5) x_2 x_3 x_5$$
$$= x_1 x_3 + (\overline{x}_1 + x_1 \overline{x}_3) x_2 x_4$$
$$+ (\overline{x}_1 + x_1 \overline{x}_3)(\overline{x}_2 + x_2 \overline{x}_4) x_1 x_4 x_5$$
$$+ (\overline{x}_1 + x_1 \overline{x}_3)(\overline{x}_2 + x_2 \overline{x}_4)(\overline{x}_1 + x_1 \overline{x}_4 + x_1 x_4 \overline{x}_5) x_2 x_3 x_5$$
$$= x_1 x_3 + \overline{x}_1 x_2 x_4 + x_1 \overline{x}_3 x_2 x_4 + x_1 \overline{x}_2 \overline{x}_3 x_4 x_5$$
$$+ \overline{x}_1 x_2 x_3 \overline{x}_4 x_5$$

这与上例计算结果是一致的。

六、顶上事件发生概率的近似计算

如前所述,计算顶上事件发生概率的精确解,当遇到事故树中最小割集数目很多,而且其中包含许多基本事件时,其计算量是相当惊人的。在许多实际工程计算中,这种精确计算是没有必要的,因为统计得到的各元件、部件的故障率本身就不很精确,加上设备运行条件、运行环境不同以及人的失误率等,影响因素很多,伸缩性大。因此,用这些数据进行计算,必然得不出很精确的结果。所以,人们希望采用一种比较简便、计算量较小而又有一定精确度的近似方法。

下面介绍两种常用的计算方法,其基本思路是,事故树顶上事件发生的概率,按式(6-21)计算收敛得非常快,(2^{N_G-1})项的代数和中起主要作用的是首项或首项与第二项,后面一些项数值极小。

1. 首项近似法

根据利用最小割集计算顶上事件发生概率的公式(6-21)，设：

$$\sum_{r=1}^{N_G} \prod_{x_i \in G_r} q_i = F_1$$

$$\sum_{1 \leqslant r < s \leqslant N_G} \prod_{x_i \in G_r \cup G_s} q_i = F_2$$

$$\vdots$$

$$\sum_{r=1}^{N_G} \prod_{x_i \in G_r} q_i = F_N$$

则式(6-21)可改写为

$$g = F_1 - F_2 + \cdots + (-1)^{N-1} F_N \tag{6-26}$$

逐次求出 F_1、F_2、$\cdots$、F_N 的值，当认为满足计算精确度时就可停止计算。通常 $F_1 \geqslant F_2$，$F_2 \geqslant F_3$，$\cdots$，在近似计算时往往求出 F_1 就能满足要求，即

$$g \approx F_1 = \sum_{r=1}^{N_G} \prod_{x_i \in G_r} q_i \tag{6-27}$$

该式说明，顶上事件发生概率近似等于所有最小割集发生概率的代数和。

2. 平均近似法

有时为了提高计算精度，取首项与第二项之半的差作为近似值：

$$g \approx F_1 - \frac{1}{2} F_2 \tag{6-28}$$

在利用式(6-21)计算顶上事件发生概率值过程中，可以得到一系列判别式：

174

$$
\left.
\begin{aligned}
g &\leqslant F_1 \\
g &\geqslant F_1 - F_2 \\
g &\leqslant F_1 - F_2 + F_3 \\
&\cdots
\end{aligned}
\right\}
\qquad (6\text{-}29)
$$

因此，F_1、F_1-F_2、$F_1-F_2+F_3$、$\cdots$顺序给出了顶上事件发生概率的近似上限与下限。

$$F_1 > g > F_1 - F_2$$

$$F_1 - F_2 + F_3 > g > F_1 - F_2$$

$$\cdots\cdots$$

这样经过几个上下限的计算，便能得出精确的概率值。一般当基本事件发生概率值 $q_i < 0.01$ 时，采用 $g = F_1 - \dfrac{1}{2}F_2$ 就可得到较为精确的近似值。

例　仍以上题为例，其顶上事件发生概率为 0.133 2。现试用公式(6-27)、(6-28)求该事故树顶上事件发生概率的近似值。

解：根据式(6-27)有：

$$
\begin{aligned}
g &\approx \sum_{r=1}^{N_G} \prod_{x_i \in G_r} q_i = q_1 q_3 + q_2 q_4 + q_1 q_4 q_5 + q_2 q_3 q_5 \\
&= 0.2 \times 0.3 \times 0.25 \\
&= 0.15
\end{aligned}
$$

其相对误差：

$$\varepsilon_1 = \frac{0.1332 - 0.15}{0.1332} = -12.6\%$$

由于：

$$
\begin{aligned}
F_2 &= q_{G_1} + q_{G_1} q_{G_3} + q_{G_1} q_{G_4} \\
&\quad + q_{G_2} q_{G_3} + q_{G_2} q_{G_4} + q_{G_1} q_{G_4} \\
&= 0.007\ 425
\end{aligned}
$$

根据式(6-28)有：

$$g \approx F_1 - \frac{1}{2}F_2$$
$$= 0.15 - 0.0037125$$
$$= 0.146\ 3$$

其相对误差：

$$\varepsilon_2 = \frac{0.1332 - 0.1463}{0.1332} = -9.8\%$$

该事故的基本故障率是相当高的,计算结果误差尚且不大,若基本事件故障率降低后,相对误差会大大地减少,一般能满足工程应用的要求。

第六节　重要度分析

在一个事故树中往往包含有很多的基本事件,这些基本事件并不是具有同样的重要性,有的基本事件或其组合(割集)一出现故障,就会引起顶上事件故障,有的则不然。一般认为,一个基本事件或最小割集对顶上事件发生的贡献称为重要度。按照基本事件或最小割集对顶上事件发生的影响程度大小来排队,这对改进设计、诊断故障、制定安全措施和检修仪表等是十分有用的。

由于分析对象和要求不同,重要度分析有不同的含义和计算方法,工程中常用的有概率重要度、结构重要度和临界重要度等。

一、结构重要度

结构重要度是指不考虑基本事件自身的发生概率,或者说假定各基本事件的发生概率相等,仅从结构上分析各个基本事件对顶上事件发生所产生的影响程度。

结构重要度分析可采用两种方法:一种是求结构重要系数,另一种是利用最小割集或最小径集判断重要度,排出次序。前者精确,但繁琐;后者简单,但不够精确。

176

1. 结构重要度系数求法

在事故树分析中，各基本事件是按两种状态描述的，设 x_i 表示基本事件 i，则有：

$$x_i = \begin{cases} 1 & \text{基本事件发生} \\ 0 & \text{基本事件不发生} \end{cases}$$

各基本事件状态的不同组合，又构成顶上事件的不发生状态，因此，顶上事件的相应的两种状态，用结构函数表示为：

$$\Phi(X) = \begin{cases} 1 & \text{顶上事件发生} \\ 0 & \text{顶上事件不发生} \end{cases}$$

当某个基本事件 x_i 的状态由正常状态（0）变为故障状态（1），其他基本事件的状态保持不变时，则顶上事件可能有以下四种状态。

(1)顶上事件从 0 变为 1：

$$\Phi(0_i、X) = 0 \rightarrow \Phi(1_i、X) = 1,$$

即　　　　　　$$\Phi(1_i、X) - \Phi(0_i、X) = 1$$

(2)顶上事件处于 0 状态不发生变化：

$$\Phi(0_i、X) = 0 \rightarrow \Phi(1_i、X) = 1,$$

即　　　　　　$$\Phi(1_i、X) - \Phi(0_i、X) = 1$$

(3)顶上事件处于 1 状态不发生变化：

$$\Phi(0_i、X) = 0 \rightarrow \Phi(1_i、X) = 1,$$

即　　　　　　$$\Phi(1_i、X) - \Phi(0_i、X) = 1$$

(4)顶上事件从 1 变为 0：

$$\Phi(0_i、X) = 1 \rightarrow \Phi(1_i、X) = 0,$$

即　　　　　　$$\Phi(1_i、X) - \Phi(0_i、X) = -1$$

由于我们研究的是单调关联系统，所以后三种情况不予考虑。因为第二和第三两种情况说明 x_i 的状态变化顶上事件状态不起作用。第四种情况则反映出基本事件发生了故障，而系统却恢复到正常状态的情况是绝对不会发生的。第一种情况说明当基本事件

177

x_i 的状态从 0 变到 1,其他基本事件的状态保持不变,则顶上事件的状态由 $\Phi(0_i、X)$ 变为 $\Phi(1_i、X)=1$,这表明这个基本事件 x_i 的状态变化对顶上事件的发生与否起到了作用。

n 个基本事件两种状态的互不相容的组合数共有 2^n 个。当把第 x_i 个基本事件做为变化对象时,其余 $(n-1)$ 个基本事件的状态对应保持不变的对照组共有 2^{n-1} 个组合。在这 2^{n-1} 个对照组中共有多少是属于第一种情况,这个比值就是该事件 x_i 的结构重要度 $I_\Phi(i)$,用下式表示:

$$I_\Phi(i)=\frac{1}{2^{n-1}}\sum[\Phi(1_i、X)-\Phi(0_i、X)] \tag{6-30}$$

式中 $[\Phi(1_i、X)-\Phi(0_i、X)]$ 为与基本事件之对照的临界割集。

下面以图 6-44 事故树为例,求各基本事件的结构重要度。此

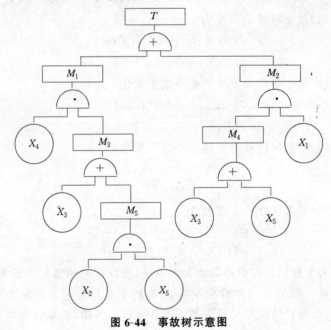

图 6-44　事故树示意图

178

树共有 5 个基本事件,其互不相容的状态组合数为 $2^5=32$。为了全部列出 5 个基本事件两种状态的组合情况,并有规则地进行对照,这里采用布尔真值表列出所有事件的状态组合,见表 6-4。

表 6-4　基本事件与顶上事件状态值表

x_1	x_2	x_3	x_4	x_5	$\Phi(X)$	x_1	x_2	x_3	x_4	x_5	$\Phi(X)$
0	0	0	0	0	0	1	0	0	0	0	0
0	0	0	0	1	0	1	0	0	0	1	1
0	0	0	1	0	0	1	0	0	1	0	0
0	0	0	1	1	0	1	0	0	1	1	1
0	0	1	0	0	0	1	0	1	0	0	1
0	0	1	0	1	0	1	0	1	0	1	1
0	0	1	1	0	1	1	0	1	1	0	1
0	0	1	1	1	1	1	0	1	1	1	1
0	1	0	0	0	0	1	1	0	0	0	0
0	1	0	0	1	0	1	1	0	0	1	1
0	1	0	1	0	0	1	1	0	1	0	0
0	1	0	1	1	1	1	1	0	1	1	1
0	1	1	0	0	0	1	1	1	0	0	1
0	1	1	0	1	0	1	1	1	0	1	1
0	1	1	1	0	0	1	1	1	1	0	1
0	1	1	1	1	1	1	1	1	1	1	1

表中左半部 x_1 的状态值均为 0,右半部 x_1 的状态值均为 1,而其他四个基本事件的状态值均保持不变,可得到 $2^{5-1}=16$ 个对照组。然后根据表中各组基本事件的发生与否,对照事故树图或其最小割集分别填写 $\Phi(0_i、X)$ 和 $\Phi(1_i、X)$ 值,顶上事件发生记为 1,不发生记为 0。用右半部的 $\Phi(1_i、X)$ 对应减去左半部 $\Phi(0_i、X)$ 的值,累积其差为 7,即有 7 组割集,分别为:(10001)、(10011)、(10100)、(10101)、(11001)、(11100)、(11101)。这 7 组割集就是基本事件 1 的临界割集。也就是说,在 $2^{5-1}=16$ 个对照组中,共有 7 组说明 x_1 的变化引起了顶上事件的变化。因此,基本事件 1 的结构重要度系数 $I_\Phi(1)=7/16$。

同理,基本事件 2 的 $I_\Phi(2)$,可将表 6-4 左右半部再一分为二,

179

左半部形成 1～8 与 9～16 对应,右半部 17～24 与 25～32 对应,仍然使基本事件 2 从 0→1,其他基本事件均对应保持不变.然后,用 $\Phi(1_2、X)$ 分别减去对应的 $\Phi(0_2、X)$,其累积差除以 2^4,即为

$$I_\Phi(2)=\frac{1}{16}。$$

以此类推,得:

$$I_\Phi(3)=\frac{7}{16},I_\Phi(4)=\frac{5}{16},I_\Phi(5)=\frac{5}{16}$$

根据 $I_\Phi(i)$ 值的大小,各基本事件结构重要度顺序如下:

$$I_\Phi(1)=I_\Phi(3)>I_\Phi(4)=I_\Phi(5)>I_\Phi(2)$$

综上所述,若不考虑基本事件的发生概率,仅从基本事件在事故树结构中所占的地位来分析,基本事件 x_1 和 x_3 最重要,其次是基本事件 x_4 和 x_5,而基本事件 x_2 最不重要.

2. 利用最小割集或最小径集判定重要度

利用状态值表求结构重要度系数是相当繁琐的工作,特别是基本事件数目多时,更是如此.若不求其精确值时,可利用最小割(径)集进行结构重要度分析.这种方法主要特点是:根据最小割(径)集中所包含的基本事件数目(也称阶数)排序,具体原则有以下四条.

(1)由单个事件组成的最小割(径)集中,该基本事件结构重要度最大.例如某事故树有 3 个最小割集,分别为:

$$G_1=\{x_1\},G_2=\{x_2,x_3\},G_3=\{x_4,x_5,x_6\}$$

根据此条原则判断,则:

$$I_\Phi(1)>I_\Phi(i) \qquad (i=2,3,4,5,6)$$

(2)仅在同一个最小割(径)集中出现的所有基本事件,而且在其他最小割(径)集中不再出现,则所有基本事件结构度相等.例如上面最小割集 G_2 和 G_3,根据此原则判断其各基本事件的结构重要度如下:

180

$$I_\Phi(2)=I_\Phi(3), I_\Phi(4)=I_\Phi(5)=I_\Phi(6)$$

（3）若最小割（径）集中包含的基本事件数目相等，则在不同的最小割（径）集中出现次数多者基本事件结构重要度大，出现次数少者结构重要度小，出现次数相等者则结构重要度相等。例如某事故树共有四个最小割集，分别为：

$$G_1=\{x_1,x_2,x_3\}, G_2=\{x_1,x_3,x_5\}$$
$$G_3=\{x_1,x_5,x_6\}, G_4=\{x_1,x_4,x_7\}$$

根据此原则判断：

因为 x_2、x_4、x_6、x_7 在四个最小割集中都只出现一次，

所以 $I_\Phi(2)=I_\Phi(4)=I_\Phi(6)=I_\Phi(7)$

又因为 x_3、x_5 在 4 个最小割集中都分别出现 2 次，

所以 $I_\Phi(3)=I_\Phi(5)$

因为 x_1 在 4 个最小割集中重复出现 4 次，

x_3、x_5 在 4 个最小割集中出现 2 次，

x_2、x_4、x_6、x_7 在 4 个最小割集中只出现 1 次，

所以 $I_\Phi>(1)>I_\Phi(3)=I_\Phi(5)>I_\Phi(2)=I_\Phi(4)=I_\Phi(6)=I_\Phi(7)$

（4）若事故树的最小割（径）集中所含基本事件数目不相等，则各基本事件结构重要度的大小，可按下列不同情况来定。

若某几个基本事件在不同的最小割（径）集中重复出现的次数相等，则在少事件的最小割（径）集中出现的基本事件结构重要度大，在多事件的最小割（径）集中出现的结构重要度小。

若遇到在少事件的最小割（径）集中出现次数少，而在多事件的最小割（径）集中出现次数多的基本事件，或其他错综复杂的情况，可采用下式近似判别比较：

$$I_\Phi(j)=\sum_{x_j\in G_r}\frac{1}{2^{n_j-1}} \qquad (6\text{-}31)$$

式中，$I_\Phi(j)$——基本事件 x_i 结构重要度的近似别值，$I_\Phi(j)$ 值大者，则 $I_\Phi(j)$ 大；

$x_j \in G_r$——基本事件 x_j 属于最小割集 G_r；

n_j——基本事件 x_j 所在的最小割（径）集中包含的基本事件的数目。

例如某事故树共有 5 个最小径集，分别为：

$$P_1 = \{x_1, x_3\}, P_2 = \{x_1, x_4\}, P_3 = \{x_2, x_3, x_5\}$$
$$P_4 = \{x_2, x_4, x_5\}, P_5 = \{x_3, x_6, x_7\}$$

根据此原则的第（1）项判断：x_1 分别在包含两个基本事件的最小径集中各出现 1 次（共 2 次）；x_2 分别在包含 3 个基本事件的最小径集中出现 2 次；x_5 分别在包含 3 个基本事件的最小径集中出现 2 次，所以 $I_\Phi(1) > I_\Phi(2) = I_\Phi(5)$；$x_3$ 除在包含两个基本事件的最小径集中出现 1 次外，还分别在包含 3 个基本事件的最小径集中出现 2 次；x_4 则分别在包含 2 个基本事件和 3 个基本事件的最小径集中各出现 1 次。为了判定各基本事件的结构重要度大小，下面按此原则的第（2）项判断：

因为
$$I_\Phi(1) = \sum_{x_j \in G_r} \frac{1}{2^{n_j-1}} = \frac{1}{2^{2-1}} + \frac{1}{2^{2-1}} = 1$$

$$I_\Phi(2) = \frac{1}{2^{3-1}} + \frac{1}{2^{3-1}} = \frac{2}{4} = \frac{1}{2}$$

$$I_\Phi(3) = \frac{1}{2^{2-1}} + \frac{1}{2^{3-1}} + \frac{1}{2^{3-1}} = 1$$

$$I_\Phi(4) = \frac{1}{2^{2-1}} + \frac{1}{2^{3-1}} = \frac{3}{4}$$

$$I_\Phi(5) = \frac{1}{2^{3-1}} + \frac{1}{2^{3-1}} = \frac{1}{2}$$

所以 $I_\Phi(1) = I_\Phi(3) > I_\Phi(4) > I_\Phi(2) = I_\Phi(5) > I_\Phi(6) = I_\Phi(7)$

用上述四条原则判断各基本事件的结构重要度大小，必须从第一条到第四条逐个判断，而不能只选用其中某一条。另外近似判断式有一定误差，得出的结果仅作为参考。

3. 几点认识

通过以上定性分析，可以归纳出以下两点基本认识。

（1）从事故树的结构上看，距离顶上事件越近的层次，其危险性越大。换一个角度来看，如果监测保护装置越靠近顶上事件，则能起到多层次的保护作用。

（2）在逻辑门结构中，与门下面所连接的输入事件必须同时全部发生才能有输出，因此，它能起到控制作用。或门下面所连接的输入事件，只要其中有一个事件发生，则就有输出，因此，或门相当于一个通道，不能起到控制作用。可见事故树中或门越多，危险性也就越大。

二、概率重要度

基本事件发生概率变化引起顶上事件发生概率的变化程度称为概率重要度 $I_g(i)$。由于顶上事件发生概率 g 函数是一个多重线性函数，只要对自变量 q_i 求一次偏导，就可得到该基本事件的概率重要度系数，即：

$$I_g = \frac{\partial g}{\partial q_i} \tag{6-32}$$

利用上式求出各基本事件的概率重要度系数后，就可知道众多基本事件中，减少哪个基本事件的发生概率就可有效地降低顶上事件的发生概率。

例　如图 6-44 事故树的最小割集为 $\{x_1, x_3\}$、$\{x_3, x_4\}$、$\{x_1, x_5\}$、$\{x_2, x_4, x_5\}$，各基本事件发生概率分别为 $q_1 = q_2 = 0.02$，$q_3 = q_4 = 0.03$，$q_5 = 0.25$。求各基本事件概率重要度系数。

解：根据题意，设 $q_{G_1} = q_1 q_2$，$q_{G_2} = q_3 q_4$，$q_{G_3} = q_1 q_5$，$q_{G_4} = q_2 q_4 q_5$，按式（6-21）有：

$$\begin{aligned}
g =& q_{G_1} + q_{G_2} + q_{G_3} + q_{G_4} - (q_{G_1} q_{G_2} + q_{G_1} q_{G_3} + q_{G_1} q_{G_4} + q_{G_2} q_{G_3} \\
&+ q_{G_2} q_{G_4} + q_{G_3} q_{G_4}) + (q_{G_1} q_{G_2} q_{G_3} + q_{G_1} q_{G_2} q_{G_4} + q_{G_1} q_{G_3} q_{G_4} \\
&+ q_{G_2} q_{G_3} q_{G_4}) - q_{G_1} q_{G_2} q_{G_3} q_{G_4} \\
=& q_1 q_3 + q_3 q_4 + q_1 q_5 + q_2 q_4 q_5 - q_1 q_3 q_4 - q_1 q_3 q_5 - q_1 q_2 q_3 q_4 q_5
\end{aligned}$$

$$-q_1q_3q_4q_5-q_2q_3q_4q_5-q_1q_2q_4q_5+q_1q_3q_4q_5+q_1q_2q_3q_4q_5$$
$$+q_1q_2q_3q_4q_5+q_1q_2q_3q_4q_5-q_1q_2q_3q_4q_5$$
$$=q_1q_3+q_3q_4+q_1q_5+q_2q_4q_5-q_1q_3q_4-q_1q_3q_5-q_1q_2q_4q_5$$
$$-q_2q_3q_4q_5+q_1q_2q_3q_4q_5$$

分别求偏导,得:

$$I_g(1)=\frac{\partial g}{\partial q_1}=q_3+q_5-q_3q_4-q_3q_5-q_2q_4q_5+q_2q_3q_4q_5$$
$$=0.053\ 3$$

$$I_g(2)=\frac{\partial g}{\partial q_2}=q_4q_5-q_1q_4q_5-q_3q_4q_5+q_1q_3q_4q_5=0.000\ 7$$

$$I_g(3)=\frac{\partial g}{\partial q_3}=q_1+q_4-q_1q_4-q_1q_5-q_2q_4q_5+q_1q_2q_4q_5$$
$$=0.048\ 9$$

$$I_g(4)=\frac{\partial g}{\partial q_4}=q_3+q_2q_5-q_1q_3-q_1q_2q_5-q_2q_3q_5+q_1q_2q_3q_5$$
$$=0.029\ 8$$

$$I_g(5)=\frac{\partial g}{\partial q_5}=q_1+q_2q_4-q_1q_3-q_1q_2q_4-q_2q_3q_4+q_1q_2q_3q_4$$
$$=0.019\ 9$$

根据计算得出的各基本事件概率重要度系数大小排序如下:

$$I_g(1)>I_g(3)>I_g(4)>I_g(5)>I_g(2)$$

也就是说,缩小基本事件 x_1 的发生概率能使顶上事件的发生概率下降速度较快,其次是基本事件 x_3,最不敏感的是基本事件 x_2。

在此顺便提一下,若所有基本事件的发生概率都等于 $\frac{1}{2}$ 时,概率重要度系数等于结构重要度系数,即:

$$I_\Phi(i)=I_g(i)\big|_{q_i=\frac{1}{2}},(i=1,\cdots,n) \tag{6-33}$$

利用这一特点,可以用定量化手段求得结构重要度系数。

184

三、临界重要度

临界重要度也称关键重要度。基本事件的概率重要度，反映不出减少概率大的基本事件的概率要比减少概率小的容易这一事实。这是因为基本事件 x_i 的概率重要度是由除基本事件 x_i 之外的那些基本事件发生概率来决定的，而没有反映基本事件 x_i 本身发生概率的大小。从系统安全的角度来考虑，用基本事件发生概率的相对变化率与顶上事件发生概率的相对变化率之比来表示基本事件的重要度，即从敏感度和自身发生概率的双重角度衡量各基本事件的重要度标准，这就是临界重要度，其定义为：

$$I_G(i) = \frac{\partial \ln g}{\partial \ln q_i} = \frac{\partial g}{g} \bigg/ \frac{\partial q_i}{q_i} \qquad (6\text{-}34)$$

它与概率重要度 $I_g(i)$ 的关系为：

$$I_G(i) = \frac{q_i}{g} I_g(i) \qquad (6\text{-}35)$$

下面用上例已求得各基本事件概率重要度系数来求临界重要度系数。

解：已知 $I_g(1)=0.053\,3$，$I_g(2)=0.000\,7$，$I_g(3)=0.048\,9$，

$\qquad I_g(4)=0.029\,8$，$I_g(5)=0.019\,9$

$$g = q_1q_2 + q_3q_4 + q_1q_5 + q_2q_4q_5 - q_1q_3q_4 - q_1q_3q_5 - q_1q_2q_4q_5$$
$$\qquad - q_2q_3q_4q_5 + q_1q_2q_3q_4q_5$$
$$= 0.001\,988$$

根据式（6-35）得：

$$I_G(1) = \frac{q_1}{g} I_g(1) = \frac{0.02}{0.00198} \times 0.053 \approx 0.538$$

$$I_G(2) = \frac{q_2}{g} I_g(2) = \frac{0.02}{0.00198} \times 0.0007 \approx 0.007$$

$$I_G(3) = \frac{q_3}{g} I_g(3) = \frac{0.03}{0.00198} \times 0.0489 \approx 0.755$$

$$I_G(4) = \frac{q_4}{g} I_g(4) = \frac{0.03}{0.00198} \times 0.0298 \approx 0.452$$

$$I_G(5) = \frac{q_5}{g} I_g(5) = \frac{0.025}{0.00198} \times 0.0199 \approx 0.251$$

根据计算得到的各基本事件临界重要度系数大小排序如下：

$$I_G(3) > I_G(1) > I_G(4) > I_G(5) > I_G(2)$$

与概率重要度分析相比，基本事件 x_1 的重要性下降了，这是因为它的发生概率小。而基本事件 x_3 的重要性上升了，这不仅是因为它的敏感度大，而且它的概率值也较大。

三种重要度，结构重要度反映出事故树结构上基本事件的位置重要度，概率重要度反映基本事件概率的增减对顶上事件发生概率的敏感性，而临界重要度则从敏感性和自身发生概率大小双重角度衡量基本事件的重要程度。当我们进行系统设计或安全分析时，计算各基本事件的重要度系数，按重要度系数大小进行排列，以便安排采取措施的先后顺序，避免盲目性。

第七节　事故树分析应用举例

一、蒸汽锅炉缺水爆炸事故树分析

蒸汽锅炉是工业生产中常用设备，又是比较容易发生灾害性事故的设备。由于蒸汽锅炉实际运行的工作条件十分恶劣，造成受压元件失效的原因往往是错综复杂的。引起锅炉爆炸的主要事件有：锅炉结垢、炉壁腐蚀、缺水和超压。下面仅就锅炉缺水引起爆炸做为顶上事件进行分析。

1. 建造事故树

（1）确定顶上事件：锅炉缺水。

缺水的直接原因事件：

186

警报器失灵(基本事件) ⎱
水位下降(系统故障事件) ⎰ 与门
未察觉(系统故障事件) ⎰

(2)水位下降的直接原因事件：

给水故障(系统故障事件) ⎱
排污阀故障(部件故障事件) ⎰ 或门

①给水故障的直接原因事件：

管道阀门故障(基本事件) ⎫
自动给水调节失灵(基本事件) ⎪
停水(基本事件) ⎬ 或门
给水泵损坏(基本事件) ⎪
没蒸汽泵(基本事件) ⎪
爆管(基本事件) ⎭

②排污阀故障的直接原因事件：

阀关闭不严(基本事件) ⎱
未关阀(基本事件) ⎰ 或门

(3)未察觉的直接原因事件：

判断失误(系统故障事件) ⎱
工作失误(系统故障事件) ⎰ 或门

其中,判断失误的直接原因事件为：

叫水失误(部件故障事件) ⎱
假水位(部件故障事件) ⎰ 或门

而叫水失误的直接原因事件：

忘记叫水(基本事件) ⎱
叫水不足(基本事件) ⎰ 或门

假水位的直接原因事件：

水位计损坏(基本事件)

没定期冲洗(基本事件)

水位计安装不合理(基本事件) } 或门

汽水共腾(部件故障事件)

假水位直接原因事件中的汽水共腾的直接原因事件：

碱度高(基本事件)

汽水旋塞关闭(基本事件) } 或门

(4)绘制事故树图。事故树图见图 6-45。

2. 定性分析

(1)判别最小割(径)集数目。根据"加乘法"判别方法判断得该事故树的最小割集共有 72 个。画出事故树的成功树图,见图 6-46,求得该成功树的最小径集共有 3 个。

(2)求结构函数：

$$\overline{T} = \overline{x}_1 + \overline{M}_1 + \overline{M}_2$$
$$= \overline{x}_1 + \overline{M}_3\overline{M}_4 + \overline{M}_5\overline{M}_6$$
$$= \overline{x}_1 + \overline{x}_6\overline{x}_7\overline{x}_8\overline{x}_9\overline{x}_{10}\overline{x}_{11}\overline{x}_2\overline{x}_3 + \overline{M}_7\overline{M}_8\overline{x}_4\overline{x}_5$$
$$= \overline{x}_1 + \overline{x}_2\overline{x}_3\overline{x}_6\overline{x}_7\overline{x}_8\overline{x}_9\overline{x}_{10}\overline{x}_{11}$$
$$\quad + \overline{x}_{12}\overline{x}_{13}\overline{x}_{14}\overline{x}_{15}\overline{x}_{16}\overline{x}_{17}\overline{x}_{18}\overline{x}_4\overline{x}_5$$

即得到三组最小径集为：

$$P_1 = \{x_1\}$$
$$P_2 = \{x_2, x_3, x_6, x_7, x_8, x_9, x_{10}, x_{11}\}$$
$$P_3 = \{x_4, x_5, x_{12}, x_{13}, x_{14}, x_{15}, x_{16}, x_{17}, x_{18}\}$$

(3)求结构重要度。由于该事故树比较简单,而且没有重复事件,利用最小径集来判别结构重要度。

x_1 是单事件的最小径集,因此,

$$I_\Phi(1) > I_\Phi(i) \quad (i = 2, 3, \cdots, 18)$$

x_2、x_3、x_6、$\cdots$、x_{11} 共有 8 个事件同时出现在 P_2 中,因此,

$$I_\Phi(2) = I_\Phi(3) = I_\Phi(6) = \cdots = I_\Phi(11)$$

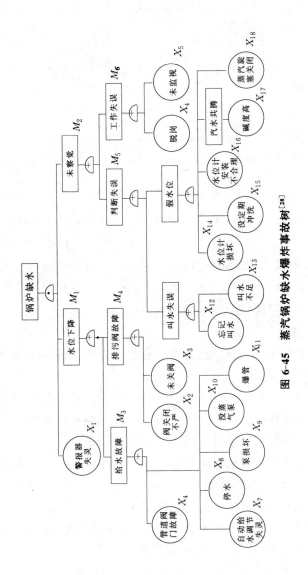

图 6-45 蒸汽锅炉缺水爆炸事故树[28]

189

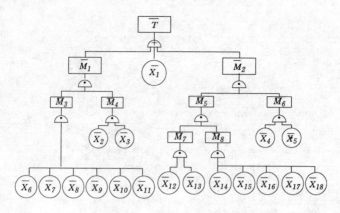

图 6-46 图 6-45 的成功树

x_4、x_5、x_{12}、$\cdots$、x_{18} 共有 9 个事件同时出现在 P_3 中,因此,

$$I_\Phi(4)=I_\Phi(5)=I_\Phi(12)=\cdots=I_\Phi(18)$$

所以,结构重要度的顺序为:

$$I_\Phi(1)>I_\Phi(2)=I_\Phi(3)=I_\Phi(6)=\cdots=I_\Phi(11)>I_\Phi(4)=I_\Phi(5)$$

$$=I_\Phi(12)=\cdots=I_\Phi(18)$$

3. 结论

锅炉缺水引起锅炉爆炸是一种恶性事故,因而防止缺水是个重要的问题。

通过定性分析,最小割集最多 72 个,最小径集 3 个。也就是说发生缺水事故有 72 种可能性。但从 3 个径集可得出,只要采取径集方案中的任何一个,锅炉缺水事故就可以避免。

第一方案(x_1)是最佳方案,只要保证水位警报器灵敏可靠,锅炉缺水就可以预防。其次是第二方案($x_2,x_3,x_6,\cdots,x_{11}$),为保证锅炉水位不发生异常情况,就要求给水设备处于良好状态,并且管道阀门畅通。第三方案是水位下降后操作人员未及时发现并进行判断的一些事件,操作人员的岗位工作占主要地位。

造成缺水的主要原因:在 18 个基本事件中,水位警报器失灵是最主要原因事件(x_1),其次是操作人员脱岗(x_4)及排污阀门故障(x_2)。若抓住这 3 个关键,就抓住了预防锅炉缺水的主要环节。

二、木工平刨伤手事故树分析[28]

木工平刨是木材加工、家具制造等行业广泛应用的设备之一,在机械制造行业的木工车间使用也十分广泛。木工平刨伤手事故是发生较为频繁的事故,下面以此为例进行分析。

1. 事故树

事故树见图 6-47。

2. 定性分析

(1)求最小割(径)集。根据"加乘法"的判别方法判断,图 6-47所示事故树最小割集有 27 个,最小径集有 3 个。所以从最小径集入手分析较为方便。该事故树的成功树如图 6-48 所示。

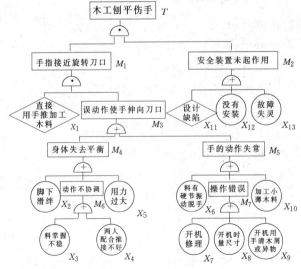

图 6-47　木工平刨伤手事故树

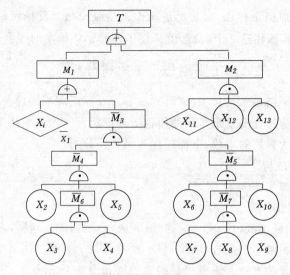

图 6-48   图 6-47 的成功树图

其结构函数式为：

$$\overline{T} = \overline{M}_1 + \overline{M}_2$$
$$= \overline{x}_1 + \overline{M}_3 + \overline{x}_{11}\overline{x}_{12}\overline{x}_{13}$$
$$= \overline{x}_1 + \overline{M}_4\overline{M}_5 + \overline{x}_{11}\overline{x}_{12}\overline{x}_{13}$$
$$= \overline{x}_1 + \overline{x}_2\overline{M}_6\overline{x}_5\overline{x}_6\overline{M}_7\overline{x}_{10} + \overline{x}_{11}\overline{x}_{12}\overline{x}_{13}$$
$$= \overline{x}_1 + \overline{x}_2\overline{x}_3\overline{x}_4\overline{x}_5\overline{x}_6\overline{x}_7\overline{x}_8\overline{x}_9\overline{x}_{10} + \overline{x}_{11}\overline{x}_{12}\overline{x}_{13}$$

得到 3 组最小径集为：

$$P_1 = \{x_1\}$$
$$P_2 = \{x_2, x_3, x_4, x_5, x_6, x_7, x_8, x_9, x_{10}\}$$
$$P_3 = \{x_{11}, x_{12}, x_{13}\}$$

（2）求结构重要度。由于 P_1、P_2、P_3 中没有重复事件，根据上节所述原则来判别结构重要度。

x_1 是单事件的最小径集，因此，

$$I_\Phi(1) > I_\Phi(i) \quad (i = 2, 3, \cdots, 13)$$

x_2、x_3、$\cdots$、x_{10}共有 9 个事件同时出现在 P_2 中,因此,

$$I_\Phi(2)=I_\Phi(3)=\cdots=I_\Phi(10)$$

x_{11}、x_{12}、x_{13} 3 个事件同时出现在 P_3 中,因此,

$$I_\Phi(11)=I_\Phi(12)=I_\Phi(13)$$

所以,结构重要度的顺序为:

$$I_\Phi(1)>I_\Phi(11)=I_\Phi(12)=I_\Phi(13)$$
$$>I_\Phi(2)=I_\Phi(3)=\cdots=I_\Phi(10)$$

3. 定量分析

(1)确定基本事件的发生概率。基本事件的发生概率见表 6-5。

表 6-5　基本事件发生概率取值表

代　号	基本事件名称	q_i	$1-q_i$
X_1	直接用手推加工木料	0.1	0.9
X_2	脚下滑绊	5×10^{-3}	0.995
X_3	料掌握不稳	5×10^{-2}	0.95
X_4	二人配合推接不好	10^{-4}	0.999 9
X_5	用力过大	10^{-3}	0.999
X_6	料有硬节振动脱手	10^{-5}	0.999 99
X_7	开机修理	2.5×10^{-6}	0.999 975
X_8	开机量尺寸	10^{-5}	0.999 9
X_9	开机用手清木屑或异物	10^{-3}	0.999
X_{10}	加工小薄木料	10^{-2}	0.99
X_{11}	设计缺陷	2×10^{-2}	0.98
X_{12}	没有安装安全装置	0.2	0.8
X_{13}	装置失灵	4×10^{-5}	0.999 96

(2)求顶上事件的概率。根据式(6-22)得到:

$$g=q_1[1-(1-q_2)(1-q_3)(1-q_4)(1-q_5)(1-q_6)(1-q_7)$$
$$(1-q_8)(1-q_9)(1-q_{10})][1-(1-q_{11})(1-q_{12})(1-q_{13})]$$

将表 6-5 的数值代入上式得到:

$$g=0.1(1-0.995\times0.95\times0.999\,9\times0.999\times0.999\,99$$
$$\times0.999\,975\times0.999\,9\times0.999\times0.99)(1-0.98\times0.8\times$$

$0.999\ 96)$

$= 1.43 \times 10^{-3}$

(3)求概率重要度。因为：

$q_{M_3} = 1 - (1-q_2)(1-q_3)(1-q_4)(1-q_5)(1-q_6)(1-q_7)$

$(1-q_8)(1-q_9)(1-q_{10})$

$= 1 - 0.995 \times 0.95 \times 0.999\ 9 \times 0.999 \times 0.999\ 99$

$\times 0.999\ 975 \times 0.999\ 99 \times 0.999 \times 0.99 = 6.62 \times 10^{-2}$

$q_{M_2} = 1 - (1-q_{11})(1-q_{12})(1-q_{13})$

$= 1 - 0.98 \times 0.8 \times 0.999\ 96$

$= 2.16 \times 10^{-1}$

则：$g = q_1 q_{M_3} q_{M_2}$

$\dfrac{\partial g}{\partial q_{M_3}} = q_1 q_{M_2} = 0.1 \times 2.16 \times 10^{-1} = 2.16 \times 10^{-2}$

$\dfrac{\partial g}{\partial q_{M_2}} = q_1 q_{M_3} = 0.1 \times 6.62 \times 10^{-2} = 6.62 \times 10^{-3}$

根据式(6-32)得：

$I_g(1) = \dfrac{\partial g}{q_i} = q_{M_3} q_{M_2} = 6.62 \times 10^{-2} \times 2.16 \times 10^{-1}$

$= 1.43 \times 10^{-2}$

$I_g(2) = \dfrac{\partial g}{\partial q_{M_3}} \cdot \dfrac{\partial q_{M_3}}{\partial q_2}$

$= q_1 q_{M_2}(1-q_3)(1-q_4)(1-q_5)$

$(1-q_6)(1-q_7)(1-q_8)(1-q_9)(1-q_{10})$

$= 2.16 \times 10^{-2} \times 0.95 \times 0.999\ 9 \times 0.999 \times 0.999\ 99 \times$

$0.999\ 975 \times 0.999\ 99 \times 0.999 \times 0.99$

$= 2.03 \times 10^{-2}$

同理可得：

194

$$I_g(3) = \frac{\partial g}{\partial q_{M_3}} \frac{\partial q_{M_3}}{\partial q_3} = 2.12 \times 10^{-2}$$

$$I_g(4) = \frac{\partial g}{\partial q_{M_3}} \frac{\partial q_{M_3}}{\partial q_4} = 2.12 \times 10^{-2}$$

$$I_g(5) = \frac{\partial g}{\partial q_{M_3}} \frac{\partial q_{M_3}}{\partial q_5} = 2.02 \times 10^{-3}$$

$$I_g(6) = \frac{\partial g}{\partial q_{M_3}} \frac{\partial q_{M_3}}{\partial q_6} = 2.02 \times 10^{-2}$$

$$I_g(7) = \frac{\partial g}{\partial q_{M_3}} \frac{\partial q_{M_3}}{\partial q_7} = 2.02 \times 10^{-2}$$

$$I_g(8) = \frac{\partial g}{\partial q_{M_3}} \frac{\partial q_{M_3}}{\partial q_8} = 2.02 \times 10^{-2}$$

$$I_g(9) = \frac{\partial g}{\partial q_{M_3}} \frac{\partial q_{M_3}}{\partial q_9} = 2.02 \times 10^{-2}$$

$$I_g(10) = \frac{\partial g}{\partial q_{M_3}} \frac{\partial q_{M_3}}{\partial q_{10}} = 2.04 \times 10^{-2}$$

$$I_g(11) = \frac{\partial g}{\partial q_{M_2}} \frac{\partial q_{M_2}}{\partial q_{11}}$$
$$= q_1 q_{M_3}(1 - q_{12})(1 - q_{13}) = 5.30 \times 10^{-3}$$

$$I_g(12) = \frac{\partial g}{\partial q_{M_2}} \frac{\partial q_{M_2}}{\partial q_{12}} = 6.49 \times 10^{-3}$$

$$I_g(13) = \frac{\partial g}{\partial q_{M_2}} \frac{\partial q_{M_2}}{\partial q_{13}} = 5.19 \times 10^{-3}$$

(4)求临界重要度。根据式(6-35)得到：

$$GI_g(1) = \frac{q_1}{q} I_g(1) = \frac{0.1}{1.43 \times 10^{-3}} \times 1.43 \times 10^{-2} = 1$$

$$GI_g(2) = \frac{5 \times 10^{-3}}{1.43 \times 10^{-3}} \times 2.03 \times 10^{-2} = 7.10 \times 10^{-2}$$

$$GI_g(3) = \frac{5 \times 10^{-2}}{1.43 \times 10^{-3}} \times 2.12 \times 10^{-2} = 7.41 \times 10^{-1}$$

$$GI_g(4) = \frac{10^{-4}}{1.43 \times 10^{-3}} \times 2.02 \times 10^{-2} = 1.41 \times 10^{-3}$$

$$GI_g(5) = \frac{10^{-3}}{1.43 \times 10^{-3}} \times 2.02 \times 10^{-2} = 1.41 \times 10^{-2}$$

$$GI_g(6) = \frac{10^{-5}}{1.43 \times 10^{-3}} \times 2.02 \times 10^{-2} = 1.41 \times 10^{-4}$$

$$GI_g(7) = \frac{2.5 \times 10^{-6}}{1.43 \times 10^{-3}} \times 2.02 \times 10^{-2} = 3.53 \times 10^{-5}$$

$$GI_g(8) = \frac{10^{-5}}{1.43 \times 10^{-3}} \times 2.02 \times 10^{-2} = 1.41 \times 10^{-4}$$

$$GI_g(9) = \frac{10^{-3}}{1.43 \times 10^{-3}} \times 2.02 \times 10^{-2} = 1.41 \times 10^{-2}$$

$$GI_g(10) = \frac{10^{-2}}{1.43 \times 10^{-3}} \times 2.04 \times 10^{-2} = 1.43 \times 10^{-1}$$

$$GI_g(11) = \frac{2 \times 10^{-2}}{1.43 \times 10^{-3}} \times 5.30 \times 10^{-3} = 7.41 \times 10^{-2}$$

$$GI_g(12) = \frac{0.2}{1.43 \times 10^{-3}} \times 6.49 \times 10^{-3} = 9.08 \times 10^{-1}$$

$$GI_g(13) = \frac{4 \times 10^{-5}}{1.43 \times 10^{-3}} \times 5.19 \times 10^{-3} = 1.45 \times 10^{-4}$$

所以,临界重要度顺序为:

$$GI_g(1) > GI_g(12) > GI_g(3) > GI_g(10) > GI_g(11) >$$
$$GI_g(2) > GI_g(5) = GI_g(9) > GI_g(4) > GI_g(13) >$$
$$GI_g(6) = GI_g(8) > GI_g(7)$$

4. 结论

(1)从定性分析来看,在木工平刨伤手事故树中,有 3 组最小径集,也就是说有 3 条预防事故的途径。在 P_1 最小径集中只包含 x_1 基本事件,即其结构重要度最大。在 P_3 最小径集中,包含有 x_{11}、x_{12}、x_{13} 3 个基本事件,其结构重要度较大,而 P_2 最小径集中含有 9 个基本事件,故其基本事件的结构重要度较小。因此,从控制事故发生的角度来看,要想从 P_2 最小径集入手是比较困难的。所以,可从 P_1 和 P_3 两个最小径集采取预防事故对策。

控制基本事件 x_1。x_1 是单事件最小径集,只要 x_1 不发生,伤手事故就不会发生。因此,操作者在平刨上作业时应采用工具推进木料。

控制基本事件 x_{11}、x_{12}、x_{13}。即要保证平刨防护装置处于可靠状态,当 x_1 事件失控时,如果有安全可靠的防护装置,平刨伤手事故也可以得到控制。

(2)从定量分析来看,x_1 基本事件的临界重要度最大,x_{12} 的临界重要度较大,因此,减少 x_1 和 x_{12} 的发生概率能使顶上事件的发生概率迅速降下来,而且比减少其他事件的发生概率较为容易。另外,x_3、x_{10}、x_{11}、x_2、x_5、x_9 的临界重要度也大,即减少它们的发生概率,也可大大降低事故的发生。

第七章　事件树分析

第一节　概述

一、事件树分析的含义

事件树分析(Event Tree Analysis 缩写为 ETA)是安全系统工程中的重要分析方法之一,其理论基础是运筹学中的决策论。它是一种归纳法,是从给定的一个初始事件的事故原因开始,按时间进程采用追踪方法,对构成系统的各要素(事件)的状态(成功或失败)逐项进行二者择一的逻辑分析,分析初始条件的事故原因可能导致的事件序列的结果,将会造成什么样的状态,从而定性与定量地评价系统的安全性,并由此获得正确的决策。由于事件序列是按一定时序进行的,因此,事件树分析是一种动态分析过程,同时,事件序列是以图形表示的,其形状呈树枝形,故称为事件树。

二、事件树分析的功用

事件树分析的功用如下。

(1)事件树分析是一个动态分析过程,因此,通过事件树分析可以看出系统变化过程,查明系统中各个构成要素对导致事故发生的作用及其相互关系,从而判别事故发生的可能途径及其危害性。

（2）由于事件树分析时，在事件树上只有两种可能状态，成功或失败，而不考虑某一局部或具体的故障情节，因此，可以快速推断和找出系统的事故，并能指出避免发生事故的途径，便于改进系统的安全状况。

（3）根据系统中各个要素（事件）的故障概率，可以概略地计算出不希望事件的发生概率。

（4）找出最严重的事故后果，为事故树确定顶上事件提供依据。

（5）该法可以对已发生的事故进行原因分析。

第二节　事件树的建造

一、事件树分析原理

如前所述，事件树分析是从初始事件出发考察由此引起的不同事件。一起事故的发生，是许多事件按时间顺序相继出现的结果，一些事件的出现是以另一事件首先发生为条件的。在事故发展过程中出现的事件可能有两种状态：事件出现或不出现（成功或失败）。这样，每一事件的发展有两条可能的途径，而且事件出现或不出现是随机的，其概率是不相等的。如果事故发展过程中包括有 n 个相继发生的事件，则系统一般总计有 2^n 条可能发展途径，即最终结果有 2^n 个。

在相继出现的事件中，后一事件是在前一事件出现的情况下出现的。它与更前面的事件无关。后一事件选择某一种可能发展途径的概率是在前一事件做出某种选择的情况下的条件概率。

为了便于分析，根据逻辑知识，我们把事件处于正常状态记为成功，其逻辑值为 1；把失效状态记为失败，其逻辑值为 0。

二、事件树分析的程序

事件树分析的程序可以概括为以下几个步骤。

(1)确定系统和寻找可能导致系统严重后果的初始事件,即把分析对象及其范围加以明确,找出初始条件,并进行分类,对那些可能导致相同事件树的初始条件可划分为一类。

(2)分析系统组成要素并进行功能分解,便于进一步展开分析。

(3)分析各要素的因果关系及其成功或失败的两种状态,逐一列举由此引起的事件,并回答下列问题:①在何种条件下,此事件会进一步引起其他事件?②在何种不同的工厂条件下会引起不同的其他事件?③这一事件影响到哪些事件?它是否不止影响一个事件?

(4)建造事件树。根据因果关系及状态,从初始事件开始,由左向右展开。

(5)进行事件树简化。

(6)进行定量计算。

三、事件树的建造

1. 事件树的建造

下面以某一简单的物料输送系统为例,说明事件树的建造方法。

图 7-1(a)是一台泵和两个阀门串联组成的系统,物料沿箭头方向顺序经过泵 A、阀门 B 和 C。这是一个三因素(元件)串联系统,在这个系统里有三个节点,因素(元件) A、B、C 都有成功或失败两种状态。根据系统实际构成情况,所建造的树的根是初始条件——泵的节点,当泵 A 接受启动信号后,可能有两种状态:泵启动成功或启动失败。从泵 A 的节点处,将成功做为上分支,失败做为下分支,画出两个树枝。同时,阀门 B 也有两种状态,成功或失败,

200

将阀门 B 的节点分别画在泵 A 的成功状态与失败状态分支上,再从阀门 B 的两个节点分别画出两个分支,上分支表示阀门 B 成功,下分支表示失败。同样阀门 C 也有两种状态,将阀门 C 的节点分别画在阀门 B 的 4 个分支上,再从其节点上分别画出两个分支,上分支表示成功,下分支表示失败。这样就建造成了这个物料输送系统的事件树,见图 7-1(b)。

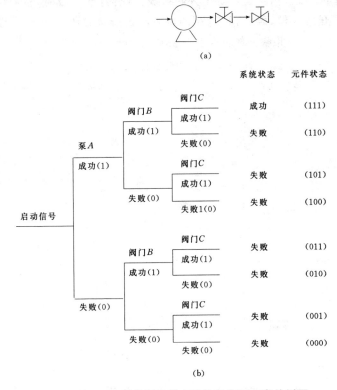

图 7-1 串联物料输送系统的示意图和事件树图

从图中可看出,这个系统共有 $2^3 = 8$ 个可能发展的途径,即 8 种结果,只有因素 A、B、C 均处于成功状态(111)时,系统才能正常运行。而其他七种状态均为系统失败状态。

图 7-2(a)是一台泵和两个阀门并联的系统,物料沿箭头方向经过泵 A、阀门 B 或阀门 C 输出。这也是一个三因素(元件)系统,有三个节点。当泵 A 接到启动信号后,可能有两种状态:成功或失败,将成功做为上分支,失败做为下分支。将阀门 B 的节点分别画在泵 A 的成功与失败状态分支上。再从阀门 B 的两个节点上分别画出两个分支。由于此系统是并联系统,当阀门 B 失败时,备用阀门 C 可开始工作,因此,阀门 C 的两种状态应接在阀门 B 的失败状态的分支上,并联系统的事件树如图 7-2(b)所示。

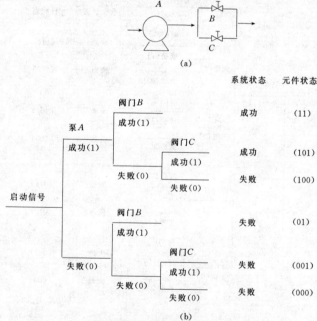

图 7-2 并联物料输送系统的示意图及事件树

从图中可看出,各因素状态组合为(11)、(101)时,系统处于正常运行,其余四种情况(100)、(01)、(001)、(000)均为系统失败状态。

2. 事件树的简化

从原则上讲,一个因素有两种状态,若系统中有 n 个因素,则有 2^n 个可能结果。一个系统中包含因素较多,不仅事件树中分支很多,而且有些分支并没有发展到最后的功能时,事件的发展已经结束,因此,事件树可以简化,其简化原则有:①失败概率极低的系统可以不列入事件树中;②当系统已经失败,从物理效果来看,在其后继的各系统不可能减缓后果时,或后继系统已由于前置系统的失败而同时失败,则以后的系统就不必再分支。例如上两例中,当泵失败时其后继因素阀门的成功对系统已无实际意义,所以可以省略。

图 7-3 是图 7-1(b)和图 7-2(b)的简化事件树。

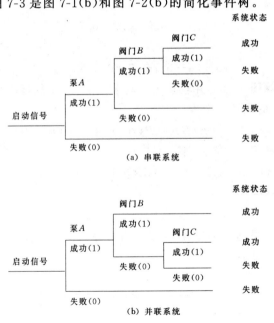

图 7-3　简化的事件树

3.事件树分析的定量计算

事件树分析的定量计算就是计算每个分支发生的概率。为了计算这些分支的概率,首先必须确定每个因素的概率。如果各个因素的可靠度已知,根据事件树就可求得系统的可靠度。例如 7-3(a)串联系统,若泵 A 和阀门 B、C 的概率分别为 $P(A)$、$P(B)$、$P(C)$,则系统的概率 $P(S)$ 为泵 A 和阀门 B、C 均处于成功状态时,3 个因素的积事件概率,即

$$P(S) = P(A) \cdot P(B) \cdot P(C) \tag{7-1}$$

系统的失败概率,即不可靠度 $F(S)$ 为:

$$F(S) = 1 - P(S) \tag{7-2}$$

若已知 $P(A)=0.95,P(B)=0.9,P(C)=0.9$,代入式(7-1),得成功概率为:

$$P(S)=0.95\times0.9\times0.9=0.769\ 5$$

失败概率为:

$$F(S)=1-0.769\ 5=0.230\ 5$$

同理计算图 7-3(b)并联系统的概率。设各因素的概率与上列相同,则系统的成功概率为:

$$P(S) = P(A) \cdot P(B) + P(A) \cdot [1 - P(B)]P(C) \tag{7-3}$$

将各因素概率值代入上式,得:

$$P(S)=0.95\times0.9+0.95\times0.1\times0.9=0.940\ 5$$

系统的失败概率为:

$$F(S)=1-0.9405=0.059\ 5$$

将计算结果与上例比较,可看出并联系统的可靠度比串联系统提高了 1.2 倍多。

第三节　应用举例

一、人为差错的事件树分析

设某控制室的操作人员的任务由 4 项子任务 A、B、C、D 组成,每个子任务都有可能成功或失败,其操作顺序是:先操作 A,次之是 B,接下去是 C,最后操作 D。在这种情况下,没有成功地完成的子任务是可能发生的唯一差错,而且一个任务的完成不影响其他 3 个子任务的完成。试建造事件树和求未完成任务的人为差错的概率。求解过程如下。

1. 系统的分解与各因素的关系

根据题意表明,系统由 4 项子任务组成,操作人员必须按 A、B、C、D 的顺序依次完成这 4 项子任务,而不考虑其结果(成功或失败)。每项子任务只有两种状态:成功或失败,而且任一项子任务失败时系统就失败。

2. 画事件树

事件树的根是子任务 A,即从 A 开始,在 A 的节点处画出两个分支,成功分支在上,失败分支在下。接着在 A 的成功分支上画出 B 的节点,再在 B 的节点上也画出两个分支,成功的分支在上,失败分支在下,同理,画出 C、D 子任务的分支,得事件树如图 7-4 所示。

图中 $P(A)$、$P(B)$、$P(C)$、$P(D)$ 分别为正确地完成子任务 A、B、C、D 的概率;$F(A)$、$F(B)$、$F(C)$、$F(D)$ 分别为未完成子任务 A、B、C、D 的失败概率。

3. 定量计算

根据图 7-4,任务的成功概率 $P(S)$ 为:

$$P(S) = P(A) \cdot P(B) \cdot P(C) \cdot P(D)$$

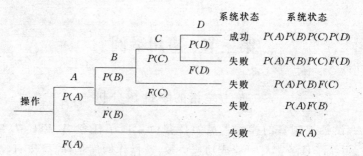

图 7-4 事件树图

同理,任务失败的概率 $F(S)$ 为:

$$F(S)=P(A)\cdot P(B)\cdot P(C)\cdot F(D)$$
$$+P(A)\cdot P(B)\cdot F(C)+P(A)\cdot F(B)+F(A)$$

因为 $F(A)=1-P(A)$, $F(B)=1-P(B)$

$$F(C)=1-P(C), F(D)=1-P(D)$$

将这些代入上式,化简得:

$$F(S)=1-P(A)\cdot P(B)\cdot P(C)\cdot P(D)$$
$$=1-P(S)$$

若已知各子任务成功概率均为 0.99,则

$$P(S)=0.99^4=0.960\ 596$$
$$F(S)=1-0.960596=0.0394$$

二、火灾事故过程的事件树分析

设某贮罐贮有可燃物质,因泄漏而引起火灾,试进行事件树分析。设火灾事故过程如下:有可燃物质泄漏、火源、着火、报警、灭火、人员脱离。建造事件树如图 7-5。求系统的概率。

系统失败的概率:

$$F(S)=F(A)\cdot F(B)\cdot F(C)\cdot F(D)\cdot F(E)$$
$$+F(A)\cdot F(B)\cdot P(C)\cdot F(D)\cdot F(E)$$

系统事故的概率:

$$F(P)=F(A) \cdot F(B) \cdot F(C) \cdot F(D) \cdot P(E)+F(A) \cdot$$
$$F(B) \cdot F(C) \cdot P(D)+F(A) \cdot F(B) \cdot P(C) \cdot$$
$$F(D) \cdot P(E)+F(A) \cdot F(B) \cdot P(C) \cdot P(D)$$
$$+F(A) \cdot P(B)$$

系统成功的概率:
$$P(S)=P(A)$$

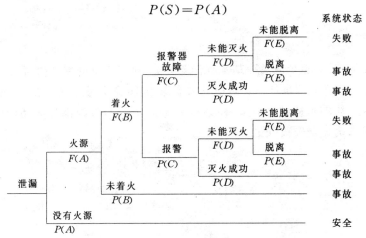

图 7-5　火灾事故的事件树

三、有备用设备系统的事件树分析

图 7-6 是某反应炉夹套的冷却系统。当正常冷却水突然断水(如管道损坏)而造成系统失水,这时失水信号检测器 D 探得失水信号,将启动备用水泵 P_1 和水泵 P_2。如果两台备用泵均启动成功,则系统成功,记为 (S);若只有其中一台泵启动成功,则系统是 50% 的部分成功,记为 (P);两台泵均停则系统失败,记为 (F)。试建造事件树。若所有元件的成功概率都是 0.99,试算出每个系统输出的概率。

除了要考虑控制器 D 和水泵 P_1、P_2 的因素外,还要考虑电源 EP 的成功与失败。完全的事件树如图 7-7 所示。由于当电源或检

207

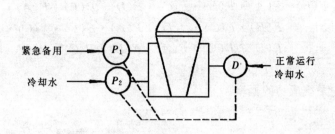

图 7-6　有备用设备系统

测失败时,整个应急冷却系统都要失败,所以完全的事件树可以简化为图 7-8 的事件树。图中只需要原来 16 条分枝中的 6 条,即得到系统的最终状态有 3 种:系统完全成功(S),系统部分成功(P)和系统完全失败(F)。

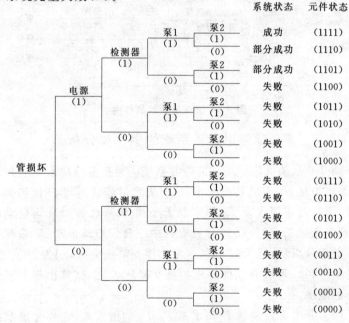

图 7-7　完全的事件树图

208

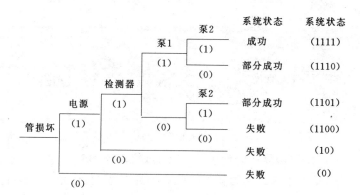

图 7-8 简化的事件树图

计算系统的概率,由图 7-8 得

P(系统成功概率)

$=P(EP) \cdot P(D) \cdot P(P_1) \cdot P(P_2)$

$=0.99^4=0.960\ 596$

P(部分成功概率)

$=P(EP) \cdot P(D) \cdot P(P_1) \cdot F(P_2)$

$\quad +P(EP) \cdot P(D) \cdot F(P_1) \cdot P(P_2)$

$=2 \times 0.99^3 \times 0.01=0.019\ 406$

P(系统失败概率)

$=P(EP) \cdot P(D) \cdot F(P_1) \cdot F(P_2)$

$\quad +P(EP) \cdot F(D)+F(EP)$

$=0.99^2 \times 0.01^2+0.99 \times 0.01+0.01$

$=0.0199\ 98$

209

第八章 可操作性研究

可操作性研究(Operability Study,缩写为OS)也称为安全操作研究,是以系统工程为基础的危险分析方法。该方法采用表格式分析形式,具有专家分析法的特性,主要适用于连续性生产系统的安全分析与控制,是一种启发性的、实用的定性分析方法。

第一节 概述

一、可操作性研究的基本概念

根据统计资料,由于设计不良,将不安全因素带人生产中而造成的事故约占总事故的1/4。为此,在设计开始就应注意消除系统中的危险性,这样不仅能提高工厂生产的安全性和可靠性,而且能起到事半功倍的作用。要达到此目的,仅依靠设计人员的经验和相应的标准、规范、手册,是很难实现的。特别是对于那些工艺过程复杂、操作条件严格的系统,更需要用新方法,在设计开始时能对拟议中的工艺流程的安全性进行预先审查,在设计定型时能对工艺图纸进行详细的有关安全的校核。

可操作性研究是解决上述问题的方法之一。这种方法的出发点是先找出系统运行过程中工艺状态参数(如温度、压力、流量等)的变动以及操作、控制中可能出现的偏差(离),然后分析每一偏差产生的原因和造成的后果。据此查找原因,采取对策。

二、可操作性研究的特点

可操作性研究具备以下特点。

（1）它是从生产系统中的工艺状态参数出发来研究系统中的偏差，运用启发性引导词来研究因温度、压力、流量等状态参数的变动可能引起的各种故障的原因、存在的危险以及采取的对策。

（2）它是故障模式及影响分析的发展。它研究和运行状态参数有关的因素。它从中间过程出发，向前分析其原因，向后分析其结果。向前分析是事故树分析，向后分析是故障模式及影响分析，它有两种分析的特长，因为两种方法都有中间过程。中间过程可理解为故障模式及影响分析中的故障模式对子系统的影响，或者是事故树分析的中间事件。它承上启下，既表达了元件故障包括人的失误相互作用的状态，又表示了接近顶上事件更直接的原因。因此，不仅直观有效，而且更易查找事故的基本原因和发展结果。

（3）可操作性研究方法，不需要有可靠性工程的专业知识，因而很易掌握。使用引导词进行分析，既可启发思维，扩大思路，又可避免漫无边际地提出问题。

（4）研究的状态参数正是操作人员控制的指标，针对性强，利于提高安全操作能力。

（5）研究结果既可用于设计的评价，又可用于操作评价；既可用来编制、完善安全规程，又可作为可操作的安全教育材料。

（6）该方法主要适用化工企业。

第二节　基本原理

一、基本原理

可操作性研究的含义就是"对危险性的严格检查"，其理论依据就是"工艺流程的状态参数(如温度、压力、流量等)一旦与设计规定的基准状态发生偏离,就会发生问题或出现危险"。怎样进行分析?若泛泛地提出问题会漫无边际,往往发现不了危险因素。此法要求事先提出一些提问的要点,构成一份提问清单,这个清单要能简明地概括中间状态的全部内容。通过对清单上的问题(要点)的回答和逐一探讨,可以全面地查出中间状态的危险因素,有助于我们考虑清除危险的措施。所谓的提问清单,即采用一些启发思考的"引导词",分析工艺过程状态如何偏离设计规定的基准状态。

二、引导词及其意义

为了能适应化学工业和其它产业分析的需要,现将"引导词"的意义及其说明列于表 8-1 中。

"引导词"应看成启发人们思维的词汇,迫使人们打开自己的记忆大门,从而看到新的因素(情景)。因此,表中的引导词含义可以根据分析的对象加以扩展,如"多"也可扩展为过多、过大、偏高、早于等含义,"少"则可扩展为过少、过小、偏低、迟于等含义。

表 8-1   引导词及其意义与说明

引 导 词	意　　义	说　　　明
没有(否)	完全实现不了设计或操作规定的要求	未发生设计上所要的事件,如没有物料输入(如流量为零),或温度、压力无显示等
多(过大)	比设计规定的标准值数量增大或提前到达	如温度、压力、流量比规定值要大,或对原有活动,如"加热"和"反应"的增加
少(过小)	比设计规定的标准值少或迟后到达	如温度、压力、流量比规定值要小,或对原有活动,如"加热"和"反应"的减少
多余(以及)	在完成规定功能的同时,伴有其他(多余)事件发生	如在物料输送过程中消失或同时对几个反应器供料,则有一个或几个没有获得物料

引导词	意　　义	说　　　明
部分(局部)	只能完成规定功能的一部分	如物料某种成分在输送过程中消失或同时对几个反应容器供料,则有一个或几个没有获得物料
相反(反向)	出现与设计或操作要求相反的事件和物	如发生反向输送或逆反应等
其他(异常)	出现了不相同的事和物	发生了异常的事或状态,完全不能达到设计或操作标准的要求

第三节　分析步骤

所谓可操作性研究就是对应有现象和实际现象或可能现象,做出如下判断:①会不会出现偏差,构成不构成一个问题?②用什么资料来说明它是偏差?③如果会出现偏差,并构成了问题,则它的重要性、程度、影响范围如何?④什么是偏差产生的可能原因?⑤如何核对这些可能原因?

为了对上述问题做出明确的回答,可遵循如下步骤进行分析,见图 8-1 所示。

1.认识问题

用一个公式

$$\varepsilon(偏差)=A(应有现象或给定值)$$
$$-X(实际现象或可能现象)$$

$$(8-1)$$

来表示。当工艺流程的状态参数发生变化时,偏差一定会出现,若偏差是负值(如温度、压力、流量等)则表示实际工作情况已超过原定工作标准;如果实际现

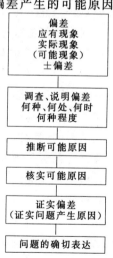

图 8-1　可操作性研究分析步骤框图

象为零,则表示完全实现不了设计规定的要求,如此等等都表明一定存在问题。

2. 调查偏差、说明偏差

明确了问题之后,就要找出问题产生的原因。问题的产生是由于生产系统中工艺流程的状态参数发生变化引起的,那么究竟是"何种"、"何处"、"何时"、"何种程度"的偏差引起的呢?为了弄清这些问题,首先要将生产系统中工艺流程的状态参数、在运行过程中可能产生的偏差一一列举出来,也就是利用现代科学方法和控制技术手段将运行过程中产生的所有偏差一一检测出来,并用"何种"、"何处"、"何时"、"何种程度"等启发性要求加以系统说明。

(1)何种:指发生了什么偏差,并明确判定"是"与"不是"偏差。

(2)何处:如果是偏差,这一偏差发生在哪个装置、部件或元件上。

(3)何时:该项偏差何时发生。

(4)何种程度:该项偏差的程度大小、数量多少、影响程度。

上列四项都应根据有关资料和报告列举清楚,并尽可能详细。因为对这四项要求的研究是分析和找出偏差产生原因的主要根据。

3. 推断可能原因

在上述调查基础上,应分析系统中各子系统、部件功能变化是否构成了影响问题产生的差别,还要根据分析者的知识、理解能力与经验进行分析与判断才能确定。

4. 核对可能原因

分析研究这些差别,是否构成产生问题的变化。因为应有现象与实际现象之间的偏差即问题,一定蕴含在系统运行过程产生的变化之中。这些所谓变化,指的是工艺方法、设备状态、原料、操作、操作规程的更改等。根据影响差别去分析、确定产生偏差(即问题)的变化,并将发生哪些变化、什么时候发生等一一列举出来。

214

问题就是系统动态过程中发生了某些变化所产生的必然结果。寻找问题产生的可能原因,就是研究这些产生原因具有的影响差别的变化。因此,寻求原因就是系统地分析上述资料的结果。如果找不到原因,需要反馈到调查偏差程序中,重新调查。

5.证实问题产生的原因

找出了对问题具有可能影响的差别产生的变化,并不等于这些变化真正地构成了问题产生的原因。可能性不等于必然性。为此,必须核实与查证变化与原因之间存在的必然联系。这可通过科学分析与查证的结果得到证实。如果经过查证,不能证实寻求原因是产生问题的原因,就是反馈到推断可能原因程序中去再研究。

6.问题的确切表述

分析人员应将分析资料做详细说明,并归入技术资料档案。为了便于安全管理,可编制表 8-2,作为检索参考。

7.编制可操作性研究表格

关于可操作性研究表格见下节。

表 8-2　问题分析工作表

偏　　差	(问题)			
项目说明	偏　　差		差　别	变　化
	是	不是		
何　　　种				
何　　　处				
何　　　时				
何　种　程　度				
可　能　原　因				
核对查证可能原因				
证实最可能原因				

第四节　应用举例

图 8-2 是一个反应器及供料系统。原料 A 和原料 B 分别用泵 P_1、P_2 送入反应器内,经过化学反应生成产品 C。在反应过程中,

若原料 B 的成分大于原料 A 的成分,则会发生爆炸性反应。现在取原料 A 的泵 P_1 吸入口到反应器的入口这一段管线进行可操作性研究。该部分的设计要求是要按规定的流量输送原料 A,其分析结果见表 8-3。

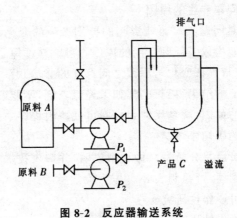

图 8-2 反应器输送系统

表 8-3 反应器输送系统可操作性研究

引导词	偏　　差	可能的原因	对系统造成的影响
没有	未按设计要求输送原料 A	(1)原料 A 的贮槽是空的 (2)泵发生故障 (3)管线破裂 (4)阀门关闭	反应器内 B 的浓度大,会发生爆炸性反应
多	输送了过量的原料 A	(1)泵流量过大 (2)阀门开度过大 (3)A 贮槽的压力过高	(1)反应器内 A 量过剩,可能对工艺造成影响 (2)反应器发生溢流可能引起灾害
少	输送原料 A 量过少	(1)阀门部分关闭 (2)管线部分堵塞 (3)泵的性能下降	与"没有"的情况相同

216

引导词	偏差	可能的原因	对系统造成的影响
多余	输送原料的同时,发生了质的变化	(1)从泵吸入口阀门流进别的物质 (2)泵吸入口阀门流出 (3)管线和泵内发生相的变化	可能生成危险性混合物,发生火灾、静电、腐蚀等
部分	输送原料 A 量只达到设备要求的一部分	(1)原料中 A 的成分不足 (2)输送到其他反应器去了	对 A 成分不足和对其他反应器的影响都要进行评价
反向	原料 A 的输送方向变反	反应器满了,压力上升,向管线和泵逆流	原料 A 向外泄漏,应了解其危险性
其它	发生了和输送原料 A 的设计要求完全不同的事件	(1)输送了与原料 A 不同的原料 (2)原料 A 输向别的地方去了 (3)管内原料 A 凝固了	(1)了解有无反应 (2)了解别的地方可能发生的结果

第九章 系统安全分析的其他方法及小结

第一节 原因-后果分析

一、概述

原因-后果分析(Cause Consequence Analysis 缩写为 CCA)是事件树分析和事故树分析结合在一起的分析方法,其模型由事件树和事故树构成。前者逻辑上称为归纳分析法,是一种动态的宏观分析法;后者逻辑上称为演绎分析法,是一种静态的微观分析法。两者各有优缺点,为了充分发挥各自的长处,尽量弥补各自的短处,从而提出了两者结合的分析方法即原因-后果分析法。

二、因果图及其建造过程

1.因果图

事故树分析是了解不希望事件的全部原因(因而称为原因图),而事件树分析则将致命事件未受阻止的发生过程作为事件连锁序列进行分析(称为后果图,或事件序列图)。由于是事件树和事故树的结合,因此,与事故树分析一样,要使用"与"门、"或"门等逻辑门。图 9-1 是某工厂电机过热为初始(因)事件的因果图。

2.建造过程

首先选取一个致命事件作为初始事件,由这一事件开始对于

218

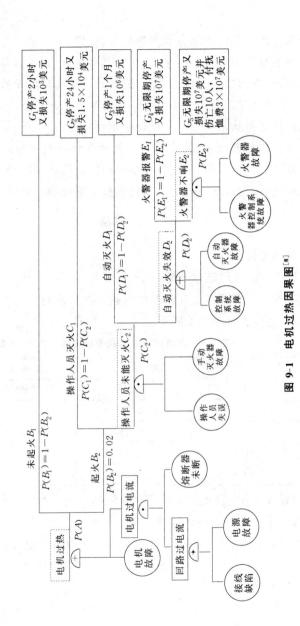

图 9-1 电机过热因果图[8]

该致命事件所引起的大部分后果进行分析,即"后果追踪"。追踪分析由此在系统内引起一系列事件链。在某些场合,事件链可能产生分支,向两个方向发展。例如,工厂起火这一事件可能导致两个事件链:一是导致工厂逐渐被焚毁,另一是触发火灾警报,导致消防队来到。这就是从某一初始条件做出事件树图。

在事件树的基础上,将事件树的初始条件和失败的环节事件作为事故树的顶上事件,分别做出事故树图。最后,根据需要和取得的数据进行定性或定量分析,得到对整个系统的安全评价。

三、分析与评价

1.基本数据

现以图 9-1 为例进行分析。电机过热可能引起 5 种后果($G_1 \sim G_5$),这 5 种后果在图 9-1 右侧方框内做了扼要说明。关于各种后果的损失,经分析如表 9-1 所示。

表 9-1 电机过热各种后果的损失 单位:美元

后果	直 接 损 失	停 工 损 失	总 损 失 S_i
G_1	10^3	2×10^3	3×10^3
G_2	1.5×10^4	2.4×10^4	3.9×10^4
G_3	10^6	7.44×10^5	1.744×10^6
G_4	10^7	10^7	2×10^7
G_5	4×10^7	10^7	5×10^7

(1)直接损失。直接损失是指直接烧坏或造成的财产损失。对于 G_5 则包括人员伤亡的抚恤费。

(2)停工损失。停工损失是指每停工 1 小时估计损失 1 000 美元,G_1 停工 2 小时,G_2 停工 1 天,G_3 停工 1 个月,G_4、G_5 均无限期停工,其损失约 10^7 美元。

为计算初始事件和各失败环节事件的发生概率,表 9-2 给出了有关数据。

表 9-2　各事件的有关数据

事 件	有 关 数 据
A	A 发生概率 $P(A)=0.088/6$ 个月(电机大修周期为 6 个月)
B_2	起火概率 $P(B_2)=0.02$(过热条件下)
C_2	操作人员失误概率 $P(X_5)=0.1$ 手动灭火器故障 X_6: $\lambda_6=10^{-4}$/小时 $T_6=730$ 小时(T_6 为手动灭火器的试验周期)
D_2	自动灭火控制系统故障 X_7: $\lambda_7=10^{-5}$/小时,$T_7=4\,380$ 小时 自动灭火器故障 X_8: $\lambda_8=10^{-5}$/小时,$T_8=4\,380$ 小时
E_2	火警控制系统故障 X_9: $\lambda_9=5\times10^{-5}$/小时,$T_9=2\,190$ 小时 火警器故障 X_{10}: $\lambda_{10}=10^{-5}$/小时,$T_{10}=2\,190$ 小时

2. 后果事件的概率计算

根据图 9-1 的关系和表 9-2 中数据,计算各后果事件的发生概率。

(1)后果事件 G_1 的发生概率:

$$P(G_1)=P(A)P(B_1)=P(A)[1-P(B_2)]$$
$$=0.088\times(1-0.02)=0.086/6 \text{ 个月}$$

即 6 个月内电机过热但未引起火灾的可能性为 0.086。

(2)后果事件 G_2 的发生概率:

$$P(G_2)=P(A)P(B_2)P(C_1)$$
$$=P(A)P(B_2)[1-P(C_2)]$$

C_2 事件的发生概率:由于 C_2 事件(操作人员未能灭火)是由

221

两个独立事件操作人员失误和手动灭火器故障组成，并用"或"门连接，故用下式计算：

$$P(G_2)=P(X_5+X_6)$$
$$=P(X_5)+P(X_6)-P(X_5)P(X_6)$$

已知：$P(X_5)=0.1$，$P(X_6)$是手动灭火器故障概率。根据表9-2，手动灭火器的试验周期为730小时，考虑到现场实际情况，需要乘系数，系数取0.5，即$T_6=365$小时。处于试验间隔中的手动灭火器相当于不可修复部件，其发生概率为：

$$P(X_6)=\lambda_6 T_6=10^{-4}\times365=3.65\times10^{-2}$$

所以 $P(C_2)=0.1+3.65\times10^{-2}-0.1\times3.65\times10^{-2}$
$$=0.132\ 85$$

所以 $P(G_2)=P(A)P(B_2)[1-P(C_2)]$
$$=0.088\times0.02\times(1-0.132\ 85)$$
$$=0.001\ 526/6\ \text{个月}$$

（3）后果事件G_3的发生概率：

$$P(G_3)=P(A)P(B_2)P(C_2)P(D_1)$$
$$=P(A)P(B_2)P(C_2)[1-P(D_2)]$$

D_2事件的发生概率：由于D_2事件也是由两个独立事件控制系统故障和自动灭火器故障组成，其逻辑关系用"或"门连接，与上述$P(C_2)$一样，用下式计算：

$$P(D_2)=P(X_7+X_8)$$
$$=P(X_7)+P(X_8)-P(X_7)P(X_8)$$

$P(X_7)$是自动灭火控制系统的故障概率，根据表9-2，其自动灭火控制系统的试验周期为4380小时，同C_2的理由，取系数为0.5，即$T_7=2\ 190$小时，其发生概率为：

$$P(X_7)=\lambda_7 T_7=10^{-5}\times219\ 0=2.19\times10^{-2}$$

$P(X_8)$是自动灭火器的故障概率，根据表9-2，其试验周期为4 380小时，取系数为0.5，即$T_8=2\ 190$小时，其发生概率为：

222

$$P(X_8) = \lambda_8 T_8 = 10^{-5} \times 2\,190 = 2.19 \times 10^{-2}$$

所以 $P(D_2) = 2.19 \times 10^{-2} + 2.19 \times 10^{-2}$

$$\qquad\qquad - 2.19 \times 10^{-2} \times 2.19 \times 10^{-2}$$

$$\qquad = 4.38 \times 10^{-2} - 4.796 \times 10^{-4}$$

$$\qquad = 4.33 \times 10^{-3}$$

所以 $P(G_3) = P(A)P(B_2)P(C_2)[1 - P(S_2)]$

$$\qquad = 0.088 \times 0.02 \times 0.132\,85 \times (1 - 0.004\,3)$$

$$\qquad = 0.000\,223\,6$$

$$\qquad = 2.236 \times 10^{-4}/6 \text{ 个月}$$

(4)后果事件 G_4 的发生概率：

$$P(G_4) = P(A)P(B_2)P(C_2)P(D_2)P(E_1)$$

$$\qquad = P(A)P(B_2)P(C_2)P(D_2)[1 - P(E_2)]$$

同理，

$$P(E_2) = P(X_9) + P(X_{10}) - P(X_9)P(X_{10})$$

$$P(X_9) = \lambda_9 T_9 = \lambda_9 (T_9/2)$$

$$\qquad = 5 \times 10^{-5} \times 1\,095 = 0.054\,75$$

$$P(X_{10}) = \lambda_{10} T_{10} = \lambda_{10}(T_{10}/2)$$

$$\qquad = 10^{-5} \times 1\,095$$

$$\qquad = 0.010\,95$$

所以 $P(E_2) = 0.054\,75 + 0.010\,95 - 0.054\,75 \times 0.010\,95$

$$\qquad = 0.065\,1$$

所以 $P(G_4) = P(A)P(B_2)P(C_2)P(D_2)[1 - P(E_2)]$

$$\qquad = 0.088 \times 0.02 \times 0.132\,85 \times 0.043\,32$$

$$\qquad\quad \times (1 - 0.065\,1)$$

$$\qquad = 0.000\,009\,47$$

$$\qquad = 9.47 \times 10^{-6}/6 \text{ 个月}$$

(5)后果事件 G_5 的发生概率：

$$P(G_5) = P(A)P(B_2)P(C_2)P(D_2)P(E_2)$$

由于式中各事件的概率均为已知,故直接把数代入上式即可,得:

$$P(G_5) = 0.088 \times 0.02 \times 0.132\,85$$
$$\times 0.044\,32 \times 0.065\,1$$
$$= 0.000\,000\,659$$
$$= 6.59 \times 10^{-7}/6 个月$$

3. 求各种后果事件的风险率(损失率)

风险率(R)的定义是:发生概率(P)×严重度(S),即

$$R_i = P_i S_i \tag{9-1}$$

根据式(9-1)和表 9-1 中的总损失(S_i)及上述计算得出的各后果事件的概率,计算出各后果事件的风险率见表 9-3。

表 9-3　各种后果事件的风险率

后果事件	风险率(美元/6个月)
G_1	258
G_2	59.52
G_3	390.11
G_4	189.38
G_5	32.95
累计	929.96 美元/6个月=1859.92 美元/年

4. 评价

评价采用法默风险评价图,该图用一条曲线将坐标平面分为两个区域,右上方是高风险的禁区,左下方为可以允许的低风险区,因此,这条曲线称为等风险线,可作为一种安全标准。

根据表 9-3 中数据可画出电机过热各种后果的风险评价图,见图 9-2。

从评价图中可看出,这个系统除 G_3 以外都达到了安全要求,

不需再调整。至于 G_3 则
应对有关安全设施或系
统本身重新进行安全性
分析,提出相应措施,使
其降至等风险线以下。
但从整体考虑,各后果
事件的风险率总和不超
过 1 000 美元/6 个月为
允许的风险率的话,可
认为此系统及其安全设
施是可以接受的,或称
其为安全的。

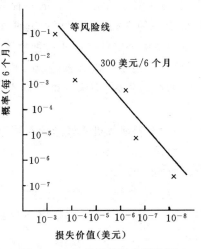

图 9-2　电机过热的风险评价图

第二节　共同原因故障分析

一、概述

共同原因分析(Common Cause Analysis 缩写为 CCA),亦称共同原因故障分析(CCFA),或共同模式分析(CMFA),是故障模式及影响分析和事故树分析的补充方法。故障模式及影响分析的缺点是以单一输入的故障模式为出发点,尤其是以部件(硬件)的故障模式为分析重点,这就可能产生局限性,而忽视了其他系统、环境、人员因素的影响,因而可能造成重大疏忽。在这方面,事故树分析比故障模式及影响分析稍好些,但它们是属于同一类方法,因此,仅有程度上的差别。

假设任何一个元件的故障与其他所有元件的故障无关,有时在实际分析时会发现,系统故障常常高于使用这种独立假设的预测值,这是在实际系统中存在的一种共同模式的故障。这种故障会导致由于一种共同的原因而引起两个或两个以上元件的同时停运。下面举两个实例来说明这种故障。

(1)核电站中一次火警造成工作冷却水系统和事故备用冷却水系统的同时失效,因为这两个供水系统的水泵安装在同一泵房内。

(2)一架轻便飞机坠毁造成双回路输电线路的失效,因为这两条线路架设在同一杆塔上。

对第一个例子来说,应当从设计上使系统不致发生这种共同模式故障。安全评价的重要任务之一就是要识别这种事件和它发生的故障。如果这种事件的概率不能容许,则应对系统重新进行设计。

对第二个例子,也许由于环境条件不得不容许这种共同模式故障,迫使设计人员不得不采用同杆或并行架设线路。这时安全评价的作用就是判别这种事件的后果,以确定需要采取什么措施使其影响降至最小。

共同原因故障分析虽有多种称谓,但其基本含义是:共同原因故障是具有单一外部原因而引起多重故障效应的事件,而且这些多重故障之间没有相互因果关系。例如,在某 X 射线胶片工厂,有时产生整批的不良产品,其原因曾一度不详。后来才弄清楚,这是某国进行核试验后沉降在大地上的放射性微粒所致。这些放射线微粒通过空调机过滤器漏入室内,使胶片受污染,这就是共同原因。

二、共同原因和基本事件

从第六章图 6-12 可知,引起部件失效的原因来自下列四个根源:①老化;②工厂人员;③系统环境;④系统各部件。每类根源所包含的共同原因的数量是很大的,这些共同原因还可以进一步分成子类。例如,管道系统中的"水锤"和"管道抖动"可列入"冲击"类。表 9-4 列举了某些类型和实例。

表 9-4 共同原因类型和实例[34]

根 源	类 型	实 例
环境、系统各部件或子系统	冲击	导管抖动、水锤现象、导弹发射、地震、结构破坏
	振动	运动中的机械、地震
	压力	爆炸、系统中的状态变化(泵速过大、流道堵塞)
	尘埃	尘埃、脏物、金属屑、粉尘、可动部分的磨屑
	应力	不同金属焊接部位的热应力、机械应力、高传导率和热流密度引起的弯矩和热应力
	温度	火灾、落雷、焊接设备、冷却系统的故障、电气系统短路
	丧失能源	共轴驱动、同一电源
	校准	校准规程印错
	制造人员	重复制造误差、加工粗劣、运输损坏
工厂人员	安装承包商	相同的子承包商或工作人员
	操作员或操作	操作员丧失劳动能力或负担过重,操作程序有误
	试验程序	程序有误,它可以影响正常情况下所有同时做试验的部件
老化	老化	同样材料制成的部件

对每一种共同原因,都应找出所有受它影响而发生的基本事件。这时,要找出每一个共同原因的影响区域以及受影响的基本事件与部件的具体部位。某些共同原因的影响区域是有限的,在此区域之外的基本事件不受其影响。

第三节 系统安全分析方法小结

系统安全分析方法很多,见诸有关文献的就多达数十种,本书介绍的常用方法共 10 种。为了便于读者掌握和灵活地应用,有必要做如下小结。

一、系统安全分析方法分类

1. 按逻辑思维方法分

按逻辑思维方法可将系统安全方法分为两大类:归纳法和演绎法。归纳法就是从个别情况出发,推出一般结论。考虑一个系统,如果我们假定一个特定故障或初始条件,并且想要查明这一故障或初始条件对系统运行的影响,那么我们就可以调查某些特定元件(部件)的失效是如何影响系统正常运行的。如管子破裂,是如何影响工厂安全的。

演绎法就是从一般到个别的推理。在系统的演绎分析中,我们假定系统本身已经以一定的方式失效,然后要找出哪些系统(或部件)行为模式造成了这种失效,例如,是一连串什么事件使得某车间"火灾"发生。

现按逻辑思维方法分列如下:

$$
\text{归纳法}
\begin{cases}
\text{危险性预先分析} \\
\text{安全检查表} \\
\text{故障模式及影响分析} \\
\text{致命度分析} \\
\text{可操作性研究} \\
\text{共同原因分析}
\end{cases}
$$

$$
\text{演绎法}
\begin{cases}
\text{事故树分析} \\
\text{事件树分析} \\
\text{可靠性工程} \\
\text{原因-后果分析}
\end{cases}
$$

2. 按定性与定量分析方法分

定性的安全分析,是指对影响系统、操作、产品或人身安全的全部因素,进行非数学方法的研究与分析,或对事件只给定"0"或

"1"的分析程序,而"0"或"1"这两个数值的意义只表示事件不发生或发生。在系统安全分析中,一般应先进行定性分析,确定对系统安全的所有影响因素的模式及相互关系,然后再根据需要进行定量分析。

定量分析是在定性分析的基础上,运用数学方法与计算工具,分析事故、故障及其影响因素之间的数量关系和数量变化规律。其目的是对事故或危险发生的概率及风险度进行客观评定。

定性、定量分析分类如下:

$$
\text{定性分析方法}\begin{cases}\text{危险性预先分析}\\ \text{安全检查表}\\ \text{可操作性研究}\\ \text{共同原因分析}\\ \text{故障模式影响分析}\end{cases}
$$

$$
\text{定量分析方法}\begin{cases}\text{事故树分析}\\ \text{事件树分析}\\ \text{原因-后果分析}\\ \text{致命度分析}\\ \text{可靠性工程}\end{cases}
$$

在上列分类中,有的方法既可做定性分析,又可做定量分析,如事故树、事件树、原因-后果分析等。

3. 按静、动态特性分

根据分析方法能否反映出时间历程和环境变化因素,可分为静态分析法、动态分析法两种。动态分析有事件树分析、原因-后果分析,其他均为静态分析法。

二、各种分析方法的特点及适用范围

各种分析方法都是根据对危险性的分析、预测以及特定的评价需要而研究开发的,因此,它们都各有自己的特点和一定的适用范围。下面就本书介绍的各种分析方法的特点及适用范围做一简略介绍。

1. 危险性预先分析

确定系统的危险性,尽量防止采用不安全的技术路线,使用危险性的物质、工艺和设备。其特点是把分析工作做在行动之前,避免由于考虑不周而造成损失,当然在系统运转周期的其他阶段,如检修后开车、制定操作规程、技术改造之后、使用新工艺等情况,都可以采用这种方法。

2. 安全检查表

按照一定方式(检查表)检查设计、系统和工艺过程,查出危险性所在。方法简单,用途广泛,没有任何限制。

3. 故障模式及影响分析

以硬件为对象,对系统中的元件进行逐个研究,查明每个元件的故障模式,然后再进一步查明每个故障模式对子系统以至系统的影响。本方法易于理解,不用数学,是广泛采用的标准化方法。但一般用于考虑非危险性失效,费时较多,而且一般不能考虑人、环境和部件之间相互关系等因素。主要用于设计阶段的安全分析。

4. 致命度分析

确定系统中每个元件发生故障后造成多大程度的严重性,按其严重度定出等级,以便改进系统性能。本法用于各类系统、工艺过程、操作程序和系统中的元件,是较完善的标准方法,易于理解,不用数学,但需要在故障模式及影响分析之后进行,与故障模式及影响分析一样,不能包含人和环境及部件之间相互作用等因素。

5. 事故树分析

由不希望事件(顶上事件)开始,找出引起顶上事件的各种失效的事件及其组合。最适用于找出各种失效事件之间的关系,即寻找系统失效的可能方式。本法可包含人、环境和部件之间相互作用等因素,加上简明、形象化的特点,因此,已成为安全系统工程的主要分析方法,但需要一定的数学知识。

6.事件树分析

由初始(希望或不希望)的事件出发,按照逻辑推理推论其发展过程及结果,即由此引起的不同事件链。本法广泛用于各种系统,能够分析出各种事件发展的可能结果,是一种动态的宏观分析方法,但不能分析平行产生的后果,不适用于详细分析。

7.可靠性工程

可靠性工程的任务是研究系统或设备在设计、生产和使用的各个阶段,定性定量分析、控制、评价和改善系统或设备的可靠性。因此,安全性和系统可靠性是紧密相关的,是故障模式及影响分析和事故树分析方法的理论基础。

8.可操作性研究

研究工艺状态参数的变动,以及操作控制中偏差的影响及其发生的原因。其特点是由中间的状态参数的偏差开始,分别向下找原因,向上判明其后果,因此,是故障模式及影响分析和事故树分析方法的引伸,具有二者的优点,适用于流体或能量的流动情况分析,特别是大型化工企业。

9.原因-后果分析

本法是事件树分析和事故树分析方法的结合,从某一初始条件出发,向前用事件树(后果树)分析,向后用事故树分析,兼有二者的优缺点。本法很灵活,可以包罗一切可能性,易于文件化,可以简明地表示因果关系。

10.共同原因分析

共因失效是一种相依失效事件,避免了故障模式及影响分析仅从单一输入的故障模式的缺点,因此,是故障模式及影响分析和事故树分析方法的补充。

三、方法选用的几点看法

在本节各种分析方法的特点及应用范围中已谈及这个问题，为了正确地选用，下面再提几条原则，作为选用方法时参考。

（1）首先可进行初步的、定性的综合分析，如用危险性预先分析、安全检查表、共同原因分析等，得出定性的概念，然后根据危险性大小，再进行详细的分析。

（2）根据分析对象和要求的不同，选用相应的分析方法。如分析对象是硬件（如设备等），可选用故障模式及影响分析、致命度分析或事故树分析，如是工艺流程中的工艺状态参数变化，则选用可操作性研究。

（3）如果对新建或改造的项目或限定的目标进行分析，可选用静态分析法；如果对运动状态和过程进行分析，则可选用动态分析方法。

（4）如果对系统需要精确评价，则可选用定量分析方法，如事故树分析、事件树分析、原因-后果分析、致命度分析等方法。

（5）应该注意，在做安全分析时，使用单一方法往往不能得到满意的结果，需要用其他方法弥补其不足。

第十章 重大事故后果分析

对一种可能发生的事故只有知道其后果时,对其危险性分析才算是完整的。换句话讲,后果分析是危险源危险性分析的一个主要组成部分,其目的在于定量地描述一个可能发生的重大事故对工厂、对厂内职工、对厂外居民甚至对环境造成危害的严重程度。分析结果为企业或企业主管部门提供关于重大事故后果的信息,为企业决策者和设计者提供关于决策采取何种防护措施的信息,如防火系统、报警系统或减压系统等的信息,以达到减轻事故影响的目的。

火灾、爆炸、中毒是常见的重大事故,经常造成严重的人员伤亡和巨大的财产损失,影响社会安定。本章重点介绍有关火灾、爆炸和中毒事故后果分析(热辐射、爆炸波、中毒),在分析过程中要运用数学模型。通常一个复杂的问题或现象用数学来描述模型,往往是在一个系列的假设前提下按理想的情况建立的,有些模型经过小型试验的验证,有的则可能与实际情况有较大出入,但对辨识危险性来说是可参考的。

第一节 泄漏

由于设备损坏或操作失误引起泄漏从而大量释放易燃、易爆、有毒有害物质,将会导致火灾、爆炸、中毒等重大事故发生。因此,后果分析由泄漏开始。

一、泄漏情况分析

1. 泄漏的主要设备

根据各种设备泄漏情况分析,可将工厂(特别是化工厂)中易发生泄漏的设备分类,通常归纳为:管道、挠性连接器、过滤器、阀门、压力容器或反应器、泵、压缩机、储罐、加压或冷冻气体容器及火炬燃烧装置或放散管等十类。参考文献[43]、[44]规定了各类设备的典型损坏情况及裂口尺寸,供后果分析时参考。

(1)管道。它包括管道、法兰和接头,其典型泄漏情况和裂口尺寸分别取管径的20%～100%、20%和20%～100%。

(2)挠性连接器。它包括软管、波纹管和铰接器,其典型泄漏情况和裂口尺寸为:①连接器本体破裂泄漏,裂口尺寸取管径的20%～100%;②接头泄漏,裂口尺寸取管径的20%;③连接装置损坏而泄漏,裂口尺寸取管径的100%。

(3)过滤器。它由过滤器本体、管道、滤网等组成,其典型泄漏情况和裂口尺寸分别取管径的20%～100%和20%。

(4)阀。其典型泄漏情况和裂口尺寸为:①阀壳体泄漏,裂口尺寸取管径的20%～100%;②阀盖泄漏,裂口尺寸取管径的20%;③阀杆损坏泄漏,裂口尺寸取管径的20%。

(5)压力容器、反应器。包括化工生产中常用的分离器、气体洗涤器、反应釜、热交换器、各种罐和容器等。其常见泄漏情况和裂口尺寸为:①容器破裂而泄漏,裂口尺寸取容器本身尺寸;②容器本体泄漏,裂口尺寸取与其连接的粗管道管径的100%;③孔盖泄漏,裂口尺寸取管径的20%;④喷嘴断裂而泄漏,裂口尺寸取管径的100%;⑤仪表管路破裂泄漏,裂口尺寸取管径的20%～100%;⑥容器内部爆炸,全部破裂。

(6)泵。其典型泄漏情况和裂口尺寸为:①泵体损坏泄漏,裂口尺寸取与其连接管径的20%～100%;②密封压盖处泄漏,裂口尺寸取管径的 20％。

(7)压缩机。包括离心式、轴流式和往复式压缩机,其典型泄漏情况和裂口尺寸为:①压缩机机壳损坏而泄漏,裂口尺寸取与其连接管道管径的 20％～100％;②压缩机密封套泄漏,裂口尺寸取管径的 20％。

(8)储罐。露天储存危险物质的容器或压力容器,也包括与其连接的管道和辅助设备,其典型泄漏情况和裂口尺寸为:①罐体损坏而泄漏,裂口尺寸为本体尺寸;②接头泄漏,裂口尺寸为与其连接管道管径的 20％～100％;③辅助设备泄漏,酌情确定裂口尺寸。

(9)加压或冷冻气体容器。包括露天或埋地放置的储存器、压力容器或运输槽车等,其典型泄漏情况和裂口尺寸为:①露天容器内部气体爆炸使容器完全破裂,裂口尺寸取本体尺寸;②容器破裂而泄漏,裂口尺寸取本体尺寸;③焊接点(接管)断裂泄漏,取管径的 20％～100％。

(10)火炬燃烧器或放散管。它们包括燃烧装置、放散管、多通接头、气体洗涤器和分离罐等,泄漏主要发生在筒体和多通接头部位。裂口尺寸取管径的 20％～100％。

2.造成泄漏的原因

从人-机系统来考虑造成各种泄漏事故的原因主要有四类:

(1)设计失误:①基础设计错误,如地基下沉,造成容器底部产生裂缝,或设备变形、错位等;②选材不当,如强度不够、耐腐蚀性差、规格不符等;③布置不合理,如压缩机和输出管没有弹性连接,因振动而使管道破裂;④选用机械不合适,如转速过高、耐温耐压性能差等;⑤选用计测仪器不合适;⑥储罐、贮槽未加液位计,反应器(炉)未加溢流管或放散管等。

(2)设备原因:①加工不符合要求,或未经检验擅自采用代用材料;②加工质量差,特别是不具备操作证的焊工焊接质量差;③

施工和安装精度不高,如泵和电机不同轴、机械设备不平衡、管道连接不严密等;④选用的标准定型产品质量不合格;⑤对安装的设备没有按《机械设备安装工程及验收规范》进行验收;⑥设备长期使用后未按规定检修期进行检修,或检修质量差造成泄漏;⑦计测仪表未定期校验,造成计量不准;⑧阀门损坏或开关泄漏,又未及时更换;⑨设备附件质量差,或长期使用后材料变质、腐蚀或破裂等。

(3)管理原因:①没有制定完善的安全操作规程;②对安全漠不关心,已发现的问题不及时解决;③没有严格执行监督检查制度;④指挥错误,甚至违章指挥;⑤让未经培训的工人上岗,知识不足,不能判断错误;⑥检修制度不严,没有及时检修已出现故障的设备,使设备带病运转。

(4)人为失误:①误操作,违反操作规程;②判断错误,如记错阀门位置而开错阀门;③擅自脱岗;④思想不集中;⑤发现异常现象不知如何处理。

3. 泄漏后果

泄漏一旦出现,其后果不单与物质的数量、易燃性、毒性有关,而且与泄漏物质的相态、压力、温度等状态有关。这些状态可有多种不同的结合,在后果分析中,常见的可能结合有四种:①常压液体;②加压液化气体;③低温液化气体;④加压气体。

泄漏物质的物性不同,其泄漏后果也不同。

1)可燃气体泄漏

可燃气体泄漏后与空气混合达到燃烧极限时,遇到引火源就会发生燃烧或爆炸。泄漏后起火的时间不同,泄漏后果也不相同。

(1)立即起火。可燃气体从容器中往外泄出时即被点燃,发生扩散燃烧,产生喷射性火焰或形成火球,它能迅速地危及泄漏现场,但很少会影响到厂区的外部。

(2)滞后起火。可燃气体泄出后与空气混合形成可燃蒸气云团,并随风飘移,遇火源发生爆燃或爆炸,能引起较大范围的破坏。

2)有毒气体泄漏

有毒气体泄漏后形成云团在空气中扩散,有毒气体的浓密云团将笼罩很大的空间,影响范围大。

3)液体泄漏

一般情况下,泄漏的液体在空气中蒸发而生成气体,泄漏后果与液体的性质和贮存条件(温度、压力)有关。

(1)常温常压下液体泄漏。这种液体泄漏后聚集在防液堤内或地势低洼处形成液池,液体由于池表面风的对流而缓慢蒸发,若遇引火源就会发生池火灾。

(2)加压液化气体泄漏。一些液体泄漏时将瞬时蒸发,剩下的液体将形成一个液池,吸收周围的热量继续蒸发。液体瞬时蒸发的比例决定于物质的性质及环境温度。有些泄漏物可能在泄漏过程中全部蒸发。

(3)低温液体泄漏。这种液体泄漏时将形成液池,吸收周围热量蒸发,蒸发量低于加压液化气体的泄漏量,高于常温常压下液体泄漏量。

无论是气体泄漏还是液体泄漏,泄漏量的多少都是决定泄漏后果严重程度的主要因素,而泄漏量又与泄漏时间长短有关。

二、泄漏量的计算

当发生泄漏的设备的裂口是规则的,而且裂口尺寸及泄漏物质的有关热力学、物理化学性质及参数已知时,可根据流体力学中的有关方程式计算泄漏量。当裂口不规则时,可采取等效尺寸代替;当遇到泄漏过程中压力变化等情况时,往往采用经验公式计算。

1.**液体泄漏量**

液体泄漏速度可用流体力学的柏努利方程计算,其泄漏速度为：

$$Q_o = C_d A \rho \sqrt{\frac{2(P-P_o)}{\rho} + 2gh}$$ (10-1)

式中，Q_o——液体泄漏速度，kg/s；

C_d——液体泄漏系数，按表 10-1 选取；

A——裂口面积，m^2；

ρ——泄漏液体密度，kg/m^3；

P——容器内介质压力，Pa；

P_o——环境压力，Pa；

g——重力加速度，$9.8m/s^2$；

h——裂口之上液位高度，m。

表 10-1　液体泄漏系数 C_d

雷诺数（R_e）	裂 口 形 状		
	圆型（多边型）	三角型	长方型
＞100	0.65	0.60	0.55
≤100	0.50	0.45	0.40

对于常压下的液体泄漏速度，取决于裂口之上液位的高低；对于非常压下的液体泄漏速度，主要取决于窗口内介质压力与环境压力之差和液位高低。

当容器内液体是过热液体，即液体的沸点低于周围环境温度，液体流过裂口时由于压力减小而突然蒸发。蒸发所需热量取自于液体本身，而容器内剩下的液体温度将降至常压沸点。在这种情况下，泄漏时直接蒸发的液体所占百分比 F 可按下式计算：

$$F = C_p \frac{T - T_o}{H}$$ (10-2)

式中，C_p——液体的定压比热，$J/kg \cdot K$；

T——泄漏前液体的温度，K；

T_o——液体在常压下的沸点，K；

238

H——液体的气化热，J/kg。

按式(10-2)计算的结果，几乎总是在 0~1 之间。事实上，泄漏时直接蒸发的液体将以细小烟雾的形式形成云团，与空气相混合而吸收热蒸发。如果空气传给液体烟雾的热量不足以使其蒸发，由一些液体烟雾将凝结成液滴降落到地面，形成液池。根据经验，当 $F>0.2$ 时，一般不会形成液池；当 $F<0.2$ 时，F 与带走液体之比，有线性关系，即当 $F=0$ 时，没有液体带走(蒸发)；当 $F=0.1$ 时，有 50% 的液体被带走。

2. 气体泄漏量

气体从裂口泄漏的速度与其流动状态有关。因些，计算泄漏量时首先要判断泄漏时气体流动属于音速还是亚音速流动，前者称为临界流，后者称为次临界流。

当下式成立时，气体流动属音速流动：

$$\frac{P_o}{P} \leqslant \left(\frac{2}{k+1}\right)^{\frac{k}{k-1}} \tag{10-3}$$

当下式成立时，气体流动属亚音速流动：

$$\frac{P_o}{P} > \left(\frac{2}{k+1}\right)^{\frac{k}{k-1}} \tag{10-4}$$

式中，P_o、P——符号意义同前；

k——气体的绝热指数，即定压比热 C_p 与定容比热 C_v 之比。

气体呈音速流动时，其泄漏量为：

$$Q_o = C_d AP \sqrt{\frac{Mk}{RT}\left(\frac{2}{k+1}\right)^{\frac{k+1}{k-1}}} \tag{10-5}$$

气体呈亚音速流动时，其泄漏量为：

$$Q_o = YC_d AP \sqrt{\frac{Mk}{RT}\left(\frac{2}{k+1}\right)^{\frac{k+1}{k-1}}} \tag{10-6}$$

上两式中，C_d——气体泄漏系数，当裂口形状为圆形时取 1.00，三角形时取 0.95，长方形时取 0.90；

Y——气体膨胀因子，它由下式计算：

$$Y = \sqrt{\left(\frac{1}{k-1}\right)\left(\frac{k+1}{2}\right)^{\frac{k+1}{k-1}}\left(\frac{P}{P_o}\right)^{\frac{2}{k}}\left[1-\left(\frac{P_o}{P}\right)^{\frac{k-1}{k}}\right]} \qquad (10\text{-}7)$$

M——分子量；

ρ——气体密度，kg/m^3；

R——气体常数，$J/mol \cdot K$；

T——气体温度，K。

当容器内物质随泄漏而减少或压力降低而影响泄漏速度时，泄漏速度的计算比较复杂。如果流速小或时间短，在后果计算中可采用最初排放速度，否则应计算其等效泄漏速度。

3. 两相流泄漏量

在过热液体发生泄漏时，有时会出现气、液两相流动。均匀两相流的泄漏速度可按下式计算：

$$Q_o = C_d A \sqrt{2\rho(P-P_c)} \qquad (10\text{-}8)$$

式中，Q_o——两相流泄漏速度，kg/s；

C_d——两相流泄漏系数，可取 0.8；

A——裂口面积，m^2；

P——两相混合物的压力，Pa；

P_c——临界压力，Pa，可取 $P_c = 0.55\ Pa$；

ρ——两相混合物的平均密度，kg/m^3，它由下式计算：

$$\rho = \frac{1}{\dfrac{F_v}{\rho_1} + \dfrac{1-F_v}{\rho_2}} \qquad (10\text{-}9)$$

这里，ρ_1——液体蒸发的蒸气密度，kg/m^3；

ρ_2——液体密度，kg/m^3；

F_v——蒸发的液体占液体总量的比例，它由下式计算：

$$F_v = \frac{C_p(T-T_c)}{H} \qquad (10\text{-}10)$$

这里，C_p——两相混合物的定压比热，$J/kg \cdot K$；

T——两相混合物的温度,K;

T_c——临界温度,K;

H——液体的气化热,J/kg。

当 $F_v > 1$ 时,表明液体将全部蒸发成气体,这时应按气体泄漏公式计算;如果 F_v 很小,则可近似地按液体泄漏公式计算。

三、泄漏后的扩散

如前所述,泄漏物质的特性多种多样,而且还受原有条件的强烈影响,但大多数物质从容器中泄漏出来后,都将发展成弥散的气团向周围空间扩散。对可燃气体若遇到引火源会着火。这里仅讨论气团原形释放的开始形式,即液体泄漏后扩散、喷射扩散和绝热扩散。关于气团在大气中的扩散属环境保护范畴,在此不予考虑。

1. 液体的扩散

液体泄漏后立即扩散到地面,一直流到低洼处或人工边界,如防火堤、岸墙等,形成液池。液体泄漏出来不断蒸发,当液体蒸发速度等于泄漏速度时,液池中的液体量将维持不变。

如果泄漏的液体是低挥发度的,则从液池中蒸发量较少,不易形成气团,对厂外人员没有危险;如果着火则形成池火灾;如果渗透进土壤,有可能对环境造成影响。如果泄漏的是挥发性液体或低温液体,泄漏后液体蒸发量大,大量蒸发在液池上面后会形成蒸气云,并扩散到厂外,对厂外人员有影响。

1)液池面积

如果泄漏的液体已达到人工边界,则液池面积即为人工边界围成的面积。如果泄漏的液体未达到人工边界,则可假设液体的泄漏点为中心呈扁圆柱形在光滑平面上扩散,这时液池半径 r 用下式计算:

(1)瞬时泄漏(泄漏时间不超过 30 s)时,

$$r = (\frac{8gm}{\pi\rho})^{\frac{1}{4}} \cdot t^{\frac{1}{2}} \qquad (10\text{-}11)$$

(2)连续泄漏(泄漏持续 10 min 以上)时,

$$r = (\frac{32gmt^3}{\pi\rho})^{\frac{1}{4}} \qquad (10\text{-}12)$$

上述两式中,r——液池半径,m;

　　　　m——泄漏的液体量,kg;

　　　　g——重力加速度,9.8m/s^2;

　　　　P——设备中液体压力,Pa;

　　　　t——泄漏时间,s。

2)蒸发量

液池内液体蒸发按其机理可分为闪蒸、热量蒸发和质量蒸发三种,下面分别介绍。

(1)闪蒸:过热液体泄漏后由于液体的自身热量而直接蒸发称为闪蒸。发生闪蒸时液体蒸发速度 Q_1 可由下式计算:

$$Q_1 = F_v \cdot m/t \qquad (10\text{-}13)$$

式中,F_v——直接蒸发的液体与液体总量的比例;

　　　　m——泄漏的液体总量,kg;

　　　　t——闪蒸时间,s。

(2)热量蒸发:当 $F_v < 1$ 或 $Qt < m$ 时,则液体闪蒸不完全,有一部分液体在地面形成液池,并吸收地面热量而气化称为热量蒸发,其蒸发速度 Q_1 按下式计算:

$$Q_1 = \frac{KA_1(T_o - T_b)}{H\sqrt{\pi\alpha t}} + \frac{KN_uA_1}{HL}(T_o - T_b) \qquad (10\text{-}14)$$

式中,A_1——液池面积,m^2;

　　　　T_o——环境温度,K;

　　　　T_b——液体沸点,K;

　　　　H——液体蒸发热,J/kg;

242

L——液池长度,m;

α——热扩散系数,$\mathrm{m^2/s}$,见表 10-2;

K——导热系数,$\mathrm{J/m \cdot K}$,见表 10-2;

t——蒸发时间,s;

N_u——努舍尔特(Nusselt)数。

表 10-2　某些地面的热传递性质

地面情况	$K(\mathrm{J/m \cdot K})$	$\alpha(\mathrm{m^2/s})$
水泥	1.1	1.29×10^{-7}
土地(含水 8%)	0.9	4.3×10^{-7}
干涸土地	0.3	2.3×10^{-7}
湿地	0.6	3.3×10^{-7}
砂砾地	2.5	11.0×10^{-7}

（3）质量蒸发:当地面传热停止时,热量蒸发终了,转而由液池表面之上气流运动使液体蒸发称为质量蒸发。其蒸发速度 Q_1 为:

$$Q_1 = \alpha Sh \frac{A}{L} \rho_1 \qquad (10\text{-}15)$$

式中,α——分子扩散系数,$\mathrm{m^2/s}$;

Sh——舍伍德(Sherwood)数;

A——液池面积,$\mathrm{m^2}$;

L——液池长度,m;

ρ_1——液体的密度,$\mathrm{kg/m^3}$。

2. 喷射扩散

气体泄漏时从裂口喷出形成气体喷射。大多数情况下气体直接喷出后,其压力高于周围环境大气压力,温度低于环境温度。在进行喷射计算时,应以等价喷射孔口直径来计算。等价喷射的孔口直径按下式计算:

$$D = D_o \sqrt{\frac{\rho_o}{\rho}} \qquad (10\text{-}16)$$

式中,D——等价喷射孔径,m;

D_o——裂口孔径,m;

ρ_o——泄漏气体的密度,kg/m^3;

ρ——周围环境条件下气体的密度,kg/m^3。

如果气体泄漏能瞬间达到周围环境的温度、压力状况,即 $\rho_o=\rho$,则 $D=D_o$。

1)喷射的浓度分布

在喷射轴线上距孔口 x 处的气体浓度 $C(x)$ 为:

$$C(x) = \frac{\dfrac{b_1+b_2}{b_1}}{0.32\dfrac{x}{D}\cdot\dfrac{\rho}{\sqrt{\rho_o}}+1-\rho} \tag{10-17}$$

式中,b_1、b_2——分布函数,其表达式如下:

$$b_1=50.5+48.2\rho-9.95\rho^2$$

$$b_2=23+41\rho$$

其余符号意义同前。

如果把式(10-17)改写成 x 是 $C(x)$ 的函数形式,则给定某浓度值 $C(x)$,就可算出具有该浓度的点至孔口的距离 x。

在过喷射轴线上点 x 且垂直于喷射轴线的平面内任一点处的气体浓度为:

$$\frac{C(x,y)}{C(x)} = e^{-b_2(y/x)^2} \tag{10-18}$$

式中,$C(x,y)$——距裂口距离 x 且垂直于喷射轴线的平面内 Y 点的气体浓度,kg/m^3;

$C(x)$——喷射轴线上距裂口 x 处的气体浓度,kg/m^3;

b_2——分布参数,同前;

y——目标点到喷射轴线的距离,m。

2)喷射轴线上的速度分布

喷射速度随着轴线距离增大而减小,直到轴线上的某一点喷

244

射速度等于风速为止,该点称为临界点,临界点以后的气体运动不再符合喷射规律。沿喷射轴线的速度分布由下式得出:

$$\frac{V(x)}{V_o} = \frac{\rho_o}{\rho} \cdot \frac{b_1}{4} \left[0.32 \frac{x}{D} \cdot \frac{\rho}{\rho_o} + 1 - \rho \right] \left(\frac{D}{x}\right)^2 \qquad (10\text{-}19)$$

式中,ρ_o——泄漏气体的密度,kg/m^3;

$\quad\rho$——周围环境条件下气体的密度,kg/m^3;

$\quad D$——等价喷射孔径,m;

$\quad b_1$——分布参数,同前;

$\quad x$——喷射轴线上距裂口某点的距离,m;

$\quad V(x)$——喷射轴线上距裂口 x 处一点的速度,m/s;

$\quad V_o$——喷射初速,等于气体泄漏时流经裂口时的速度,m/s;

$\qquad$按下式计算:

$$V_o = \frac{Q_o}{C_d \rho \pi \left(\dfrac{D_o}{2}\right)^2} \qquad (10\text{-}20)$$

其中,Q_o——气体泄漏速度,kg/s;

$\quad C_d$——气体泄漏系数;

$\quad D_o$——裂口直径,m。

当临界点处的浓度小于允许浓度(如可燃气体的燃烧下限或有害气体最高允许浓度)时,只需按喷射扩散来分析;若该点浓度大于允许浓度时,则需要进一步分析泄漏气体在大气中扩散的情况。

3.绝热扩散

闪蒸液体或加压气体瞬时泄漏后,有一段快速扩散时间,假定此过程相当快以致在混合气团和周围环境之间来不及热交换,则此扩散称为绝热扩散。

根据 TNO(1979 年)提出的绝热扩散模式,泄漏气体(或液体闪蒸形成的蒸气)的气团呈半球形向外扩散。根据浓度分布情况,把半球分成内外两层,内层浓度均匀分布,且具有 50% 的泄漏量;

外层浓度呈高斯分布,具有另外 50% 的泄漏量。

绝热扩散过程分为两个阶段,第一阶段气团向外扩散至大气压力,在扩散过程中,气团获得动能,称为"扩散能";第二阶段,扩散能再将气团向外推,使紊流混合空气进入气团,从而使气团范围扩大。当内层扩散速度降到一定值时,可以认为扩散过程结束。

1)气团扩散能

在气团扩散的第一阶段,扩散的气体(或蒸气)的内能一部分用来增加动能,对周围大气做功。假设该阶段的过程为可逆绝热过程,并且是等熵的。

(1)气体泄漏扩散能。

根据内能变化得出扩散能计算公式如下:

$$E = C_v(T_1 - T_2) - 0.98P_o(V_2 - V_1) \qquad (10\text{-}21)$$

式中,E——气体扩散能,J;

C_v——定容比热,J/kg·K;

T_1——气团初始温度,K;

T_2——气团压力降至大气压力时的温度,K;

P——环境压力,Pa;

V_1——气团初始体积,m^3;

V_2——气团压力降至大气压力时的体积,m^3。

(2)闪蒸液体泄漏扩散能。

蒸发的蒸气团扩散能可以按下式计算:

$$E = [H_1 - H_2 - T_b(S_1 - S_2)]W - 0.98(P_1 - P_o)V_1 \qquad (10\text{-}22)$$

式中,E——闪蒸液体扩散能,J;

H_1——泄漏液体初始焓,J/kg;

H_2——泄漏液体最终焓,J/kg;

T_b——液体的沸点,K;

S_1——液体蒸发前的熵,J/kg·K;

S_2——液体蒸发后的熵,J/kg·K;

W——液体蒸发量,kg;

P_1——初始压力,Pa;

P_o——周围环境压力,Pa;

V_1——初始体积,m³。

2)气团半径与浓度

在扩散能的推动下气团向外扩散,并与周围空气发生紊流混合。

(1)内层半径与浓度。

气团内层半径 R_1 和浓度 C 是时间函数,表达如下:

$$R_1 = 2.72 \sqrt{k_d \cdot t} \qquad (10\text{-}23)$$

$$C = \frac{0.00597V_o}{\sqrt{(k_d \cdot t)^3}} \qquad (10\text{-}24)$$

式中,t——扩散时间,s;

V_o——在标准温度、压力下气体体积,m³;

k_d——紊流扩散系数,按下式计算:

$$k_d = 0.0137 \sqrt[3]{V_o} \cdot \sqrt{E} \cdot \left[\frac{\sqrt[3]{V_o}}{t\sqrt{E}} \right]^{\frac{1}{4}} \qquad (10\text{-}25)$$

如上所述,当中心扩散速度(dR/dt)降到一定值时,第二阶段才结束。临界速度的选择是随机的且不稳定的。设扩散结束时扩散速度为 1m/s,则在扩散结束时内层半径 R_1 和浓度 C 可按下式计算:

$$R_1 = 0.088\,37E^{0.3}V_o^{\frac{1}{3}} \qquad (10\text{-}26)$$

$$C = 172.95E^{-0.9} \qquad (10\text{-}27)$$

(2)外层半径与浓度。

第二阶段末气团外层的大小可根据试验观察得出,即扩散终

结时外层气团半径 R_2 由下式求得：

$$R_2 = 1.456R_1 \qquad (10\text{-}28)$$

式中，R_1、R_2——分别为气团内层、外层半径，m。

外层气团浓度自内层向外呈高斯分布。

第二节　火灾

易燃、易爆的气体、液体泄漏后遇到引火源就会被点燃而着火燃烧。它们被点燃后的燃烧方式有池火、喷射火、火球和突发火四种。

一、池火

可燃液体(如汽油、柴油等)泄漏后流到地面形成液池，或流到水面并覆盖水面，遇到火源燃烧而成池火。

1.燃烧速度

当液池中的可燃液体的沸点高于周围环境温度时，液体表面上单位面积的燃烧速度 $\dfrac{\mathrm{d}m}{\mathrm{d}t}$ 为：

$$\frac{\mathrm{d}m}{\mathrm{d}t} = \frac{0.001H_c}{C_p(T_b - T_o) + H} \qquad (10\text{-}29)$$

式中，$\mathrm{d}m/\mathrm{d}t$——单位表面积燃烧速度，$\mathrm{kg/m^2 \cdot s}$；

　　　H_c——液体燃烧热，$\mathrm{J/kg}$；

　　　C_p——液体的定压比热，$\mathrm{J/kg \cdot K}$；

　　　T_b——液体的沸点，K；

　　　T——环境温度，K；

　　　H——液体的气化热，$\mathrm{J/kg}$。

当液体的沸点低于环境温度时，如加压液化气或冷冻液化气，其单位面积的燃烧速度 $\mathrm{d}m/\mathrm{d}t$ 为：

$$\frac{\mathrm{d}m}{\mathrm{d}t} = \frac{0.001Hc}{H} \qquad (10\text{-}30)$$

式中符号意义同前。

燃烧速度也可从手册中直接得到。表 10-3 列出了一些可燃液体的燃烧速度。

表 10-3　一些可燃液体的燃烧速度

物质名称	汽油	煤油	柴油	重油	苯	甲苯	乙醚	丙酮	甲醇
燃烧速度 $(\mathrm{kg/m^2 \cdot s})$	92～81	55.11	49.33	78.1	165.37	138.29	125.84	66.36	57.6

2. 火焰高度

设液池为一半径为 r 的圆池子,其火焰高度可按下式计算:

$$h = 84r\left[\frac{\mathrm{d}m/\mathrm{d}t}{\rho_0(2gr)^{\frac{1}{2}}}\right]^{0.6} \qquad (10\text{-}31)$$

式中,h——火焰高度,m;

　　　r——液池半径,m;

　　　ρ_0——周围空气密度,$\mathrm{kg/m^3}$;

　　　g——重力加速度,$9.8\mathrm{m/s^2}$;

　　　$\mathrm{d}m/\mathrm{d}t$——燃烧速度,$\mathrm{kg/m^2 \cdot s}$。

3. 热辐射通量

当液池燃烧时放出的总热辐射通量为:

$$Q = (\pi r^2 + 2\pi rh)\frac{\mathrm{d}m}{\mathrm{d}t} \cdot \eta \cdot H_c \bigg/ \left[72\left(\frac{\mathrm{d}m}{\mathrm{d}t}\right)^{0.61} + 1\right] \qquad (10\text{-}32)$$

式中,Q——总热辐射通量,W;

　　　η——效率因子,可取 $0.13 \sim 0.35$;

其它符号意义同前。

4. 目标入射热辐射强度

假设全部辐射热量由液池中心点的小球面辐射出来,则在距液池中心某一距离(x)处的入射辐射强度为:

$$I = \frac{Qt_c}{4\pi x^2} \qquad (10\text{-}33)$$

式中,I——热辐射强度,W/m^2;

$\quad$ Q——总热辐射通量,W;

$\quad$ t_c——热传导系数,在无相对理想的数据时,可取值为 1;

$\quad$ x——目标点到液池中心距离,m。

二、喷射火

加压的可燃物质泄漏时形成射流,如果在泄漏裂口处被点燃,则形成喷射火。这里所用的喷射火辐射热计算方法是一种包括气流效应在内的喷射扩散模式的扩展。把整个喷射火看成是由沿喷射中心线上的所有几个点热源组成,每个点热源的热辐射通量相等。

点热源的热辐射通量按下式计算:

$$q = \eta Q_o H_c \qquad (10\text{-}34)$$

式中,q——点热源热辐射通量,W;

$\quad$ η——效率因子,可取 0.35;

$\quad$ Q_o——泄漏速度,kg/s;

$\quad$ H_c——燃烧热,J/kg。

从理论上讲,喷射火的火焰长度等于从泄漏口到可燃混合气燃烧下限(LFL)的射流轴线长度。对表面火焰热通量,则集中在 LFL/1.5 处。n 点的划分可以是随意的,对危险评价分析一般取 n = 5 就可以了。

射流轴线上某点热源 i 到距离该点 x 处一点的热辐射强度为:

$$I_i = \frac{q \cdot R}{4\pi x^2} \qquad (10\text{-}35)$$

式中,I_i——点热源 i 至目标点 x 处的热辐射强度,W/m^2;

q——点热源的辐射通量，W；

R——辐射率，可取 0.2；

x——点热源到目标点的距离，m。

某一目标点处的入射热辐射强度等于喷射火的全部点热源对目标的热辐射强度的总和：

$$I = \sum_{i=1}^{n} I_i \qquad (10\text{-}36)$$

式中，n——计算时选取的点热源数，一般取 $n=5$。

三、火球和爆燃

低温可燃液化气体由于过热，容器内压增大，使容器爆炸，内容物释放并被点燃，发生剧烈的燃烧，产生强大的火球，形成强烈的热辐射。

1.火球半径

$$R = 2.665 M^{0.327} \qquad (10\text{-}37)$$

式中，R——火球半径，m；

M——急剧蒸发的可燃物质的质量，kg。

2.火球持续时间

$$t = 1.089 M^{0.327} \qquad (10\text{-}38)$$

式中，t——火球持续时间，s。

3.火球燃烧时释放出的辐射热通量

$$Q = \frac{\eta H_c M}{t} \qquad (10\text{-}39)$$

式中，Q——火球燃烧时辐射热通量，W；

H_c——燃烧热，J/kg；

η——效率因子，取决于容器内可燃物质的饱和蒸气压 P，

$\eta = 0.27 P^{0.32}$；

其它符号同前。

4. 目标接受到的入射热辐射强度

$$I = \frac{QT_c}{4\pi x^2} \qquad (10\text{-}40)$$

式中，T_c——传导系数，保守取值为 1；

x——目标距火球中心的水平距离，m；

其它符号同前。

四、固体火灾

固体火灾的热辐射参数按点源模型估计。此模型认为火焰射出的能量为燃烧的一部分，并且辐射强度与目标至火源中心距离的平方成反比，即

$$q_r = fM_cH_c/(4\pi x^2) \qquad (10\text{-}41)$$

式中，q_r——目标接受到的辐射强度，W/m^2；

f——辐射系数，可取 $f=0.25$；

M_c——燃烧速率，kg/s；

H_c——燃烧热，J/kg；

x——目标至火源中心间的水平距离，m。

五、突发火

泄漏的可燃气体、液体蒸发的蒸气在空中扩散，遇到火源发生突然燃烧而没有爆炸。此种情况下，处于气体燃烧范围内的室外人员将会全部烧死；建筑物内将有部分人被烧死。

突发火后果分析，主要是确定可燃混合气体的燃烧上、下极限的廓线及其下限随气团扩散到达的范围。为此，可按气团扩散模型计算气团大小和可燃混合气体的浓度。

六、火灾损失

火灾通过辐射热的方式影响周围环境，当火灾产生的热辐射

252

强度足够大时,可使周围的物体燃烧或变形,强烈的热辐射可能烧毁设备甚至造成人员伤亡等。

火灾损失估算建立在辐射通量与损失等级的相应关系的基础上。表 10-4 为不同入射通量造成伤害或损失的情况。

表 10-4　热辐射的不同入射通量所造成的损失

入射通量 kW/m^2	对 设 备 的 损 害	对 人 的 伤 害
37.5	操作设备全部损坏	1%死亡/10 s 100%死亡/1 min
25	在无火焰、长时间辐射下,木材燃烧的最小能量	重大损伤/10 s 100%死亡/1 min
12.5	有火焰时,木材燃烧,塑料熔化的最低能量	1 度烧伤/10 s 1%死亡/1 min
4.0		20 s 以上感觉疼痛,未必起泡
1.6		长期辐射无不舒服感

从表中可看出,在较小辐射等级时,致人重伤需要一定的时间,这时人们可以逃离现场或掩蔽起来。

第三节　爆炸

一、简述

爆炸是物质的一种非常急剧的物理、化学变化,也是大量能量在短时间内迅速释放或急剧转化成机械功的现象。它通常是借助于气体的膨胀来实现。

从物质运动的表现形式来看,爆炸就是物质剧烈运动的一种表现。物质运动急剧增速,由一种状态迅速地转变成另一种状态,并在瞬间内释放出大量的能。

一般说来,爆炸现象具有以下特征:①爆炸过程进行得很快;②爆炸点附近压力急剧升高,产生冲击波;③发出或大或小的响声;④周围介质发生震动或邻近物质遭受破坏。

一般将爆炸过程分为两个阶段:第一阶段是物质的能量以一定的形式(定容、绝热)转变为强压缩能;第二阶段强压缩能急剧绝热膨胀对外作功,引起作用介质变形、移动和破坏。

按爆炸性质可分为物理爆炸和化学爆炸。物理爆炸就是物质状态参数(温度、压力、体积)迅速发生变化,在瞬间放出大量能量并对外做功的现象。其特点是在爆炸现象发生过程中,造成爆炸发生的介质的化学性质不发生变化,发生变化的仅是介质的状态参数。例如锅炉、压力容器和各种气体或液化气体钢瓶的超压爆炸。化学爆炸就是物质由一种化学结构迅速转变为另一种化学结构,在瞬间放出大量能量并对外作功的现象。如可燃气体、蒸气或粉尘与空气混合形成爆炸性混合物的爆炸。化学爆炸的特点是:爆炸发生过程中介质的化学性质发生了变化,形成爆炸的能源来自物质迅速发生化学变化时所释放的能量。化学爆炸有三个要素,所反应的放热性、反应的快速性和生成气体产物。

从工厂爆炸事故来看,有以下几种化学爆炸类型:①蒸气云团的可燃混合气体遇火源突然燃烧,是在无限空间中的气体爆炸;②受限空间内可燃混合气体的爆炸;③化学反应失控或工艺异常所造成压力容器爆炸;④不稳定的固体或液体爆炸。

总之,发生化学爆炸时会释放出大量的化学能,爆炸影响范围较大;而物理爆炸仅释放出机械能,其影响范围较小。

二、物理爆炸的能量

物理爆炸如压力容器破裂时,气体膨胀所释放的能量(即爆破能量)不仅与气体压力和容器的容积有关,而且与介质在容器内的物性相态有关。因为有的介质以气态存在,如空气、氧气、氢气等;

有的以液态存在,如液氨、液氯等液化气体、高温饱和水等。容积与压力相同而相态不同的介质,在容器破裂时产生的爆破能量也不同,而且爆炸过程也不完全相同,其能量计算公式也不同。

1. **压缩气体与水蒸气容器爆破能量**

当压力容器中介质为压缩气体,即以气态形式存在而发生物理爆炸时,其释放的爆破能量为:

$$E_g = \frac{PV}{k-1}\left[1 - (\frac{0.1013}{P})^{\frac{k-1}{k}}\right] \times 10^3 \qquad (10\text{-}42)$$

式中,E_g——气体的爆破能量,kJ;

$\qquad P$——容器内气体的绝对压力,MPa;

$\qquad V$——容器的容积,m^3;

$\qquad k$——气体的绝热指数,即气体的定压比热与定容比热之比。

常用气体的绝热指数数值见表10-5。

表10-5　常用气体的绝热指数

气体名称	空气	氮	氧	氢	甲烷	乙烷	乙稀	丙烷	一氧化碳
K 值	1.4	1.4	1.397	1.412	1.316	1.18	1.22	1.13	1.395
气体名称	二氧化碳	一氧化氮	二氧化氮	氨气	氯气	过热蒸气	干饱和蒸气		氢氰酸
k 值	1.295	1.4	1.31	1.32	1.35	1.3	1.135		1.31

从表中可看出,空气、氮、氧、氢及一氧化氮、一氧化碳等气体的绝热指数均为1.4或近似1.4,若用 $k=1.4$ 代入式(10-42)中,得到这些气体的爆破能量为:

$$E_g = 2.5PV\left[1 - (\frac{0.1013}{P})^{0.2857}\right] \times 10^3 \qquad (10\text{-}43)$$

令　$C_g = 2.5P\left[1 - (\frac{0.1013}{P})^{0.2857}\right] \times 10^3$

则式(10-43)可简化为:

$$E_g = C_g V \qquad (10\text{-}44)$$

式中,C_g——常用压缩气体爆破能量系数,kJ/m^3。

压缩气体爆破能量系数 C_g 是压力 P 的函数,各种常用压力下的气体爆破能量系数列于表 10-6 中。

表 10-6　常用压力下的气体容器爆破能量系数($k=1.4$ 时)

表压力 P(MP$_a$)	0.2	0.4	0.6	0.8	1.0	1.6	2.5
爆破能量系数 C_g(kJ/m³)	2×10^2	4.6×10^2	7.5×10^2	1.1×10^3	1.4×10^3	2.4×10^3	3.9×10^3
表压力 P(MP$_a$)	4.0	5.0	6.4	15.0	32	40	
爆破能量系数 C_g(kJ/m³)	6.7×10^3	8.6×10^3	1.1×10^4	2.7×10^4	6.5×10^4	8.2×10^4	

若将 $k=1.135$ 代入式(10-42),可得干饱和蒸气容器爆破能量为:

$$E_s = 7.4PV\left[1-(\frac{0.1013}{P})^{0.1189}\right]\times10^3 \qquad 10\text{-}45)$$

用上式计算有较大的误差,因为没有考虑蒸气干度的变化和其它的一些影响,但它可以不用查明蒸气热力性质而直接计算,对危险性评价是可提供参考的。

对于常用压力下的干饱和蒸气容器的爆破能量可按下式计算:

$$E_s = C_sV \qquad (10\text{-}47)$$

式中,E_s——水蒸气的爆破能量,kJ;

V——水蒸气的体积,m³;

C_s——干饱和水蒸气爆破能量系数,kJ/m³。

各种常用压力下的干饱和水蒸气容器爆破能量系数列于表 10-7 中。

表 10-7　常用压力下干饱和水蒸气容器爆破能量系数

表压力 P(MP$_a$)	0.3	0.5	0.8	1.3	2.5	3.0
爆破能量系数 C_s(kJ/m³)	4.37×10^2	8.31×10^2	1.5×10^3	2.75×10^3	6.24×10^3	7.77×10^3

2. 介质全部为液体时爆破能量

通常用液体加压时所做的功作为常温液体压力容器爆炸时释放的能量,计算公式如下:

$$E_L = \frac{(P-1)^2 V \beta_t}{2} \tag{10-47}$$

式中,E_L——常温液体压力容器爆炸时释放的能量,kJ;

$\quad P$——液体的压力(绝),Pa;

$\quad V$——容器的体积,m^3;

$\quad \beta_t$——液体在压力 P 和温度 T 下的压缩系数,Pa^{-1}。

3. 液化气体与高温饱和水的爆破能量

液化气体和高温饱和水一般在容器内以气液两态存在,当容器破裂发生爆炸时,除了气体的急剧膨胀作功外,还有过热液体激烈的蒸发过程。在大多数情况下,这类容器内的饱和液体占有容器介质重量的绝大部分,它的爆破能量比饱和气体大得多,一般计算时不考虑气体膨胀作的功。过热状态下液体在容器破裂时释放出爆破能量可按下式计算:

$$E = [(H_1 - H_2) - (S_1 - S_2)T_1]W \tag{10-48}$$

式中,E——过热状态液体的爆破能量,kJ;

$\quad H_1$——爆炸前液化液体的焓,kJ/kg;

$\quad H_2$——在大气压力下饱和液体的焓,kJ/kg;

$\quad S_1$——爆炸前饱和液体的熵,kJ/kg·℃;

$\quad S_2$——在大气压力下饱和液体的熵,kJ/kg·℃;

$\quad T_1$——介质在大气压力下的沸点,℃;

$\quad W$——饱和液体的质量,kg。

饱和水容器的爆破能量按下式计算:

$$E_w = C_w V \tag{10-49}$$

式中,E_w——饱和水容器的爆破能量,kJ;

$\quad V$——容器内饱和水所占的容积,m^3;

257

C_w——饱和水爆破能量系数,kJ/m^3,其值见表 10-8。

表 10-8　常用压力下饱和水爆破能量系数

表压力 P(MPa)	0.3	0.5	0.8	1.3	2.5	3.0
能量系数 C_w(kJ/m³)	2.38×10^4	3.25×10^4	4.56×10^4	6.35×10^4	9.56×10^4	1.06×10^5

三、爆炸冲击波及其伤害/破坏作用

1.冲击波超压的伤害/破坏作用

压力容器爆破时,爆破能量在向外释放时以冲击波能量、碎片能量和容器残余变形能量三种形式表现出来。根据介绍,后二者所消耗的能量只占总爆破能量的 $3\%\sim15\%$,也就是说大部分能量是产生空气冲击波。

冲击波是由压缩波迭加形成的,是波阵面以突进形式在介质中传播的压缩波。容器破裂时,器内的高压气体大量冲出,使它周围的空气受到冲击而发生扰动,使其状态(压力、密度、温度等)发生突跃变化,其传播速度大于扰动介质的声速,这种扰动在空气中传播就成为冲击波。在离爆破中心一定距离的地方,空气压力会随时间发生迅速而悬殊的变化。开始时,压力突然升高,产生一个很大的正压力,接着又迅速衰减,在很短时间内正压降至负压。如此反复循环数次,压力渐次衰减下去。开始时产生的最大正压力即是冲击波波阵面上的超压 ΔP。多数情况下,冲击波的伤害/破坏作用是由超压引起的。超压 ΔP 可以达到数个甚至数十个大气压。

冲击波伤害/破坏作用准则有:超压准则、冲量准则、超压-冲量准则等。为了便于操作,下面仅介绍超压准则。超压准则认为,只要冲击波超压达到一定值时,便会对目标造成一定的伤害或破坏。超压波对人体的伤害和对建筑物的破坏作用见表 10-9 和表 10-10。

表 10-9　冲击波超压对人体的伤害作用

超压 ΔP(MPa)	伤 害 作 用
0.02～0.03	轻微损伤
0.03～0.05	听觉器官损伤或骨折
0.05～0.10	内脏严重损伤或死亡
>0.10	大部分人员死亡

表 10-10　冲击波超压对建筑物的破坏作用

超压 ΔP(MPa)	破 坏 作 用
0.005～0.006	门窗玻璃部分破碎
0.006～0.015	受压面的门窗玻璃大部分破碎
0.015～0.02	窗框损坏
0.02～0.03	墙裂缝
0.04～0.05	墙大裂缝,屋瓦掉下
0.06～0.07	木建筑厂房房柱折断,房架松动
0.07～0.10	硅墙倒塌
0.10～0.20	防震钢筋混凝土破坏,小房屋倒塌
0.20～0.30	大型钢架结构破坏

2.冲击波的超压

冲击波波阵面上的超压与产生冲击波的能量有关,同时也与距离爆炸中心的远近有关。冲击波的超压与爆炸中心距离的关系:

$$\Delta P \propto R^{-n} \qquad (10\text{-}50)$$

式中,ΔP——冲击波波阵面上的超压,MPa;

R——距爆炸中心的距离,m;

n——衰减系数。

衰减系数在空气中随着超压的大小而变化,在爆炸中心附近内为 2.5～3;当超压在数个大气压以内时,$n=2$;小于 1 个大气压时, $n=1.5$。

实验数据表明,不同数量的同类炸药发生爆炸时,如果距离爆炸中心的距离 R 之比与炸药量 q 三次方根之比相等,则所产生的冲击波超压相同,用公式表示如下:

$$若 \frac{R}{R_o} = \sqrt[3]{\frac{q}{q_o}} = \alpha, \quad 则 \Delta P = \Delta P_o \tag{10-51}$$

式中,R——目标与爆炸中心距离,m;

R_o——目标与基准爆炸中心的相当距离,m;

q_o——基准爆炸能量,TNT,kg;

q——爆炸时产生冲击波所消耗的能量,TNT,kg;

ΔP——目标处的超压,MPa;

ΔP_o——基准目标处的超压,MPa;

α——炸药爆炸试验的模拟比。

上式也可写成为:

$$\Delta P(R) = \Delta P_o(R/\alpha) \tag{10-52}$$

利用式(10-52)就可以根据某些已知药量的试验所测得的超压来确定任意药量爆炸时在各种相应距离下的超压。

表 10-11 是 1 000 kg TNT 炸药在空气中爆炸时所产生的冲击波超压。

表 10-11　1 000 kg TNT 爆炸时的冲击波超压

距离 R_o(m)	5	6	7	8	9	10	12	14
超压 ΔP_o(MPa)	2.94	2.06	1.67	1.27	0.95	0.76	0.50	0.33
距离 R_o(m)	16	18	20	25	30	35	40	45
超压 ΔP_o(MPa)	0.235	0.17	0.126	0.079	0.057	0.043	0.033	0.027
距离 R_o(m)	50	55	60		65		70	75
超压 ΔP_o(MPa)	0.0235	0.0205	0.018		0.016		0.0143	0.013

综上所述,计算压力容器爆破时对目标的伤害/破坏作用,可

按下列程序进行。

(1)首先根据容器内所装介质的特性,分别选用式(10-43)至(10-49)计算出其爆破能量 E。

(2)将爆破能量 q 换算成 TNT 当量 q。因为 1kg TNT 爆炸所放出的爆破能量为 4 230 kJ/kg～4 836kJ/kg,一般取平均爆破为 4 500 kJ/kg,故其关系为:

$$q = E/q_{TNT} = E/4500 \tag{10-53}$$

(3)按式(10-51)求出爆炸的模拟比 α,即

$$\alpha = (q/q_o)^{\frac{1}{3}} = (q/1\,000)^{\frac{1}{3}} = 0.\,1q^{\frac{1}{3}} \tag{10-54}$$

(4)求出在 1000kgTNT 爆炸试验中的相当距离 R_o,即 $R_o = R/\alpha$。

(5)根据 R_o 值在表 10-11 中找出距离为 R_o 处的超压 ΔP_o(中间值用插入法),此即所求距离为 R 处的超压。

(6)根据超压 ΔP 值,从表 10-9、10-10 中找出对人员和建筑场的伤害/破坏作用。

3. 蒸气云爆炸的冲击波伤害/破坏半径

爆炸性气体液态储存,如果瞬态泄漏后遇到延迟点火或气态储存时泄漏到空气中,遇到火源,则可能发生蒸气云爆炸。导致蒸气云形成的力来自容器内含有的能量或可燃物含有的内能,或两者兼而有之。"能"主要形式是压缩能、化学能或热能。一般说来,只有压缩能和热能才能单独导致形成蒸气云。

根据荷兰应用科研院(TNO(1979))建议,可按下式预测蒸气云爆炸的冲击波的损害半径:

$$R = C_s(N \cdot E)^{1/3} \tag{10-55}$$

式中,R——损害半径,m;

E——爆炸能量,kJ,可按下式取;

$$E = V \cdot H_c \tag{10-56}$$

261

V——参与反应的可燃气体的体积,m^3;

H_c——可燃气体的高燃烧热值,kJ/m^3,取值情况见表
　　　10-12;

N——效率因子,其值与燃料浓度持续展开所造成损耗的比
　　　例和燃料燃烧所得机械能的数量有关,一般取 $N=$
　　　10%;

C_s——经验常数,取决于损害等级,其取值情况见表10-13。

表 10-12　某些气体的高燃烧热值(kJ/m^3)

气体名称		高热值	气体名称	高热值
氢气		12 770	乙稀	64 019
氨气		17 250	乙炔	58 985
苯		47 843	丙烷	101 828
一氧化碳		17 250	丙稀	94 375
硫化氨	生成 SO_2	25 708	正丁烷	134 026
	生成 SO_3	30 146	异丁烷	132 016
甲烷		39 860	丁稀	121 883
乙烷		70 425		

表 10-13　损害等级表

损害等级	$C_s(mJ^{-\frac{1}{3}})$	设备损坏	人员伤害
1	0.03	重创建筑物和加工设备	1%死亡于肺部伤害 >50%耳膜破裂 >50%被碎片击伤
2	0.06	损坏建筑物外表可修复性破坏	1%耳膜破裂 1%被碎片击伤
3	0.15	玻璃破碎	被碎玻璃击伤
4	0.4	10%玻璃破碎	

第四节　中毒

有毒物质泄漏后生成有毒蒸气云,它在空气中飘移、扩散、直

接影响现场人员并可能波及居民区。大量剧毒物质泄漏可能带来严重的人员伤亡和环境污染。

毒物对人员的危害程度取决于毒物的性质、毒物的浓度和人员与毒物接触时间等因素。有毒物质泄漏初期，其毒气形成气团密集在泄漏源周围，随后由于环境温度、地形、风力和湍流等影响气团飘移、扩散，扩散范围变大，浓度减小。在后果分析中，往往不考虑毒物泄漏的初期情况，即工厂范围内的现场情况，主要计算毒气气团在空气中飘移、扩散的范围、浓度、接触毒物的人数等。

一、毒物泄漏后果的概率函数法

概率函数法是通过人们在一定时间接触一定浓度毒物所造成影响的概率来描述毒物泄漏后果的一种表示法。概率与中毒死亡百分率有直接关系，二者可以互相换算，见表 10-14。概率值在 0～10 之间。

表 10-14 概率与死亡百分率的换算

死亡百分率(%)	0	1	2	3	4	5	6	7	8	9
0		2.67	2.95	3.12	3.25	3.36	3.45	3.52	3.59	3.66
10	3.72	3.77	3.82	3.87	3.92	3.96	4.01	4.05	4.08	4.12
20	4.16	4.19	4.23	4.26	4.29	4.33	4.26	4.39	4.42	4.45
30	4.48	4.50	4.53	4.56	4.59	4.61	4.64	4.67	4.69	4.72
40	4.75	4.77	4.80	4.82	4.85	4.87	4.90	4.92	4.95	4.97
50	5.00	5.03	5.05	5.08	5.10	5.13	5.15	5.18	5.20	5.23
60	5.25	5.28	5.31	5.33	5.36	5.39	5.41	5.44	5.47	5.50
70	5.52	5.55	5.58	5.61	5.64	5.67	5.71	5.74	5.77	5.81
80	5.84	5.88	5.92	5.95	5.99	6.04	6.08	6.13	6.18	6.23
90	6.28	6.34	6.41	6.48	6.55	6.64	6.75	6.88	7.05	7.33
99	0.0	0.1	0.2	0.3	0.4	0.5	0.6	0.7	0.8	0.9
	7.33	7.37	7.41	7.46	7.51	7.58	7.58	7.65	7.88	8.09

概率值 Y 与接触毒物浓度及接触时间的关系如下：

$$Y = A + B\ln(C^n \cdot t) \tag{10-57}$$

式中，A、B、n——取决于毒物性质的常数，表 10-15 列出了一些常见有毒物质的有关参数；

C——接触毒物的浓度，ppm；

t——接触毒物的时间，min。

表 10-15　一些毒性物质的常数

物质名称	A	B	n	参考资料
氯	−5.3	0.5	2.75	DCMR 1984
氨	−9.82	0.71	2.0	DCMR 1984
丙稀醛	−9.93	2.05	1.0	USCG 1977
四氯化碳	0.54	1.01	0.5	USCG 1977
氯化氢	−21.76	2.65	1.0	USCG 1977
甲基溴	−19.92	5.16	1.0	USCG 1977
光气(碳酸氯)	−19.27	3.69	1.0	USCG 1977
氟氢酸(单体)	−26.4	3.35	1.0	USCG 1977

使用概率函数表达式时，必须计算评价点的毒性负荷($C^n \cdot t$)，因为在一个已知点，其毒性浓度随着气团的通过和稀释而不断变化，瞬时泄漏就是这种情况。确定毒物泄漏范围内某点的毒性负荷，可把气团经过该点的时间划分为若干区段，计算每个区段内该点的毒物浓度，得到各时间区段的毒性负荷，然后再求出总毒性负荷：

总毒性负荷＝Σ 时间区段内毒性负荷

一般说来，接触毒物的时间不会超过 30 min。因为在这段时间里人员可以逃离现场或采取保护措施。

当毒物连续泄漏时，某点的毒物浓度在整个云团扩散期间没有变化。当设定某死亡百分率时，由表 10-14 查出相应的概率 Y 值，根据式(10-57)有

$$C^n \cdot t = e^{\left(\frac{Y-A}{B}\right)} \tag{10-58}$$

可以计算出 C 值，于是按扩散公式可以算出中毒范围。

如果毒物泄漏是瞬时的，则有毒气团在某点通过时该点处毒

物浓度是变化的。这种情况下,考虑浓度的变化情况,计算气团通过该点的毒性负荷,算出该点的概率值 Y,然后查表 10-14 就可得出相应的死亡百分率。

二、有毒液化气体容器破裂时的毒害区估算

液化介质在容器破裂时会发生蒸气爆炸。当液化介质为有毒物质,如液氯、液氨、二氧化硫、氢氰酸等,爆炸后若不燃烧,会造成大面积的毒害区域。

设有毒液化气体重量为 $W(\text{kg})$,容器破裂前器内介质温度为 $t(℃)$,液体介质比热为 $C(\text{kJ/kg} \cdot ℃)$,当容器破裂时,器内压力降至大气压,处于过热状态的液体温度迅速降至标准沸点 $t_0(℃)$,此时全部液体所放出的热量为:

$$Q = W \cdot C(t - t_0) \tag{10-59}$$

设这些热量全部用于器内液体的蒸发,如它的气化热为 $q(\text{kJ/kg})$,则其蒸发量为:

$$W' = \frac{Q}{q} = \frac{W \cdot C(t - t_0)}{q} \tag{10-60}$$

如介质的分子量为 M,则在沸点下蒸发蒸气的体积 $Vg(\text{m}^3)$ 为:

$$
\begin{aligned}
Vg &= \frac{22.4W'}{M} \cdot \frac{273 + t_0}{273} \\
&= \frac{22.4W \cdot C(t - t_0)}{Mq} \cdot \frac{273 + t_0}{273}
\end{aligned} \tag{10-61}
$$

为便于计算,现将压力容器最常用的液氨、液氯、氢氰酸等的有关物理化学性能列于表 10-16 中。关于一些有毒气体的危险浓度见表 10-17。

若已知某种有毒物质的危险浓度,则可求出其危险浓度下的有毒空气体积。如二氧化硫在空气中的浓度达到 0.05% 时,人吸入 $5 \sim 10 \text{ min}$ 即致死,则 $V_g(\text{m}^3)$ 的二氧化硫气可以产生令人致死的有毒空气体积为

$$V = V_g \times 100/0.05 = 2\ 000\ V_g (\text{m}^3)$$

假设这些有毒空气以半球形向地面扩散,则可求出该有毒气体扩散半径为

$$R = \sqrt[3]{\frac{V_g/C}{\frac{1}{2} \times \frac{4}{3}\pi}} = \sqrt[3]{\frac{V_g/C}{2.094\ 4}} \qquad (10\text{-}62)$$

式中,R——有毒气体的半径,m;

V_g——有毒介质的蒸气体积,m^3;

C——有毒介质在空气中危险浓度值,%。

表 10-16　一些有毒物质的有关物化性能

物质名称	分子量 M	沸点 $t_o(℃)$	液体平均比热 $C(\text{kJ/kg} \cdot ℃)$	汽化热 $q(\text{kJ/kg})$
氨	17	-33	4.6	1.37×10^3
氯	71	-34	0.96	2.89×10^2
二氧化硫	64	-10.8	1.76	3.93×10^2
丙稀醛	56.06	52.8	1.88	5.73×10^2
氢氰酸	27.03	25.7	3.35	9.75×10^2
四氯化碳	153.8	76.8	0.85	1.95×10^2

表 10-17　有毒气体的危险浓度

物质名称	吸入 5~10 min 致死的浓度,%	吸入 0.5~1 h 致死的浓度,%	吸入 0.5~1 h 致重病的浓度,%
氨	0.5		
氯	0.09	0.0035~0.005	0.001 4~0.002 1
二氧化硫	0.05	0.053~0.065	0.015~0.019
氢氰酸	0.027	0.011~0.014	0.01
硫化氢	0.08~0.1	0.042~0.06	0.036~0.05
二氧化氮	0.05	0.032~0.053	0.011~0.021

三、有毒介质喷射泄漏时的毒害区估算

关于有毒介质喷射泄漏的毒害区估算可参考式(10-17)、(10-18)进行。

第十一章　安全评价

第一节　概述

一、安全评价的一般概念

一般所说的评价是指"按照明确目标测定对象的属性,并把它变成主观效用的行为,即明确值的过程"。在对系统进行评价时,要从明确评价目标开始,通过目标来规定评价对象,并对其功能、特性和效果等属性进行科学的测定,最后由测定者根据给定的评价标准和主观判断,把测定结果变成价值,作为决策的参考。

安全评价也称危险度评价或风险评价,它以实际系统安全为目的,应用安全系统工程原理和工程技术方法,对系统中固有或潜在的危险性进行定性和定量分析,掌握系统发生危险的可能性及其危害程度,从而为制定防灾措施和管理决策提供科学依据。

安全评价定义有三层意义。

(1)对系统中固有的或潜在的危险性进行定性和定量分析,这是安全评价的核心。系统分析是以预测和防止事故为前提,全面地对评价对象的功能及潜在危险进行分析、测定,是评价工作必不可少的手段。

(2)掌握企业发生危险的可能性及其危害程度之后,就要用指标来衡量企业安全工作,即从数量上说明分析对象安全性的程度。

为了达到准确评价的目的,要有说明情况的可靠数据、资料和评价指标。评价指标可以是指数、概率值或等级。

(3)安全评价的目的是寻求企业发生的事故率最低,损失最小,安全投资效益最优。也就是说,安全评价是以提高生产安全管理的效率和经济效益为目的的,即确保安全生产,尽可能少受损失。欲达到此目的,必须采取预防和控制危险的措施,优选措施方案,提高安全水平,确保系统安全。

二、安全评价的目的

安全评价的目的在于以下几方面。

(1)系统地从计划、设计、制造、运行和维修等全过程中考虑安全技术和安全管理问题,发现生产过程中固有的或潜在的危险因素,搞清引起系统灾害的工程技术现状,论证由设计、工艺、材料和设备更新等方面的技术措施的合理性。具体地说,设计之前进行评价可以避免选用不安全的工艺流程和危险的原材料,当必须采用时,可提出减轻和消除危险的有效方法。设计之后进行评价可以查出设计中的缺陷和不足,及早采取改进和修正措施。

(2)评价的结果可作为决策者的决策依据。评价资料中有系统危险源、点的部位、数目、事故的概率、事故的预测以及对策、措施等。决策者可根据评价结果从中选择最优方案和管理对策。

(3)评价结果可以帮助制定和完善有关安全操作与维修的规章制度,作为安全教育的教材和进行安全检查的依据,促进安全管理系统化、现代化,形成安全教育、日常检查、操作维修等完整体系。

(4)实现安全技术与安全管理的标准化和科学化。

(5)促进实现本质安全化。通过安全评价对事故进行科学分析,针对事故发生的原因和条件,采取相应的措施,因而可从根本上消除事故再发生的主要条件,形成对该条件来说的"本质"安全。

三、安全评价的分类

分类方法有多种形式,下面仅就三种常用的方法简介如下。

1. 根据评价对象的不同阶段分类

(1)预评价。预评价是指建设项目(工程)在规划、设计阶段或施工之前进行的评价。其目的是预测事故的危险性和研究控制或排除事故的可能性,为规划者或设计者提供安全设计的依据和可靠性的资料,使事故的可能性和危险性在规划、设计阶段或施工之前得到解决,起到事半功倍的作用。

(2)中间评价。中间评价是在建设项目(工程)研制或安装过程中,用来判断是否有必要变更目标和为及时地采取措施而进行管理的有效手段。

(3)现状评价。对现有的工艺过程、设备、环境、人员素质和管理水平等情况进行系统安全评价,以确定安全措施,做好安全生产。

2. 根据评价方法的特征分类

(1)定性评价。定性评价时不对危险性进行量化处理,只作定性比较。定性评价使用系统工程方法,将系统进行分解,依靠人的观察分析能力,借助有关法规、标准、规范、经验和判断能力进行评价。

(2)定量评价。定量评价是在危险性量化基础上进行评价,主要依靠历史统计数据,运用数学方法构造数学模型进行评价。定量评价方法分为概率评价法、数学模型计算评价和相对评价法(指数法)。概率评价法是以某事故发生概率计算为基础的方法。相对评价法也称评分法,是评价者根据经验和个人见解规定一系列评分标准,然后按危险性分数值评价危险性。评分法根据所用的数学方法构造的数学模型的不同,又可分为加法评分法、加乘评分法和加权评分法三种。

3. 根据评价内容分类

(1)工厂设计的安全性评审。工厂设计和应用新技术开发新产

269

品,在进行可行性研究的同时就应进行安全性评审,通过评审将不安全因素消灭在计划设计阶段。一些国家已将它用法律的形式固定下来。

（2）安全管理的有效性评价。反映企业安全管理结构效能、事故伤亡率、损失率、投资效益等。

（3）人的行为安全性评价。对人的不安全心理状态和人体操作的可靠度进行行为测定,评定其安全性。

（4）生产设备的安全可靠性评价。对机器设备、装置、部件的故障和人机系统设计,应用安全系统工程分析方法进行安全、可靠性的评价。

（5）作业环境和环境质量评价。是指作业环境对人体健康危害的影响和工厂排放物对环境的影响。

（6）化学物质的物理化学危险性评价。评价化学物质在生产、运输、贮存中存在物理化学危险性,或已发生的火灾、爆炸、中毒、腐蚀等安全问题。

四、安全评价的依据

评价依据有三方面。

（1）有关的法规。国家、省、自治区、直辖市人民政府的有关法律、法规。

（2）有关的标准。国家、部委和行业颁布的有关劳动安全卫生的标准、规范、规程。

（3）所评价项目（工程）的有关文件。评价项目（工程）的"可行性报告"或"初步设计文件"或现场实际条件。

五、安全评价的原则

建设项目的劳动安全评价是劳动保护的一项先行工作,一项基础工作。进行这项工作,必须执行下列几条原则要求。

1. 政策性

在社会主义建设事业中,劳动保护和改善劳动条件是国家一项基本政策。《中华人民共和国宪法》第14、26、42、43、44、45、48、53等多项条款都与劳动保护法规有直接的关系,其中明确规定了我国劳动保护立法的基本原则,如第42条规定:"……加强劳动保护,改善劳动条件,并在发展生产的基础上,提高劳动报酬和福利待遇"。

劳动保护工作的基本方针是"安全第一,预防为主"。"三同时"是劳动保护工作的主要内容,它体现了"安全第一,预防为主"的劳动保护工作的基本方针。预测预防是实现安全管理现代化的必要手段,而劳动安全评价是预测预防的高级阶段,是现代安全管理的中心工作。在劳动安全评价中,必须严格贯彻和执行国家劳动保护工作方针,具体地说,就是严格执行国家和有关部委现用的标准、法规、规程和规范,如《工厂安全卫生规程》、《建筑设计防火规范》、《工业企业设计卫生标准》、《生产设备安全卫生设计总则》、《电气设备安全设计总则》、《压力容器安全技术监察规程》等等。这些都是国家劳动保护政策的具体体现,也是劳动安全评价的依据。

国家公布的各行业事故率、职工伤亡率、财产损失率和车间空气中有害气体、蒸气及粉尘的最高允许浓度、劳动条件分级标准等是劳动安全评价的尺度。

2. 科学性

系统安全分析和评价,必须能反映客观实际,即确实能辨识出系统中存在的所有危险性。为此,在劳动安全评价中,必须依据科学的方法,揭示事物发展的客观规律,探求客观真理作为评价工作的指南。科学性主要体现如下四个方面。

(1)科学地制定系统评价目标。安全系统是由若干要素集合在一起,目的是为实现一定的目标,没有目标就没有要素。因此,评价目标是评价的出发点,是评价目的的具体化。通过科学地制定评价目标,把评价所要达到的要求落实到实处。制定评价目标必须注意科学性,运用科学的方法、理论和数据来分析、判断目标系(要素及其之间的相互关系)关系和影响因素。工厂企业类型繁多,其评价目标也是多种多样的。现有评价方法很多,有的评价方法已给出评价目标和要素的权重值,如指数评价法;有的则没有,如安全检查表一类定性评价法。一个工厂的劳动安全系统评价要素集或目标集见图 11-1 所示。

(2)评价方法的运用。现有的评价方法都有其局限性,一般限于某个或某些行业。为此,在评价之初,评价人员必须对现有的评价方法有一个全面的了解,科学地分析各自的原理方法、特点、适用范围和使用的条件。有时为了更客观地反映现实系统的安全性,必须用几种评价方法进行评价,这样可做到取长补短,避免局限性。

(3)科学地识别潜在危险和安全防范措施。事物有其发展的客观规律。事故也是如此,必须根据事故发展的客观规律性来识别系统中的危险和潜在危险。即找出危险的存在条件、触发因素、发展的趋势,然后预测其后果以及防范措施的合理性、可靠性。

(4)科学的安全管理制度。劳动保护管理制度既是政策性的一个侧面,也是体现科学性的另一侧面。如果一个工厂企业没有一套科学的劳动保护管理制度,就无法把广大职工群众组织起来,进行有秩序的安全生产活动。因此,劳动安全评价应把建立科学的管理体系和提高安全管理有效性作为一项重要内容。

3. 公正性

在劳动安全评价中,必须注意下列两个方面。

(1)合理分配危险要素的权重值。某些要素和要素的相关关系的危险性,由于在安全系统中其危险程度是不一样的,有的比较好判别,有的则不易判别,为此,在评价过程中要给定评价目标或评价要素,分清其在安全系统各自的危险程度,即给定权重值。由于

272

人的认识水平不同和主观性的影响,每个人给定的权重值定会有差异。为此,在给予要素的权重值时,必须公正、合理,能反映安全系统的真实状态。权重值分配方法很多,可参见有关资料。现有的评价方法如指数法,其权重值已给出(但有一定范围);有的则没有,需要评价人员给定。

(2)客观地、实事求是地做出评价结论。评价活动有时会涉及到有关部门、集团甚至个人的某种利益。在评价时,无论各方面的目的和利益如何,必须以国家和职工的总体利益为前提,必须公正地、实事求是地对系统运行造成的事故及其后果作出客观地评价。

4. 针对性

由于所评价的项目(系统)是现实的、评价目标也是一定的,因此所采用的评价方法必须具有针对性,在评价过程中,分析、识别危险性也必须是针对具体存在问题进行的。但有时会遇到某些潜在事故的情况,需要对其存在条件和诱发因素进行假设,如果仅凭主观判断确定事故原因和后果,这种主观性有可能偏离现实情况,而缺乏针对性。为此,必须从实际出发,深入调查研究,充分掌握实际情况,加以综合确定。

从实际出发,就是从当前我国经济条件和科学技术水平出发,在评价过程中既不要提出无针对性的泛泛的结论与建议,也不要脱离现实条件的许可,提出不切合实际的过高过急的安全技术和劳动卫生的要求。

第二节　安全评价的目标体系、指标和程序

一、评价的目标体系

1. 评价目标体系的建立

从系统分析的观点看,安全评价是一个大的系统工程,为实现

评价任务,就需要制定该系统的评价目标,并确定这些目标的衡量尺度即指标,作为衡量企业安全的标准。

企业安全系统的总目标是实现企业安全系统各级分目标的总结果。为此,要进行总目标的分解,分解成各级分目标。在分解过程中要注意使分解后的各级分目标与总目标之间相互联系并保持一致性,分目标的集合一定要保证总目标的实现,组成一个目标体系(目标树)。图 11-1 为工业安全系统评价的目标体系。

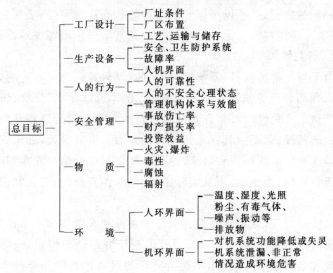

图 11-1　工业安全系统评价目标体系

2. **单项评价要素**

在确定安全评价因素时,应考虑目标的单项评价指标,即目标本身的内在因素。例如对生产设备的安全、可靠性进行评价时,就要考虑到设备的复杂性、操作性、稳定性、故障率、维修性、更替性等。又如人的行为安全评价,必须考虑到能力、适应性、记忆性、责任心、可训练性、灵活性等单项评价要素。典型的单项评价要素见表 11-1。

274

表 11-1　典型的单项评价要素[31]

序　号	名　　称	序　号	名　　称
1	复杂性	28	成本
2	稳定性	29	易接近性
3	可修性	30	责任性
4	加工性	31	组织性
5	操作性	32	重要性
6	操作度	33	可能性
7	可用性	34	设计充分性
8	可信性	35	利用性
9	可控性	36	可依赖性
10	可靠性	37	可识别性
11	可靠度	38	可诊断性
12	有效度	39	可处理性
13	失效率	40	灵敏度
14	故障率	41	作业性
15	行为性	42	多能性
16	人为性	43	搬运性
17	能力（功能）	44	类似性
18	正确性	45	简易性
19	适应性	46	转换性
20	可训练性	47	可替代性
21	成熟性	48	冗余性
22	记忆性	49	可读性
23	可达性	50	实用性
24	难易性	51	可移动性
25	性能度	52	可动性
26	灵活性	53	可扩展性
27	临界性	54	可接收性

3. 目标体系的简化

目标体系中各项目标之间（特别是要素之间）有相互联系，一项目标的变化，常会影响到另外目标承受之变化。例如设备的复杂性增加，可能需要增大成本，同样，设计的多能性、冗余性也会增大成本。另外有些目标是相互制约的，如简易性与可扩展性、多能性就存在制约关系。

在实际工作中,当拟定某个评价对象的评价目标体系时,目标体系拟定者为了全面反映客观现实,总希望多设目标,使目标体系尽量完善,以免因遗漏重要信息而使评价失真。但目标数量过多,就难以突出主要因素,反而不易分清主次。同时还会给参加评价的具体工作人员造成极大的心理负担,面对繁多的目标条目,难于自始至终清醒而合理地评分。其结果很可能和目标体系设计者的愿望相反,评价结果不能反映实际情况。

这就提出了一个问题:如何简化评价目标体系,选择一些足以影响评价好坏的目标,作为评价特征。解决的办法:既需要目标体系拟定者有丰富的实际经验,能较有把握地做出判断,也需要从理论上深入探讨,寻求科学的判断方法。例如用数理统计中的多元回归分析法,确定各目标间的相关系数,根据目标间相关程度的大小,决定取舍项目,使评价特征的确定建立在科学的基础上。

4. 目标的定性与定量的关系

作为目标的衡量尺度,有些指标可以用数量表示,如成本、可靠度、故障率、事故伤亡率、财产损失率等,称之为定量指标。有些指标不易用数量计算或表示,如操作性、灵活性、人的不安全心理状态等,只能定性描述,称之为定性指标。在这两类指标中,有许多可相互转化。对于某些指标来说,如果从局部和微观或低层次的评价看,可以是定量的,但从整体和宏观或高层次的评价看,也许只能是定性的。虽然在实际评价时,为了分出危险等级,人们总希望将指标量化。但在拟定目标体系时,首先应注意的倒是给目标定性。因为定量的目的最终还是为了精确定性,而定性则是定量的基础。只有先明确了目标的性质,由此进行的定量才能反映评价的本质要求。这里有两个含义。

(1)定量不准。所设目标即使可以量化,但偏离了评价目的,不反映本质问题。例如若将劳动条件改善目标设计为劳动效率的提

276

高、产品质量的提高等指标,虽然易于量化,但不符合安全评价的目的。如若采用车间温度、照明等指标则符合要求。

(2)定性不准。把不同质的东西放在一起,也无法比较。简单迭加,只能使结论更加模糊不清。我们评价的内容是效率,而不是其工作状态。所列各目标究其本质,都应是效果性的指标,因此可以最后综合。如果其中列有状态性指标,如某企业政治思想教育状态,显然和原来所列的各指标不同质,没有可比性。

因此,在拟定目标体系时,应根据评价目的、评价的层次,从整体到局部,从宏观到微观,从质到量,在先定性的基础上,对同质的目标,区分是定量目标还是定性目标,最后再根据各定性目标的特点,寻求可能的适宜量化的方法。

二、评价指标

评价目标的衡量尺度即指标,系统安全性指标的目标值是事故评价定量化的标准。有了评价系统危险性的标准,就可据此来判定系统的安全程度和需要对未控危险源进行控制的程度,使系统物的损失和人的伤亡降到最小,因此,一些国家都制定实现的目标值。

1. 危险及风险率

所谓危险,是指能导致发生意外事故的现实的或潜在的条件。危险性是指对人和财产造成危害和损失的可能性。生产系统中的事故具有随机性,也就是说,危险性是具有随机性的。因为它受许多随机因素影响,特别是受人在操作中技能、精神状态和心理状态的影响。其次,危险的程度也是难确定的,什么程度的危险是可以容许的,这涉及到社会容许的标准问题。

风险率是衡量危险性的指标。危险在一定条件下发展成为事故,所造成的后果受两个因素的影响,一是发生事故的概率,另一是发生事故造成后果的严重程度。如果事故发生的概率很小,即使后果十分严重,风险也不会很大;反之,若事故发生概率很大,虽然每次后果不严重,但风险很大。为了比较危险性,采用风险率(危险度、损失率)作为衡量标准,其定义如下:

风险率(R)=严重度(S)×频率(P)

$$=\frac{损失金额}{事故次数}\times\frac{事故次数}{单位时间}=\frac{损失金额}{单位时间} \qquad (11-1)$$

(1)严重度。表示发生一起事故造成的损失数值。包括直接损失和间接损失。直接损失包括:人身伤亡所支出的费用(医疗、丧葬、抚恤费、补助及救济费、歇工工资)、善后处理费(处理事故的开支、现场抢救与清理费、事故罚款与赔偿费)、设备财产损失价值(固定资产、流动资产损失价值)。间接损失包括:停产、减产损失价值;处理环境污染的费用;补充新职工的培训费用;工作损失的价值及其他损失。

(2)频率。表示在一定的时间或生产周期内事故发生的次数。

有了风险率的概念,就把安全从抽象的概念转化为一个数量指标。安全系统工程的任务,就是设法减少事故的发生概率和降低事故的严重度,使风险率达到安全指标。

2. 事故可能造成人员伤亡指标

生产安全,保证人的生命安全是最根本的课题,因此,采用"事故死亡率"可作为定量评价系统安全性的一个基本指标。另外,"事故死亡率"的统计数据可靠性高,不受评价人的观点左右,具有绝对性。根据海因利希事故调查报告统计规律:

死亡(重伤):轻伤:无伤害=1:29:300

可见,由死亡人数中可以推断发生轻伤和无伤害的情况。因而"事故死亡率"具有系统安全的代表性。下面介绍两种指标。

(1)平均死亡率。平均死亡率是美国原子能委员会于1974年提出,其要求能为人们所接受,则这个指标就被承认为安全指标。比较系统安全性的指标有:事故可能造成人以每年平均死亡人数

278

的不同比较不同系统的安全性,如图 11-2 所示。他们将可能预计

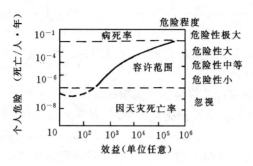

图 11-2　危险同效益的关系

的死亡危险分成 3 个等级,即:人的自然死亡危险(病死率)为 10^{-2} 级;事故死亡危险为 10^{-3} 级;现阶段工厂的危险性为 10^{-4} 级。并做了如下说明:①$10^{-3}$(死亡/年·人)的作业危险特别高,是不允许的,必须立即采取措施才能生产;②$10^{-4}$ 的作业系中等程度的危险,一般情况下并不经常,人们也不愿意去做这种工作,为了预防事故的发生,人们是乐于采取措施的;③$10^{-5}$ 的危险率,与在游泳中出现死亡事故的危险率相同,人们对此是十分关心的,会积极采取措施;④$10^{-6}$ 的危险率,与地震等天灾的危险率相同,没有人对此过分担心。纵然遇到这种灾害,也被认为是不可抗拒的。

　　从以上说明可以得到这样的印象:对于 10^{-3} 的危险率或高于这个数值的危险,是不能允许的;而对于 10^{-6} 的危险率或低于这个数字的危险,则为社会所忽视;在中间的数值,虽属允许范围内,但在内容上是有差别的,如有的危险虽然在数值上较高,但社会效益大,也是值得考虑的。

　　(2)用工作 10^8 小时死亡人数(FAFR)比较系统的安全性。在作业现场,具有什么程度的危险率人们才能接受?英国帝国化学公司的克雷茨(G. A. Kletz)于 1971 年提出,一般称为事故死亡率指标(Fatal Accident Frequency Rale 缩写为 FAFR),即在 10^8 h(1

亿h)内,直接工作于一定的业务或行业的死亡概率。若每人一生工作40年,每年工作2 500 h,那么,每1 000个人这样工作一生时有一人发生死亡,就相当1FAFR。用FAFR的大小比较不同系统的安全性就是克雷茨法。表11-2、表11-3分别是英国和美国各类工厂的FAFR值。

3. 事故可能造成经济损失指标

风险评价通常用损失期望值。一起事故发生时,除了人员受伤害外,财产和环境等方面也带来损失,它是一个综合指标。因此,在做出可接受的风险之前,需要估算各种不同的损失。各类的损失(见本节1)均用经济损失来衡量。有关人员伤亡的损失值,可依据国家标准GB6441－86《企业职工伤亡事故分类》和GB6721－86《企业职工伤亡事故经济损失统计标准》计算。

表11-4是事故可能造成财产损失分数值[31],供制定分数值时参考。在事故造成的财产损失大于100万元时,分数定为100;损失为0.1万~1万元时,分数定为1;以这二者为基点,中间情况可用插值获得分数。

表11-2 英国各类工厂的FAFR值

工业类型	FAFR值	死亡/人·年 (按2 000 h计)
制衣和制鞋业	0.15	3×10^{-6}
汽车工业	1.3	2.6×10^{-5}
化工	3.5	7×10^{-5}
全英工业平均	4.0	8×10^{-5}
钢铁	8.0	1.6×10^{-4}
农业	10	2×10^{-4}
渔业	35	7×10^{-4}
煤矿	40	8×10^{-4}
铁路	45	9×10^{-4}
建筑业	67	13.4×10^{-4}
飞机乘务员	250	5×10^{-3}

表 11-3　美国各类工厂的 FAFR 值

工业类型	FAFR 值	死亡/人·年 （按 2 000 h 计）
工业	7.1	1.4×10^{-4}
商业	3.2	0.6×10^{-4}
制造业	4.5	0.9×10^{-4}
服务业	4.3	0.86×10^{-4}
机关	5.7	1.14×10^{-4}
运输及公用事业	16.	3.2×10^{-4}
农业	27.	5.4×10^{-4}
建筑业	28.	5.6×10^{-4}
采矿、采石业	31.	6.2×10^{-4}

表 11-4　事故可能造成财产损失分数值

损失金额（万元）	分　数　值	损失金额（万元）	分　数　值
＞100	100	1～5	2.5
50～100	70	0.1～1	1.0
10～50	25	＜0.1	0.5
5～10	5		

4. 根据安全投资水平评价安全性指标

英国帝国化学公司的克雷茨于 1976 年提出,用单位死亡率降低到零所需投资的大小来比较系统的安全性。

救助一个人生命的投资 $\bar{C}$ 可按下式求得:

$$\bar{C} = \frac{C}{Pn} \qquad (11\text{-}2)$$

式中,C——彻底排除相应危险概率 P 的年度投资;

P——平均每人每年可能发生死亡危险概率;

n——被救助的人数。

例如有 8 人置身于可能发生 10^{-3}/(年·人)的死亡危险之中。为了完全排除这种危险,估计一年内将投资 1 万元。那么,从这种危险下救助一个生命所需的投资则为:

$$\overline{C} = \frac{10\ 000}{10^{-3} \times 8} = 1\ 250\ 000(\text{元})$$

表 11-5 给出了部分行业救助一个生命的安全投资估算值。

表 11-5　部分行业救助一个生命的安全投资(英国)

行业	救助一个生命的预计投资(英镑)
化学工业	＞100 000
制药业员工	5 000 000～10 000 000
铀矿员工	80 000～90 000
钢铁业	200 000～300 000

可以看出,排除某种危险往往需要社会巨额投资,这样可能认为是一种沉重的负担。也就是说,只重投资不重视效果是不行的。通常将此法和用事故死亡率比较系统安全性方法结合起来使用。

三、安全评价分级

1. 按死亡概率给定值分级

Ⅰ级——小于 2/100 000 人/(年·人);

Ⅱ级——小于 3/100 000,大于或等于 2/100 000 人/(年·人);

Ⅲ级——小于 10/100 000,大于或等于 3/100 000 人/(年·人);

Ⅳ级——等于或大于 10/100 000 人/(年·人)。

对于不同类型的工厂,上述目标值应乘以表 11-6 中的修正系数。

表 11-6　目标值修正系数

工厂类型	军工	重型铸造专业厂	通用	电工	机床	农机轴承	汽车	基础件电器	仪表
修正系数	2	1.7	1.2	1.1	0.9	0.8	0.6	0.5	0.4

2.按伤亡经济损失率给定值分级

Ⅰ级——小于 5 万元/(年·千人)；

Ⅱ级——小于 10 万元/(年·千人)，大于或等于 5 万元/(年·千人)；

Ⅲ级——小于 20 万元/(年·千人)，大于或等于 10 万元/(年·千人)；

Ⅳ级——大于或等于 20 万元/(年·千人)。

对不同类型工厂，上述目标值应乘以表 11-7 中的修正系数。

表 11-7　目标值修正系数

工厂类型	电线电缆	汽车锅炉	通用	仪表	电机电器	机床基础件	农业铸造专业厂	量刃具轴承
修正系数	3.5	2.5	2.2	1.5	1.3	0.8	0.6	0.5

四、评价程序

由于各个行业企业的不同，评价对象和要求也就有很大差别，因此评价方式有多种，但归纳起来，所有评价方式都基本上是按以下程序进行的：

1.评价准备

包括明确评价对象和评价范围、收集有关技术资料、标准、法规、事故案例、现场调查、确定分析方法、以及制定评价实施计划等。

2.危险性辨识

危险性辨识是安全评价工作的基础与核心。识别危险本身就是一个预测的过程，通过运用安全系统工程的各种方法和一定的检测手段，分析、测定和判明危险源（点），包括固有的潜在的危险。

要分析危险的性质、模式、范围及发生条件，危险发生的实际可能性、影响范围、发生的时机和空间条件，危险的严重度和发生的频率等。

3. 危险的定量化

对已辨识出的危险通过量化处理,确定其危险度的等级或发生概率,从而为评价提供数量依据。

4. 确定对策

即为消除危险所采取的技术措施和管理措施,包括进行局部改进、补救措施、限制与转移措施,以及制定相应的规程等。

5. 综合评价

假定安全对策落实后对系统进行综合判断,并同既定的安全指标或标准进行比较,以求判明所达到的安全水平,最后提出改善安全状况的最合理的方案。

第三节 评价方法的选用

一、评价方法的选用

安全评价包括危险性辨识和危险性评价两个主要方面的内容。由于辨识、评价对象不同,工艺、设备设施不同以及事故类型、事故模式等不同,因而所采用的评价方法是不同的。选用合理的评价方法是一项关键性工作,它关系到评价对象的评价结论是否合理、正确和可靠。

评价方法很多,各有其特点,且不少评价方法具有其行业性。现将几种系统安全分析和评价方法列于表11-8,供选用时参考。

二、综合性评价

一个项目(工程)往往由多个生产部门和辅助部门组成,他们具有不同的物质、生产工艺、设备和设施,存在不同的危险有害因素。若使用一种评价方法是很难完成评价任务的。为此,一般采用多种评价方法进行有机的结合,即综合性评价有利于取长补短,更

表 11-8 系统安全分析和评价方法

名称	目的	适用范围	编制和使用方法	效果
安全检查表	检查系统是否符合标准要求	从设计、建设到生产各个阶段	有经验和专业知识人员协同编制，经常使用	定性，辨识危险性并使系统保持与标准规定一致，若检查项目赋值，可用于定量
危险性预先分析	开发阶段、早期辨识出危险性，避免失误	开发时分析原材料、工艺、设备设施以及能量失控时出现的危险性	分析原材料、工艺、设备设施等发生危险的可能性及后果，按规定表格填入	得出供设计考虑的危险性一览表
故障类型和影响分析	辨识单个故障类型造成的事故后果	主要用于设备和机器故障的分析，也可用于连续生产工艺	将系统分解，求出零部件发生各种故障类型时，对系统或子系统产生的影响	定性并可进一步定量，找出故障类型对系统的影响
事故树分析	找出事故发生的基本原因和基本原因组合	分析事故或设想事故	由顶上事件用逻辑推导，逐步推出基本原因事件	可定性及定量，找出事故发生的基本原因和防止事故的可能措施
事件树分析	辨识初始事件发展成为事故的各种过程及后果	设计时找出适用的安全装置，操作时发现设备故障及误操作将导致的事故	各事件发展阶段均有成功和失败的两种可能，由初始事件经过各事件，阶段一直分析出事件发展的最后各种结果	定性和定量，找出初始事件发展的各种结果，分析其严重性，可在各发展阶段采取措施使之朝成功方向发展
可操作性研究	辨识静态和动态过程中危险性	对新技术新工艺尚无经验，此时辨识危险性特别有用	用引导词对工艺过程参数进行检验，分析可能出现的危险性，并提出改进方法	定性，并能发现新的危险性

续表

名　称	目　的	适　用　范　围	编制和使用方法	效　果
原因-后果分析	辨识事故的可能结果及其原因	设计操作时	为事件树和事故树的综合使用技术	定性及定量
人的因素分析	辨识可能的失误原因及其影响	设计和操作时	观察操作者失误行为,分析其可能产生的后果	定性,找出正常或紧急时人的误操作类型以改进设备,显示,操纵装置等的人机工程特征
指数评价法（道化,蒙德等）	对工厂、车间、生产、工艺、单元危害行危险度分级	设计时找出薄弱环节、生产时提供危险性信息	按规定方法求出火灾爆炸指数、毒性指标及各种附加系数,补偿系数,最后计算出危险度等级及经济损失	定性及定量,可定出工厂、车间、生产、工艺、单元危险度等级
数学模型计算	计算出火灾、爆炸、中毒可能后果,可能伤害/破坏范围	设计和现场	按数学模型计算	定量,可算出人员伤害和财产损失的范围

好地达到评价目的与要求。

综合性评价一般是指将下列几种评价方法进行有效组合。

1. 危险性预先分析

运用危险有害辨识方法,从物质、工艺、设备、公用工程等方面进行危险有害的系统辨识,初步发现危险有害因素或危险源,分析发生事故的条件、事故类型、可能的事故模式、事故后果严重程度及事故发生可能性概率、现有安全措施的有效性等,将分析结果列于危险源危险性分析汇总表。表头可包括:序号、危险源名称、危险因素、事故类型、设想事故模式、事故后果、事故后果严重程度等级、事故发生可能性等级和安全措施。事故后果严重程度等级和事故发生可能性等级划分。

(1)事故后果严重程度分为四个等级。

Ⅰ级:灾难的——造成多人死亡或系统毁坏。

Ⅱ级:严重的——造成个别人死亡或重伤,主要系统破坏。

Ⅲ级:危险的——造成轻伤或次要系统损坏。

Ⅳ级:轻微的——未导致伤害(可忽略)或未造成系统损坏。

(2)事故发生可能性分为五个等级:

A 级:频繁发生。

B 级:相当可能发生、在设备使用寿命期内出现几次。

C 级:偶尔发生、在设备使用寿命期间内有可能发生。

D 级:很少发生。

E 级:发生概率接近零、在设备使用寿命期内几乎不发生。

2. 安全检查表

根据危险性预先分析的结果,按照有关安全法规、标准、规程、规范等文件,编制安全检查表,对评价单元中的危险有害因素及隐患、薄弱环节进行检查。

3. 事故树分析

对主要事故,特别是严重度高、发生可能性大、影响因素较多、相互关系复杂的事故要进行事故树分析,揭示出导致事故的各基本事件间的逻辑关系,并进行重要度分析,为制定控制事故的措施提供依据。

4. 危险性定量评价

对那些具有火灾、爆炸、有毒的危险源,应对其发生事故的后果进行定量评价。评价方法可采用指数评价法或数学模型计算法。

5. 职业有害因素评价及作业条件分级

对生产性粉尘、工业毒物、高温、低温、噪声、体力劳动强度等职业有害因素,在充分辨识分析、指出危害后果基础上,还应对其作业场所按国家各项作业分级标准进行分级,并提出对策措施。

第四节 火灾爆炸危险指数评价法

一、美国道化学公司火灾爆炸指数评价法

火灾爆炸指数评价法是美国道化学公司于 1964 年首先提出的一种安全评价法,受到了全世界的关注。该公司在第一版的基础上不断对其实用性和合理性进行调整修改,到现在为止已修订了 7 次,使评价效果大为提高,评价结果可接近实际。该法有较广泛的实用性。它不仅可用于评价生产、贮存、处理具有可燃、爆炸、化学活泼性物质的化工过程,而且还可用于供、排水(气)系统、污水处理系统、配电系统以及整流器、变压器、锅炉、发电厂的某些设施和具有一定潜在危险的中试装置等。

1. 评价程序

图 11-3 为评价程序图。该方法以工艺过程中的物质、设备、物量等数据为基础,另外加上一般工艺或特殊工艺的危险修正系数,求出火灾爆炸指数,然后通过逐步推算,得出最大可能财产损失和停业损失。

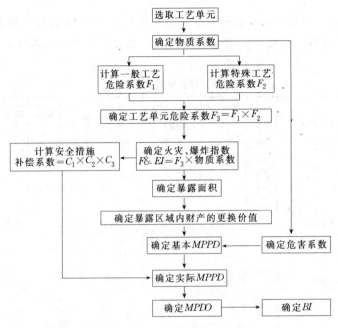

图 11-3　评价程序图

2.单元的划分

多数工厂是由多个单元组成的。在计算工厂火灾、爆炸指数时,首先应充分了解所评价工厂各设备间的逻辑关系,然后再进行单元划分,而且只选择那些对工艺有影响的单元进行评价。这些单元称为评价单元。选择评价单元的内容有:物质的潜在化学能;危险物质的数量;资金密度(每平方米元数);操作压力与温度;导致以往事故的要点;关键装置。

一般说来,单元的评价内容越多,其评价就越接近实际危险的程度。但目前尚无一个明确可行的规程来确定单元选择和划分。评价者可参阅工艺手册或请教工厂中有实践经验的人员来确定。

3.确定物质系数(MF)

在火灾、爆炸指数计算和危险性评价过程中,物质系数是最基础的数值,也是表述由燃烧或化学反应引起的火灾、爆炸过程中潜在能量释放的尺度。数值范围为 $1\sim40$,数值大则表示危险性高。物质系数的确定标准见表 11-9。

表 11-9　物质系数和特性

化合物	物质系数 MF	燃烧热 HC BTU/1b ×10³	NFPA分级			闪点 F	沸点 F
			健康危害 N(H)	易燃性 N(F)	化学活性 N(R)		
乙醛	24	10.5	3	4	2	-36	69
醋酸	14	5.6	3	2	1	103	244
醋酐	14	7.1	3	2	1	126	282
丙酮	16	12.3	1	3	0	-4	133
丙酮合氰化氢	24	11.2	4	1	2	165	203
乙腈	16	12.6	3	3	0	42	179
乙酰氯	24	2.5	3	3	2	40	124
乙炔	29	20.7	0	4	3	气	-118
乙酰基乙醇氨	14	9.4	1	1	1	355	304— 308
过氧化乙酰	40	6.4	1	2	4	—	(4)
乙酰水扬酸[8]	16	8.9	1	1	0	—	—
乙酰基柠檬酸三丁酯	4	10.9	0	1	0	400	343[1]
丙烯醛	19	11.8	4	3	3	-15	127
丙烯酰胺	24	9.5	3	2	2	—	257[1]
丙烯酸	24	7.6	3	2	2	124	286
丙烯腈	24	13.7	4	3	2	32	171
烯丙醇	16	13.7	4	3	1	72	207
烯丙胺	16	15.4	4	3	1	-4	128
烯丙基溴	16	5.9	3	3	1	28	160
烯丙基氯	16	9.7	3	3	1	-20	113
烯丙醚	24	16.0	3	3	2	20	203
氯化铝	24	(2)	3	0	2	—	(3)
氨	4	8.0	3	1	0	气	-28
硝酸胺	29	12.4(7)	0	0	3	—	410
醋酸戊酯	16	14.6	1	3	0	60	300

续表

| 化合物 | 物质系数 MF | 燃烧热 HC BTU/1b ×10³ | NFPA分级 | | | 闪点 ℉ | 沸点 ℉ |
			健康危害 N(H)	易燃性 N(F)	化学活性 N(R)		
硝酸戊酯	10	11.5	2	2	0	118	306 −315
苯胺	10	15.0	3	2	0	158	364
氯酸钡	14	(2)	2	0	1	—	—
硬脂酸钡	4	8.9	0	1	0	—	—
苯甲醛	10	13.7	2	2	0	148	354
苯	16	17.3	2	3	0	12	176
苯甲酸	14	11.0	2	3	1	250	482
醋酸苄酯	4	12.3	1	1	0	195	417
苄醇	4	13.8	2	1	0	200	403
苄基氯	14	12.6	2	2	1	162	387
过氧化苯甲酰	40	12.0	1	3	4	—	—
双酚 A	14	14.1	2	1	1	175	428
溴	1	0.0	3	0	0	—	138
溴苯	10	8.1	2	2	0	124	313
邻-溴甲苯	10	8.5	2	2	0	174	359
1,3−丁二烯	24	19.2	2	4	2	−105	24
丁烷	21	19.7	1	4	0	−76	31
1-丁醇	16	14.3	1	3	0	84	243
1-丁烯	21	19.5	1	4	0	气	21
醋酸丁酯	16	12.2	1	3	0	72	260
丙烯酸丁酯	24	14.2	2	2	2	103	300
（正）丁胺	16	16.3	3	3	0	10	171
溴代丁烷	16	7.6	2	3	0	65	215
氯丁烷	16	11.4	2	3	0	15	170
2,3-环氧丁烷	24	14.3	2	3	2	5	149
丁基醚	16	16.3	2	3	1	92	288
特丁基过氧化氢	40	11.9	1	4	4	<80 或更高	(9)
硝酸丁酯	29	11.1	1	3	3	97	277
过氧化乙酸特丁酯	40	10.6	2	3	4	<80	(4)
过氧化苯甲酸特丁酯	40	12.2	1	3	4	>190	(4)

续表

化合物	物质系数 MF	燃烧热 HC BTU/lb ×10³	NFPA分级 健康危害 N(H)	NFPA分级 易燃性 N(F)	NFPA分级 化学活性 N(R)	闪点 F	沸点 F
过氧化特丁酯	29	14.5	1	3	3	64	176
碳化钙	24	9.1	3	3	2	—	—
硬脂酸钙[6]	4	—	0	1	0	—	—
二硫化碳	21	6.1	3	4	0	−22	115
一氧化碳	21	4.3	3	4	0	气	−313
氯气	1	0.0	4	0	0	气	−29
二氧化氯	40	0.7	3	1	4	气	50
氯乙酰氯	14	2.5	3	0	1	—	223
氯苯	16	10.9	2	3	0	84	270
三氯甲烷	1	1.5	2	0	0	—	143
氯甲基乙基醚	14	5.7	2	1	1	—	—
1-氯-1-硝基乙烷	29	3.5	3	2	3	133	344
邻-氯酚	10	9.2	3	2	0	147	47
三氯硝基甲烷	29	5.8[7]	4	0	3	—	234
2-氯丙烷	21	10.1	2	4	0	−26	95
氯苯乙烯	24	12.5	2	1	2	165	372
氧杂萘邻酮	24	12.0	2	1	2	—	554
异丙基苯	16	18.0	2	3	1	96	306
异丙基过氧化氢	40	13.7	1	2	4	175	[4]
氨基氰	29	7.0	4	1	3	286	500
环丁烷	21	19.1	1	4	0	气	55
环己烷	16	18.7	1	3	0	−4	179
环己醇	10	15.0	1	2	0	154	322
环丙烷	21	21.3	1	4	0	气	−29
DER * 331	14	13.7	1	1	1	485	878
二氯苯	10	8.1	2	2	0	151	357
1,2-二氯乙烯	24	6.9	2	3	2	36～39	140
1,3-二氯丙烯	16	6.0	3	3	0	95	219
2,3-二氯丙烯	16	5.9	2	3	0	59	201
3,5-二氯代水杨酸	24	5.3	0	1	2	—	—

化合物	物质系数 MF	燃烧热 HC BTU/1b ×10³	NFPA分级			闪点 F	沸点 F
			健康危害 N(H)	易燃性 N(F)	化学活性 N(R)		
二氯苯乙烯	24	9.3	2	1	2	225	—
过氧化二枯基	29	15.4	0	1	3	—	—
二聚环戊二烯	16	17.9	1	3	1	90	342
柴油	10	18.7	0	2	0	100 ～130	315
二乙醇胺	4	10.0	1	1	0	342	514
二乙胺	16	16.5	3	3	0	−18	132
间-二乙基苯	10	18.0	2	2	0	133	358
碳酸二乙酯	16	9.1	2	3	1	77	259
二甘醇	4	8.7	1	1	0	255	472
二乙醚	21	14.5	2	4	1	−49	94
二乙基过氧化物	40	12.2	—	4	4	[4]	[4]
二异丁烯	16	19.0	1	3	0	23	214
二异丙基苯	10	17.9	0	2	0	170	401
二甲胺	21	15.2	3	4	0	气	44
2,2-二甲基-1-丙醇	16	14.8	2	3	0	98	237
1,2-二硝基苯	40	7.2	3	1	4	302	606
2,4-二硝基苯酚	40	6.1	3	1	4	—	—
1,4-二恶烷	16	10.5	2	3	1	54	214
二氧戊环	24	9.1	2	3	2	35	165
二苯醚	4	14.9	1	1	0	239	496
二丙二醇	4	10.8	0	1	0	250	449
二特丁基过氧化物	40	14.5	3	2	4	65	231
二乙烯基乙炔	29	18.2	—	3	3	<−4	183
二乙烯基苯	24	17.4	2	2	2	157	392
二乙烯基醚	24	14.5	2	3	2	<−22	102
DOWANOL * DM	10	10.0	2	2	0	197 [Seta]	381
DOWANOL * EB	10	12.9	1	2	0	150	340
DOWANOL * PM	16	11.1	0	3	0	90 (Seta)	248
DOWANOL * PnB	10	—	0	2	0	138	338
DOWlCIL * 75	24	7.0	2	2	2	—	—

化合物	物质系数 MF	燃烧热 HC BTU/1b ×10³	NFPA分级			闪点 F	沸点 F
			健康危害 N(H)	易燃性 N(F)	化学活性 N(R)		
DOWlClL * 200	24	9.3	2	2	2	—	—
DOWFROST *	4	9.1	0	1	0	215 [TOC]	370
DOWFROST * HD	1	—	0	0	0	None	
DOWFROST * 250	1	—	0	0	0	300 [Seta]	
DOWTHERM * 4000	4	7.0	1	1	0	252 [Seta]	
DOWTHERM * A	4	15.5	2	1	0	232	495
DOWTHERM * G	4	15.5	1	1	0	266 [Seta]	551
DOWTHERM * HT	4	—	1	1	0	322 [TOC]	650
DOWTHERM * J	10	17.8	1	2	0	136 [Seta]	358
DOWTHERM * LF	4	16.0	1	1	0	240	550-558
DOWTHERM * Q	4	17.3	1	1	0	249 [Seta]	513
DOWTHERM * SR−1	4	7.0	1	1	0	232	325
DURSBAN *	14	19.8	1	2	1	81~110	—
3−氯−1,2−环氧丙烷	24	7.2	3	3	2	88	241
乙烷	21	20.4	1	4	0	气	−128
乙醇胺	10	9.5	2	2	0	185	339
醋酸乙酯	16	10.1	1	3	0	24	171
丙烯酸乙酯	24	11.0	2	3	2	48	211
乙醇	16	11.5	0	3	0	55	173
乙胺	21	16.3	3	4	0	<0	62
乙苯	16	17.6	2	3	0	70	277
苯甲酸乙酯	4	12.2	1	1	0	190	414
溴乙烷	4	5.6	2	1	0	None	100
乙基丁基胺	16	17.0	3	3	0	64	232
乙基丁基碳酸酯	14	10.6	2	2	1	122	275

续表

| 化合物 | 物质系数 MF | 燃烧热 HC BTU/1b ×10³ | NFPA 分级 | | | 闪点 F | 沸点 F |
			健康危害 N(H)	易燃性 N(F)	化学活性 N(R)		
丁酸乙酯	16	12.2	0	3	0	75	248
氯乙烷	21	8.2	1	4	0	−58	54
氯甲酸乙酯	16	5.2	3	3	1	61	203
乙烯	24	20.8	1	4	2	气	−155
碳酸乙酯	14	5.3	2	1	1	290	351
乙二胺	10	12.4	3	2	0	110	239
1,2-二氯乙烷	16	4.6	2	3	0	56	181~183
乙二醇	4	7.3	1	1	0	232	387
乙二醇二甲醚	10	11.6	2	2	0	29	174
乙二醇单醋酸酯	4	8.0	0	1	0	215	347
氮丙啶	29	13.0	4	3	3	12	135
环氧乙烷	29	11.7	3	4	3	−4	51
乙醚	21	14.4	2	4	1	−49	94
甲酸乙酯	16	8.7	2	3	0	−4	130
2-乙基己醛	14	16.2	2	2	1	112	325
1,1-二氯乙烷	16	4.5	2	3	0	2	135~138
乙硫醇	21	12.7	2	4	0	<0	95
硝酸乙酯	40	6.4	2	3	4	50	190
乙氧基丙烷	16	15.2	1	3	0	<−4	147
对-乙基甲苯	10	17.7	3	2	0	887	324
氟	40	—	4	0	4	气	−307
氟(代)苯	16	13.4	3	3	0	5	185
甲醛(无水气体)	21	8.0	3	4	0	气	−6
甲醛(液体,37%~56%)	10	—	3	2	0	140~181	206~212
甲酸	10	3.0	3	2	0	122	213
#1 燃料油	10	18.7	0	2	0	100~162	304~574
#2 燃料油	10	18.7	0	2	0	126~204	—
#4 燃料油	10	18.7	0	2	0	142~240	—
#6 燃料油	10	18.7	0	2	0	150~270	—
呋喃	21	12.6	1	4	1	<32	88

续表

化合物	物质系数 MF	燃烧热 HC BTU/1b $\times 10^3$	$NFPA$ 分级			闪点 F	沸点 F
			健康危害 $N(H)$	易燃性 $N(F)$	化学活性 $N(R)$		
汽油	16	18.8	1	3	0	−45	100~400
甘油	4	6.9	1	1	0	390	340
乙醇腈	14	7.6	1	1	1	—	—
(正)庚烷	16	19.2	1	3	0	25	209
六氯丁二烯	14	2.0	2	1	1	—	—
六氯二苯醚	14	5.5	2	1	1	—	—
己醛	16	15.5	2	3	1	90	268
己烷	16	19.2	1	3	0	−7	156
无水肼	29	7.7	3	3	3	100	236
氢	21	51.6	0	4	0	气	−423
氰化氢	24	10.3	4	4	2	0	79
过氧化氢(40%~60%)	14	[2]	2	0	1	—	226~237
硫化氢	21	6.5	4	4	0	气	−76
羟胺	29	3.2	2	0	3	[4]	158
2-羟乙基丙烯酸酯	24	8.9	2	1	2	214	410
羟丙基丙烯酸酯	24	10.4	3	1	2	207	410
异丁烷	21	19.4	1	4	0	气	11
异丁醇	16	14.2	1	3	0	82	225
异丁胺	16	16.2	2	3	0	15	150
异丁基氯	16	11.4	2	3	0	<70	156
异戊烷	21	21.0	1	4	0	<−60	82
异戊间二烯	24	18.9	2	4	2	−65	93
异丙醇	16	13.1	1	3	0	53	181
异丙基乙炔	24	—	2	4	2	<19	92
醋酸异丙酯	16	11.2	1	3	0	34	194
异丙胺	21	15.5	3	4	0	−15	93
异丙基氯	21	10.0	2	4	0	−26	95
异丙醚	16	15.6	2	3	1	−28	156
喷气式发动机燃料 A&A-1	10	21.7	0	2	0	110~150	400~550
喷气式发动机燃料 B	16	21.7	1	3	0	-10 +30	—
煤油	10	18.7	0	2	0	100~162	304~574

296

续表

化合物	物质系数 MF	燃烧热 HC BTU/1b ×10³	NFPA分级 健康危害 N(H)	NFPA分级 易燃性 N(F)	NFPA分级 化学活性 N(R)	闪点 ℉	沸点 ℉
十二烷基溴	4	12.9	1	1	0	291	356
十二烷基硫醇	4	16.8	2	1	0	262	289
十二烷基过氧化物	40	15.0	0	1	4	—	—
LORSBAN*4E	14	3.0	1	2	1	85	165
润滑油	4	19.0	0	1	0	300～450	680
镁	14	10.6	0	1	1	—	2025
马来酸酐	14	5.9	3	1	1	215	395
甲基丙烯酸	24	9.3	3	2	2	171	325
甲烷	21	21.5	1	4	0	气	−258
醋酸甲酯	16	8.5	1	3	0	14	140
甲基乙炔	24	20.0	2	4	2	气	−10
丙烯酸甲酯	24	18.7	3	3	2	27	177
甲醇	16	8.6	1	3	0	52	147
甲胺	21	13.2	3	4	0	气	21
甲基戊基甲酮	10	15.4	1	2	0	102	302
硼酸甲酯	16	—	2	3	1	<80	156
碳酸二甲酯	16	6.2	2	3	1	66	192
甲基纤维素(袋装)	4	6.5	0	1	0	—	—
甲基纤维素粉[8]	16	6.5	0	1	0	—	—
氯甲烷	21	5.5	1	4	0	−50	−12
氯醋酸甲酯	14	5.1	2	2	1	135	266
甲基环己烷	16	19.0	2	3	0	25	214
甲基环戊二烯	14	17.4	1	2	1	120	163
二氯甲烷	4	2.3	2	1	0	—	104
甲撑二苯基二异氰酸盐	14	12.6	2	1	1	460	[9]
甲醚	21	12.4	2	4	1	气	−11
甲基乙基甲酮	16	13.5	1	3	0	16	176
甲酸甲酯	21	6.4	2	4	0	−2	89
甲肼	24	10.9	4	3	2	21	190
甲基乙丁基甲酮	16	16.6	2	3	1	64	242

297

续表

| 化合物 | 物质系数 MF | 燃烧热 HC BTU/1b ×10³ | NFPA分级 | | | 闪点 F | 沸点 F |
			健康危害 N(H)	易燃性 N(F)	化学活性 N(R)		
甲硫醇	21	10.0	4	4	0	气	43
甲基丙烯酸甲酯	24	11.9	2	3	2	50	213
2-甲基丙烯醛	24	15.4	3	3	2	35	154
甲基乙烯基甲酮	24	13.4	4	3	2	20	179
石油	4	17.0	0	1	0	380	680
重质灯油	10	17.6	0	2	0	275	480～680
氯苯	16	11.3	2	3	0	84	270
一氨基乙醇	10	9.6	2	2	0	185	339
石脑油	16	18.0	1	3	0	28	212～320
萘	10	16.7	2	2	0	174	424
硝基苯	14	10.4	3	2	1	190	411
硝基联苯	4	12.7	2	1	0	290	626
硝基氯苯	4	7.8	3	1	0	216	457～475
硝基乙烷	29	7.7	1	3	3	82	237
硝化甘油	40	7.8	2	2	4	[4]	[4]
硝基甲烷	40	5.0	1	3	4	95	213
硝基丙烷	24	9.7	1	3	2	75～93	249～269
对-硝基甲苯	14	11.2	3	1	1	223	460
N－SERV*	14	15.0	2	2	1	102	300
(正)辛烷	16	20.5	0	3	0	56	258
辛硫醇	10	16.5	2	2	0	115	318～329
油酸	4	16.8	0	1	0	372	547
氧己环	16	13.7	2	3	1	−4	178
戊烷	21	19.4	1	4	0	<−40	97
过醋酸	40	4.8	3	2	4	105	221

续表

化合物	物质系数 MF	燃烧热 HC BTU/1b ×10³	NFPA分级 健康危害 N(H)	NFPA分级 易燃性 N(F)	NFPA分级 化学活性 N(R)	闪点 ℉	沸点 ℉
高氯酸	29	[2]	3	0	3	—	66[9]
原油	16	21.3	1	3	0	20~90	—
苯酚	10	13.4	4	2	0	175	358
2-皮考啉	10	15.0	2	2	0	102	262
聚乙烯	10	18.7	—	—	—	NA	NA
发泡聚苯乙烯	16	17.1	—	—	—	NA	NA
聚苯乙烯片料	10	—	—	—	—	NA	NA
钾（金属）	24	—	3	3	2	—	1410
氯酸钾	14	[2]	1	0	1	—	752
硝酸钾	29	[2]	1	0	3	—	752
高氯酸钾	14	—	1	0	1	—	—
过四氧化二钾	14	—	3	0	1	—	[9]
丙醛	16	12.5	2	3	1	—22	120
丙烷	21	19.9	1	4	0	气	—44
1,3-二胺基丙烷	16	13.6	2	3	0	75	276
炔丙醇	29	12.6	4	3	3	97	237 ~239
炔丙基溴	40	13.7[7]	4	3	4	50	192
丙腈	16	15.0	4	3	1	36	207
醋酸丙酯	16	11.2	1	3	0	55	215
丙醇	16	12.4	1	3	0	74	207
正丙胺	16	15.8	3	3	0	—35	120
丙苯	16	17.3	2	3	0	86	319
1-氯丙烷	16	10.0	2	3	0	<0	115
丙烯	21	19.7	1	4	1	-162	-52
二氯丙烯	16	6.3	2	3	0	60	205
丙二醇	4	9.3	0	1	0	210	370
氧化丙烯	24	13.2	3	4	2	—35	94
n-丙醚	16	15.7	1	3	0	70	194
n-硝酸丙酯	29	7.4	2	3	3	68	230
吡啶	16	5.9	2	3	0	68	240

续表

化合物	物质系数 MF	燃烧热 HC BTU/1b ×10³	NFPA分级			闪点 F	沸点 F
			健康危害 N(H)	易燃性 N(F)	化学活性 N(R)		
钠	24	—	3	3	2	—	1619
氯酸钠	24	—	1	0	2	—	[4]
重铬酸钠	14	—	1	0	1	—	[4]
氢化钠	24	—	3	3	2	—	[4]
次硫酸钠	24	—	2	1	2	—	[4]
高氯酸钠	14	—	2	0	1	—	[4]
过氧化钾	14	—	3	0	1	—	[4]
硬脂酸	4	15.9	1	1	0	385	726
苯乙烯	24	17.4	2	3	2	88	293
氯化硫	14	1.8	3	1	1[5]	245	280
二氧化硫	1	0.0	3	0	0	气	14
SYLTHERM*800	4	12.3	1	1	0	>320[10]	398
SYLTHERM*XLT	10	14.1	1	2	0	108	345
TELONE*11	16	3.2	2	3	0	83	220
TELONE*C-17	16	2.7	3	3	1	79	200
甲苯	16	17.4	2	3	0	40	232
甲苯-2,4-二异氰酸盐	24	10.6	3	1	2	270	484
三丁胺	10	17.8	3	2	0	145	417
1,2,4-三氯化苯	4	6.2	3	1	0	222	415
1,1,1-三氯乙烷	4	3.1	2	1	0	None	165
三氯乙烯	10	2.7	2	1	0	None	189
1,2,3-三氯丙烷	10	4.3	3	2	0	160	313
三乙醇胺	14	10.1	2	1	1	354	650
三乙基铝	29	16.9	3	4	3	—	365
三乙胺	16	17.8	3	3	0	16	193
三甘醇	4	9.3	1	1	0	350	546
三异丁基铝	29	18.9	3	4	3	32	414
三异丙苯	4	18.1	0	1	0	207	495
三甲基铝	29	16.5	—	3	3	—	—
三丙胺	10	17.8	2	2	0	105	313

续表

化合物	物质系数 MF	燃烧热 HC BTU/1b $\times 10^3$	NFPA分级			闪点 F	沸点 F
			健康危害 $N(H)$	易燃性 $N(F)$	化学活性 $N(R)$		
乙烯基醋酸酯	24	9.7	2	3	2	18	163
乙烯基乙炔	29	19.5	2	4	3	气	41
乙烯基烯丙醚	24	15.5	2	3	2	<68	153
乙烯基丁基醚	24	15.4	2	3	2	15	202
氯乙烯	24	8.0	2	4	2	−108	7
4-乙烯基环己烯	24	19.0	0	3	2	61	266
乙烯基·乙基醚	24	14.0	2	4	2	<−50	96
1,1-二氯乙烯	24	4.2	2	4	2	0	89
乙烯基·甲苯	24	17.5	2	2	2	125	334
对二甲苯	16	17.6	2	3	0	77	279
氯酸锌	14	[2]	1	0	1	—	—
硬脂酸锌[8]	4	10.1	0	1	0	530	—

注:燃烧热(Hc)是燃烧所生成的水处于气态时测得的值,当 Hc 以千卡/摩尔的形式给出时,可乘以 1 800 除以分子量转换成英热单位/磅(BTU/1b,1BTU＝252卡)。

[1]真空蒸馏

[2]具有强氧化性的氧化剂

[3]升华

[4]加热爆炸

[5]在水中分解

[6]MF 是经过包装的物质的值

[7]Hc 相当于 6 倍分解热(Hd)的值

[8]作为粉尘进行评价

[9]分解

[10]在高于 600 F 下长期使用,闪点可能降至 95 F

Seta——Seta 闪点测定法(参考 NFPA 321)

NA——不适合

TOC——特征开杯法

由特征闭杯法测得的其它闪点(TCC)

＊道化学公司的注册商标

301

4. 确定工艺单元危险系数(F_3)

工艺单元危险系数值是由一般工艺危险系数(F_1)与特殊工艺危险系数(F_2)相乘求出的。一般工艺危险系数是确定事故危险程度的主要因素,其中包括 6 个方面的内容,这些内容基本上覆盖了多数作业场合。特殊工艺过程危险性是导致事故发生的主要原因,包括有 12 个特殊的工艺条件,各种特殊的工艺条件常常是事故发生的主要原因。有关一般工艺危险系数和特殊工艺危险系数的取值范围见表 11-10。

确定工艺单元危险系数中各项数值时,应选择物质在工艺单元中所处的最危险状态(如:开车、正常操作或停车)。切记,一次只分析一种危险,使分析结果与特定的最危险状态相对应。

表 11-10 火灾、爆炸指数计算表

地区/国家	部门:	场所:		日期:	
位置:	生产单元:	工艺单元:			
评价人:	审定人(负责人):			建筑物:	
检查人:(管理部)	检查人:(技术中心)			检查人:(安全和损失预防)	
工艺设备中的物料:					
操作状态 —设计—开车—正常操作—停车		确定 MF 的物质			
物质系数(见表 11-9)当单元温度超过 60℃时则注明					
1. 一般工艺危险				危险系数范围	采用危险系数(1)
基本系数··················				1.00	1.00
a. 放热化学反应				0.3~1.25	
b. 吸热反应				0.20~0.40	
c. 物料处理与输送				0.25~1.05	
d. 密闭式或室内工艺单元				0.25~0.90	
e. 通道				0.20~0.35	
f. 排放和泄漏控制				0.25~0.50	
一般工艺危险系数(F_1)··················					
2. 特殊工艺危险					
基本系数··················				1.00	1.00
a. 毒性物质				0.20~0.80	

续表

b. 负压(<500mmHg)	0.50	
c. 易燃范围内及接近易燃范围的操作 惰性化——未惰性化——		
①罐装易燃液体	0.50	
②过程失常或吹扫故障	0.30	
③一直在燃烧范围内	0.80	
d. 粉尘爆炸(见表11-11)	0.25~2.00	
e. 压力(见图11-4) 　操作压力,kPa(绝对压) 　释放压力,kPa(绝对压)		
f. 低温	0.20~0.30	
g. 易燃及不稳定物质的能量 　物质重量,kg 　物质燃烧热 H_c,J/kg		
①工艺中的液体及气体(见图11-5)		
②贮存中的液体及气体(见图11-6)		
③贮存中的可燃固体及工艺中的粉尘(见图11-7)		
h. 腐蚀与磨蚀	0.10~0.75	
i. 泄漏—接头和填料	0.10~1.50	
j. 使用明火设备(见图11-8)		
k. 热油热交换系统(见表11-12)	0.15~1.15	
l. 转动设备	0.50	
特殊工艺危险系数(F_2) …………………………		
工艺单元危险系数($F_1 \times F_2 = F_3$) …………………		
火灾、爆炸指数($F_3 \times MF = F\&EI$) …………………		

注:(1)无危险时系数用0.00。

表 11-11　粉尘爆炸危险系数

粉尘粒径(微米)	目	系数*
>175	60~80	0.25
150~175	80~100	0.50
100~150	100~150	0.75
75~100	150~200	1.25
<75	>200	2.00

* 在惰性气体气氛中操作时,上述系数减半。

303

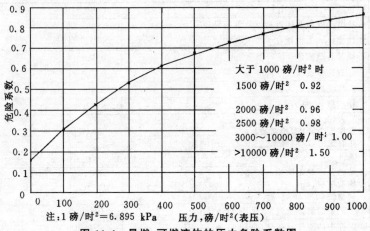

注:1 磅/时² = 6.895 kPa　　压力,磅/时²(表压)

图 11-4　易燃、可燃液体的压力危险系数图

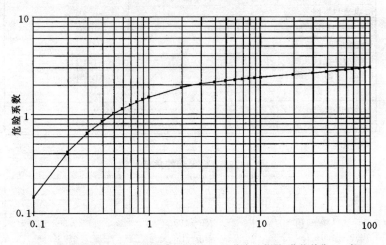

注:1 英热单位 = 1.005×10³ J　　工艺中总能量(英热单位×10⁹)

图 11-5　工艺中的液体和气体

5. 确定火灾、爆炸危险指数(*F&EI*)

火灾、爆炸危险指数是用来估计生产过程中的事故可能造成

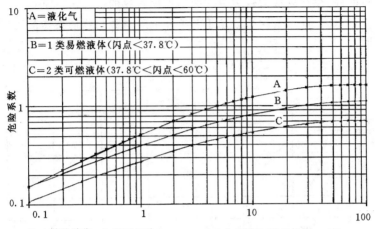

注:1英热单位=1.005×10³ J　　　贮存中总能量(英热单位×10⁹)

图 11-6　贮存中的液体和气体

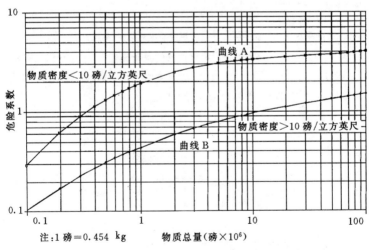

注:1磅=0.454 kg　　　物质总量(磅×10⁶)

图 11-7　贮存中的可燃固体/工艺中的粉尘

的破坏。各种危险因素如反应类型、操作温度、压力和可燃物的数量等表征了事故发生概率、可燃物的潜能以及由工艺控制故障、设备故障、振动或应力疲劳等导致的潜能释放的大小。

火灾、爆炸危险指数是工艺单元危险系数与物质系数的乘积，即：

$$F\&EI = F_3 \times MF \qquad (11-3)$$

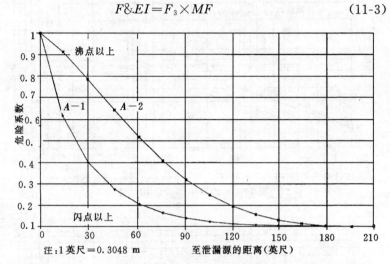

图 11-8　明火设备的危险系数

表 11-12 是 $F\&EI$ 值与危险程度之间的关系，它使人们对火灾、爆炸的严重程度有一个相对的认识。

表 11-12　$F\&EI$ 与危险系数

$F\&EI$ 值	危险等级
1～60	最轻
61～96	较轻
97～127	中等
128～158	很大
＞159	非常大

6. 确定安全措施补偿系数

任何一个化工厂或建筑物在建造时，都应考虑使一些基础的设计特征符合有关规范和标准。除了这些基本的设计要求外，还应根据实际情况和经验考虑到安全措施的要求,以预防严重事故的发生,降低事故的概率和危害。

安全措施可分为三类:C_1——工艺控制;C_2——危险物质隔离;C_3——防火设施,安全设施修正系数如表 11-13。

表 11-13 安全措施修正系数

安全设施内容	修正系数
①工艺控制(C_1)	
a. 紧急状态动力源	0.98
b. 冷却装置	0.97～0.99
c. 抑爆装置	0.84～0.98
d. 紧急切断装置	0.96～0.99
e. 计算机控制	0.93～0.99
f. 惰性气体保护系统	0.94～0.96
g. 操作规程/程序	0.91～0.99
h. 化学活泼物质的评价	0.91～0.98
i. 其它工艺过程危险分析	0.91～0.98
C_1 合计	*
②危险物质隔离(C_2)	
a. 远距离控制阀	0.96～0.98
b. 切断/排放装置	0.96～0.98
c. 排污系统	0.91～0.97
d. 连锁装置	0.98
C_2 合计	*
③防火设施(C_3)	
a. 泄漏气体检测装置	0.94～0.98
b. 钢质结构	0.95～0.98
c. 消防水供应	0.94～0.97
d. 特殊灭火系统	0.91
e. 自动洒水系统	0.94～0.97
f. 防火水幕	0.97～0.98
g. 泡沫灭火装置	0.92～0.97
h. 手提式灭火器/水枪	0.93～0.98
i. 电缆屏蔽	0.94～0.98
C_3 合计	*
安全设施修正系数:$C_1 \times C_2 \times C_3$	

7. 确定影响区域

取计算所得的 $F\&EI$ 值乘以 0.84，即得到影响区域半径。该值表示在评价的工艺单元内发生火灾和爆炸时可能影响的区域。若以国际单位制计算，则有：

$$R = F\&EI \times 0.84 \div 3.281(\text{m}) \tag{11-2}$$

当评价的工艺单元内设备几何尺寸小时，影响半径可考虑从设备的中心开始计算，如排料口、装(卸)料口等泄漏点均可以这样处理。若设备几何尺寸较大时，则应从设备表面向外量取"半径"的距离，然后加上设备的半径，即为实际影响的半径。

为了评价在火灾、爆炸中遭受的损坏，要考虑实际影响的体积。该体积是一个围绕着工艺单元的圆柱体的体积，其面积是影响区域，高度相当于影响半径。有时用球形的体积来表示也是合理的。

8. 影响区域内财产价值

影响区域内财产价值可由区域内含有的财产(包括设备价值和在存的物料价值)求得：

$$更换价值 = 原来成本 \times 0.82 \times 增长系数 \tag{11-3}$$

式中的系数 0.82 是考虑到事故发生时有些成本不会遭受损失或无需更换，如场地平整、道路、地下管线和地基、工程费等。增长系数是指物价上涨的系数，由工程预算专家确定。

9. 确定危害系数

危害系数由工艺单元危险系数(F_3)和物质系数(MF)按图 11-9 来确定，它代表了单元中物料泄漏或反应能量释放所引起的火灾、爆炸事故的综合效应。

10. 基本最大可能财产损失(基本 $MPPD$)

基本最大可能财产损失是由工艺单元影响区域内财产价值与危害系数相乘得到的，它以假定没有任何一种安全措施来降低损失为前提。

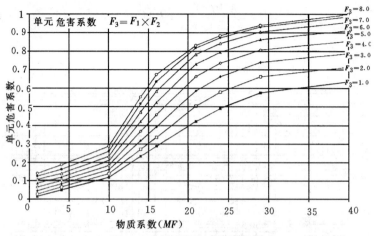

图 11-9　单元危害系数计算图

11. 实际最大可能的财产损失值（实际 *MPPD*）

基本最大可能的财产损失值（基本 *MPPD*）乘以安全措施的修正系数，就可得出实际的最大可能的财产损失值。这个乘积表示在采取适当的防护措施后，某个事故遭受的财产损失值。如果某些预防系统出了故障，损失可能接近基本的最大可能财产损失值。

12. 确定最大可能损失天数（*MPDO*）

停产损失有时等于或超过财产损失，这取决于在存物的量、产品的需求和在联合作业中的地位。

最大可能损失天数的求法：以实际最大可能财产损失值（实际 *MMPD*），根据图 11-10 即可求出。在大多数情况下，一般从中间线直接读出 *MPDO*，若某设备事故存在备件时，可以取下线（下限）值；若影响生产时间较长或难以恢复生产的故障，就取上线（上限）值。

13. 停产损失（*BI*）

按美元计算，停产损失可由下式得到：

$$BI = \frac{MPDO}{30} \times VPM \times 0.7 \qquad (11\text{-}6)$$

式中，VPM——每月产值；

0.7——代表固定成本和利润。

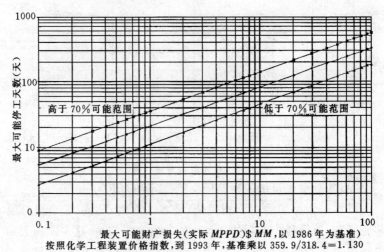

图 11-10 最大可能损失天数（$MPDO$）计算图

14. 单元危险分析汇总

工艺单元危险分析汇总表汇集了单元中 MF、$F\&EI$、$MPPD$、$MPDO$、BI 的数据，见表 11-14。

表 11-14 单元危险分析汇总表

单元	物质系数（MF）	火灾爆炸系数（$F\&EI$）	影响区域内的财产价值	基本（$MPPD$）	实际（$MPPD$）	损失工作日（$MPDO$）	停产损失（BI）

15. 关于最大可能财产损失、停产损失和工厂平面布置的讨论

根据上述介绍,很容易会产生这样一个问题:"可以接受的最大可能财产损失和停产损失的风险值为多少?"这是一个很难回答的问题,不同的工厂类型有不同的风险值。要确定这个界限值一种方法是与技术领域类似的工厂进行比较,一个新装置的损失风险预测值不应超过具有同样技术的类似的工厂。另一种方法是采用生产单元(工厂)更换价值的 10% 来确定其最大可能财产损失。

如果最大可能损失是不可接受的,那么关键要研究应该或可能采取哪些措施来降低它。

降低 $MPPD$ 的两种方法。

(1)在新的基本项目设计阶段进行分析,这是降低 $MPPD$ 最有利的时机,可以通过改变布局或增加间距和降低影响区域的总投资额达到目的。在某种情况下,若物料损失是主要的项目,则降低物料贮存量为最有效的手段。针对具体情况,还可以采取其它一些行之有效的措施。特别指出的是,采取消除或减少危险的预防措施比增加更多的安全措施对 $MPPD$ 有更大的影响。

(2)对现有生产装置进行评价时,改变平面布置或物料在存量从经济角度考虑是很难接受的,明显减少 $MPPD$ 有一定的限度,这时重点就应该放在增加安全措施上。

二、英国帝国化学公司(ICI)蒙德(Mond)评价法

该评价方法是蒙德工厂研究开发部于 1976 年提出,1979 年做了修订,它是在道化学公司的方法基础上发展补充起来的,除了考虑火灾、爆炸危险外,还增加了毒性指标,故又称为 DOW/ICI、Mond 法。评价程序及内容见图 11-11。评价要点如下所述。

1. 装置单元的划分

"单元"是装置的一个独立部分,在理论上可以很容易说明它的特点。至于不和装置在一起的其余部分,如有一定间距、防火墙、

防堤壁等隔开的装置的一部分设施,也可称为单元。选择装置的部分作为单元时,要注意近邻的其它单元存在的特征,存在哪些不同的特别工艺和物质危险性的区域。

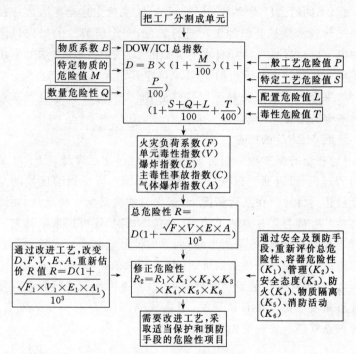

图 11-11 蒙德法评价程序图

装置中有代表性的单元类型有:原料贮存区、供应区、反应区、产品蒸馏区、吸收或洗涤区、半成品贮存区、产品贮存区、运输装卸区、催化剂处理区、副产品处理区、废液处理区、通入装置区的主要配管桥区。除此之外,还有干燥、过滤、固体处理、气体压缩等,在必要时也可划分为单元。

2. 确定物质系数 B 及 M

和道化学公司的方法一样,单元内的重要物质的危险性潜能

312

的评价基础,是根据单位质量的物质的燃烧或分解能,即由燃烧/分解/反应/爆炸压来决定系数。但蒙德法将物质系数分成一般物质系数 B 和特殊物质危险性系数 M。后者主要考虑到评价出的危险性系数是所研究的特定单元内重要物质的作用环境的一个函数,不能用孤立重要物质的性质来定义,因此,对下列特殊危险物质做了规定,见表 11-15。

表 11-15　特殊物质危险性系数

特殊物质危险性 M	建议系数
a. 氧化物质	$(0\sim20)\%$
b. 与水反应发生可燃性气体	$(0\sim30)\%$
c. 混合及扩散特性	$(-60\sim60)\%$
d. 自然发热性	$(30\sim250)\%$
e. 自然聚合性	$(25\sim75)\%$
f. 着火敏感度	$(75\sim150)\%$
g. 爆炸的分解性	125%
h. 气体的爆炸性	150%
i. 凝缩相爆炸性	$(200\sim1500)\%$
j. 其他异常物质	$(0\sim150)\%$

3. 确定一般工艺危险值 P

这类危险性与单元内进行的工艺及其操作的基本类型有关,其具体内容及系数范围见表 11-16。

表 11-16　一般工艺危险性系数

一般工艺危险性 P	建议系数
a. 仅是使用或仅有物理变化	$(10\sim50)\%$
b. 单一连续反应	$(25\sim50)\%$
c. 单一间断反应	$(10\sim60)\%$
d. 同一装置内进行多种反应	$(25\sim75)\%$
e. 物质输送	$(0\sim75)\%$
f. 可输送的容器	$(10\sim100)\%$

4. 确定特殊工艺危险值 S

在重要物质或基本的工艺和操作条件下所做的评分基础上，考虑到会使总体危险性增加的工艺操作、贮存、运输等特性而需决定的系数，其内容及系数范围见表 11-17。

表 11-17　特殊工艺危险性系数

特殊工艺危险性 S	建议系数
a. 低压（小于 1.6kPa 绝对压力）	$(0\sim100)\%$
b. 高压	$(0\sim150)\%$
c. 低温	
①（炭钢：$-10\sim10℃$）	15%
②（炭钢：$-10℃$ 以下）	$(30\sim100)\%$
③其他物质	$(0\sim100)\%$
d. 高温	
①引火性	$(0\sim40)\%$
②构造物质	$(0\sim25)\%$
e. 腐蚀与浸蚀	$(0\sim150)\%$
f. 接头和垫圈泄漏	$(0\sim60)\%$
g. 振动及循环负荷等	$(0\sim50)\%$
h. 难控制的工程或反应	$(20\sim300)\%$
i. 在燃烧范围或其附近条件下操作	$(25\sim150)\%$
j. 平均爆炸危险以上	$(40\sim100)\%$
k. 粉尘成烟雾的危险性	$(30\sim70)\%$
l. 强氧化剂	$(125\sim300)\%$
m. 工艺着火敏感度	$(0\sim75)\%$
n. 静电危险性	$(0\sim200)\%$

5. 数量的危险值 Q

具有可燃性、着火性和分解性的物质，随着数量的增加，其危险性必然增大，因此，数量系数也随之加大。当数量在 $0.1\sim10^3$ 吨时，其系数为 $1\sim150$；数量在 $2\times10^3\sim10^5$ 吨时，其系数为 $180\sim1\,000$。

6. 确定配置上的危险值 *L*

这与设备(设施)的布局和构造设计有关。如大量可燃性物质被安排在高处,则危险性就大,且随着高度增加,危险性就增大。其具体内容及系数范围见表 11-18。

表 11-18　配置上的危险系数

a.构造设计	(0~200)%
b.多米诺效应	(0~250)%
c.地下设施	(0~150)%
d.地面排水沟	(0~100)%
e.其他	(0~250)%

7. 确定毒性危险值 *T*

进行毒性评价重要根据是时间负荷条件和毒性允许浓度(阈值:*TLV*),其具体内容与系数范围见表 11-19。

表 11-19　毒性危险性系数

a.*TLV* 值	(0~300)%
b.物质类型	(25~200)%
c.短期暴露危险性	(−100~150)%
d.皮肤吸收	(0~300)%
e.物理性因素	(0~50)%

8. DOW/ICI 总指标 *D* 的计算

总指标 *D* 按下式计算:

$$D = B\left(1 + \frac{M}{100}\right)\left(1 + \frac{P}{100}\right)\left(1 + \frac{S+Q+L}{100} + \frac{T}{400}\right) \tag{11-6}$$

式中,*B*——一般物质系数;

　　　M——特殊物质危险性系数;

　　　P——一般工艺危险性系数;

　　　S——特殊工艺危险性系数;

　　　Q——数量的危险性系数;

　　　L——配置上的危险性系数;

T——毒性危险性系数。

用总指标表示的危险性程度如表 11-20 所示。

表 11-20   用 DOW/ICI 总指标 D 表示的危险程度分级

总指标 D 的范围	危险性的程度
0~20	缓和的
20~40	轻度的
40~60	中等的
60~75	稍重的
75~90	重的
90~115	极端的
115~150	非常极端的
150~200	潜在灾难性的
>200	高度灾难性的

9. 总危险性评分 R 的计算

根据蒙德法的技术守则,认为总危险性评分 R 是根据总指标 D 得出,而且它受下列因素的强烈影响:火灾负荷;单元毒性指标;内部爆炸指标;气体爆炸。

因此,总危险性评分 R 是更为适当的方法,是为评价这些因素而开发的。它根据下列公式计算:

$$R = D\left(1 + \frac{\sqrt{FVEA}}{10^3}\right) \tag{11-7}$$

式中,F——火灾负荷系数;

V——单元毒性指标;

E——内部爆炸指标;

A——气体爆炸指标。

修订系数评价为零时,在式(11-7)中用最小值为 1。对应于 R 值的范围如表 11-21 所示。

以上作为初期评价结果所得到的总危险性评分 R 值,应以安全及所有相互补偿措施都不起作用时,事故潜在性的大小作为考

316

虑的依据。如果危险性评分 R 属于极端或更坏时,就应对单元做进一步研究,改变其工艺设计。为此,对 R 值进行修正(重新计算),得 R_1:

$$R_1 = D_1 \left[1 + \frac{\sqrt{F_1 V_1 E_1 A_1}}{10^3} \right] \qquad (11\text{-}8)$$

表 11-21 总危险性评分 R 值的分级

总危险性评分 R 值	总危险性程度
0～20	缓和
20～100	低
100～500	中等
500～1 100	高（I 类）
1 100～2 500	高（II 类）
2 500～12 500	非常高
12 500～65 000	极端
65 000 以上	非常极端

若总危险性评分 R 值在 $100\sim1\,100$ 之间时,应仔细斟酌下一阶段用于评价的危险性系数,研究单元内设置的安全措施及其它防护系统补偿的程度,提高安全性。这样可按下式求得采用安全措施后的危险性评分 R_2 值:

$$R_2 = R_1 \cdot K_1 \cdot K_2 \cdot K_3 \cdot K_4 \cdot K_5 \cdot K_6 \qquad (11\text{-}9)$$

式中,K_1——容器危险补偿系数;

K_2——工程管理补偿系数;

K_3——安全态度补偿系数;

K_4——防火补偿系数;

K_5——物质隔离补偿系数;

K_6——消防活动补偿系数。

三、日本劳动省化工厂六阶段评价法

1976 年,日本劳动省颁布了《化工厂安全评价六阶段法》,已在各化工厂中实行,后来扩大到其它行业。这种方法以道化学公司方法为基础,但对物质系数和修正系数的计算以及分级做了较大的简化和改动,是一个简单易行的方法。

该方法适用于新建、扩建、改建的化工厂中各种容器、塔、槽、化学品的制造和贮存设施的安全评价。下面仅就主要特点作一简介。

1. 评价程序与内容

该方法共分六个阶段,其评价程序与内容见图 11-12。

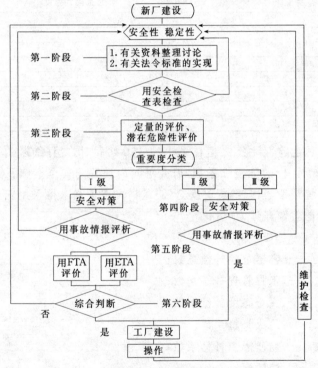

图 11-12 六阶段评价法

2. 定量评价(第三阶段)

进行定量评价时,要把装置分成若干工序,每个工序又分成几个单元,然后对各个单元作定量评价。以其中最大危险度的单元作为该工序的危险度。

单元的危险度由物质、容量、温度、压力和操作 5 个项目确定，每个项目又分为 A、B、C、D 4 个类别，分别表示 10 点、5 点、2 点和 0 点，然后按点数之和来评定该单元的危险度等级。定量评价取点办法见表 11-22。

表 11-23 是危险度等级表。

表 11-22　定量评价的内容及标准

项目	A(10 点)	B(5 点)	C(2 点)	D(0 点)
1.物质	①劳动安全卫生法实施令(简称令)中附表1的爆炸性物质②附表中易着火物质金属、锂和钠、黄磷③附表中可燃气体中 19.6×10^4 Pa（2kg/cm²）以上的乙炔④与①～③同样危险程度的物质如烷基铝	①(令)附表1中易着火物质中的硫化磷和赤磷②(令)附表中氧化性物质的氯酸盐、过氯酸盐、无机过氧化物③附表中易燃物质中,闪点不满零下30℃者④附表中的可燃气体⑤具有①～④同样危险性的物质	①(令)附表1中易着火物质中的赛潞珞类、电石、磷化钙、镁粉、铝粉②附表中易燃物质中闪点在 -30～30℃者③具有和①～②同样危险程度的物质	不属于 A～C 的物质
	所谓物质,系指原材料、中间体或生成物中危险程度最大的物质,如果使用的物质在爆炸下限不满10%的微量时,可以不考虑			
2. 单元容量(气体、液体)	气体1 000m³ 以上 液体100m³ 以上	500～1 000m³ 50～100m³	100～500m³ 10～50m³	<100m³ <10m³
	对于充填了触媒的反应装置,计算容量时要去掉触媒层所占空间体积 对于气液混合系的反应装置,按照其反应时的形态,精制装置按精制形态选择上述规定。没有化学反应的精制装置和贮藏装置,降一级进行评价,第 D 级则原封不动			
3.温度	在 1 000℃以上使用时,其使用温度在燃点以上。	①在 1 000℃以上使用,但使用温度未达燃点②250～1 000℃中使用,温度在燃点以上	①250～1 000℃时使用,使用温度未达燃点②未满250℃时使用,但使用温度在燃点以上	使用温度未满250℃且未达燃点

续表

项目	A(10 点)	B(5 点)	C(2 点)	D(0 点)
4.压力	100MPa 以上	20~100MPa	1~20MPa	<1MPa
5.操作	在爆炸范围附近操作	①$Qr/C_p\rho V$（注）值 400℃/min 以上的操作 ②运转条件从一般的条件 25%变化成①的状态进行操作 ③进行单批式的操作 ④系统中进入空气中不纯物质就可能发生危险反应的操作 ⑤使用粉状或雾状物能够发生粉尘爆炸的操作 ⑥具有与①~⑤相同程度危险之操作	①$Qr/C_p\rho V$ 值 为 4℃~400℃之操作 ②运转条件从通常的条件 25%变化到①的状态下操作 ③虽为单批式,但已开始用机械进行程序操作 ④精制操作中伴随有化学反应 ⑤具有与①~④相同程度的危险性	①$Qr/C_p\rho V$ 不到 4℃/min ②同左② ③反应器中有70%以上水的情况 ④精制操作中不伴有化学反应或贮存 ⑤①~④之外,不属于 A、B、C 的操作

注:$Qr/C_p\rho V$——温度上升速度℃/min;

Qr——由反应的发热速度 kJ/min;

C_p——单元内物质的比热 kJ/kg℃;

ρ——单元内物质的密度 kg/m³;

V——单元内物质的容量 m³.

表 11-23　危险度等级

点　　数	等级	危险程度
16 点以上	I	高度危险
11~15 点	II	结合周围情况及有关设备进行评价
10 点以下	III	低度危险

3.安全措施(第四阶段)

根据工序评出的危险度等级,可根据表 11-24 采取设备方面的措施,防止事故发生或事故扩大,以提高其安全性。

表 11-24　按危险度等级采取的安全措施

序号	设备	Ⅰ 级	Ⅱ 级	Ⅲ 级
1.	灭火设备和洒水设备	室外灭火用供水设施须能持续 120min。洒水和喷水设备能力也须维持上述要求。喷水量应能满足有关规定要求。停电时也能使用	室外灭火用供水设施须能持续 120min。适当设置喷水设备,其喷水量应能满足有关规定要求。停电时也能使用	室外灭火用供水设施须能持续 120min。适当设置喷水设备,其喷水量应能满足有关规定要求。但 5 点以下的不适用
2.	建筑物的耐火构造	使用制造可燃物时,设备的支承部位的受热应能支持 2h。贮有可燃物 7kL 以上的建筑物应耐热 2h 以上。但装有喷水设备,支柱耐火结构者除外	使用或制造可燃物时,设备的支承部位的受热应能支持 1h。贮有可燃物 7kL 以上的建筑物应耐热 30min 以上。但装有喷水设备,支柱耐火结构者除外	
3.	特别的仪表和设备	发生火灾时应采取防止可燃物逸出或逸出最少的方法,应采取防止反应器、塔槽等设备因异常反应而发生危险或使危险减到最小的方法。这些仪表设备应采取双份或加强方式,仪表用空气、电源能维持 30min,紧急停车回路为独立电源	发生火灾时应采取防止可燃物逸出或逸出最少的方法,应采取防止反应器、塔槽类设备因异常反应而发生危险或发生危险最少的方法	
4.	三废设备、泄放设备、急冷设备	设置排放槽、火炬烟囱、排泄烟道、急冷设备等,放空阀采用远距离操作方式	在使用可燃物的室内,要设置火灾时能从建筑物排除可燃物或者保持安全状态的特殊设备	

序号	设备	Ⅰ 级	Ⅱ 级	Ⅲ 级
5.	防止容器爆炸的设备	装设特别仪表控制设备（调节阀设置自动防止故障或安全断路阀等）或向容器内部送入惰性气体	装设特别仪表控制设备或用惰性气体送入容器	设置消除火焰装置及防止静电措施
6.	远距离操作	装置远距离操作和监视装置	必要时装设远距离操作及监视装置	
7.	报警装置	设置报警器和扩音器等，特别必要时可采用自动和联动方式	设置紧急状态报警装置	
8.	气体检测装置	可燃性物质有泄漏可能时，设置可燃性气体检测器，必要时使其与紧急停车，消防装置联动	可燃物质有泄漏可能时，设置可燃性气体检测器	
9.	冲击波防护措施	为防止冲击波破坏，消防用水主管和操作阀应隔离、埋设或设防爆墙，离波源应有30m 远	消防水主管和操作阀应隔离、埋设或设防爆墙，离波源应有15m 远	
10.	排气设施	设置烟、热、可燃性气体、粉尘等有害物质的排气设施	设置烟、热、可燃性气体、粉尘等有害物质的排气设施	设置烟、热、可燃性气体、粉尘等有害物质的排气设施
11.	备用电源	以下设备应有备用电源：消防设备、冷却水泵、备用照明、紧急停车装置、气体泄漏警报器、排毒设备、通讯设备	消防设备、备用照明、紧急停车装置、气体泄漏警报器、通讯设备应有备用电源	

四、化工厂危险程度分级

该评价方法由我国化工部化工劳动保护研究所提出，是以化工生产、贮存过程中的物质、物量指数为基础，用工艺、设备、厂房、安全装置、环境、工厂安全管理等系数修正后,得出工厂实际危险等级。

1. 评价程序

评价程序见图 11-13。

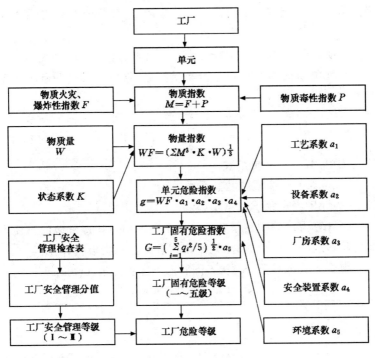

图 11-13 评价程序

2. 确定物质指数(M)

将工厂按工艺过程或装置布置分成若干单元,先查出单元内危险物质的火灾、爆炸性指数(F)、毒性指数(P),然后求出物质指数(M)。

$$M = F + P \qquad (11\text{-}10)$$

参照《建筑设计防火规范》的分类,火灾、爆炸指数(F),确定分值为：

甲类　　19~30，　乙类　8~22，　丙类　　4~10，

丁类　　2，　　　　戊类　　0

毒性指标(P)，按《职业性接触毒物危害程度分级》分为四级：极度危害、高度危害、中度危害和轻度危害，其分值分别为 30、16、8、3。

3. 确定物量指数(WF)

单元物质的物量指数是由物质指数、物质的重量和状态系数按下式求出：

$$WF = \sqrt[3]{\sum_{i=1}^{n} M_i^3 \cdot K_i \cdot W_i} \tag{11-11}$$

式中，M——物质指数；

　　　　K——物质的状态系数；

　　　　W——物质的重量（吨）。

经计算得出的物量指数的值低于单元中可构成危险的物质中最危险物质的物质指数时，则按该物质的物质指数值计。

物质的状态系数(K)在不同状态下的值见表 11-25。

表 11-25　状态系数 K 值

物质形态 / 物质位置	气体	液体	固体
工艺	200	10	2
贮存	10	0.5	0.1

4. 单元固有危险指数(g)的计算

单元固有危险指数(g)由下式求出：

$$g = WF \cdot a_1 \cdot a_2 \cdot a_3 \cdot a_4 \tag{11-12}$$

式中，WF——物量指数；

　　　　a_1——工艺修正系数；

　　　　a_2——设备修正系数；

a_3——厂房修正系数；

a_4——安全装置修正系数。

工艺修正系数(a_1)由作业方式(B_1)、物料温度(B_2)、操作压力(B_3)、操作浓度(B_4)、作业危险度(B_5)、明火作业(B_6)、静电危害(B_7)等7项修正指数求出：

$$a_1 = 1 + \frac{B_1 + B_2 + B_3 + B_4 + B_5 + B_6 + B_7}{100} \qquad (11\text{-}13)$$

设备修正系数(a_2)由设备运转方式(C_1)、设备高度(C_2)、脆性材料(C_3)、检测装置(C_4)、设备状态(C_5)、防爆电气(C_6)、设备先进程度(C_7)等七项指数求出：

$$a_2 = 1 + \frac{C_1 + C_2 + C_3 + C_4 + C_5 + C_6 + C_7}{100} \qquad (11\text{-}14)$$

厂房修正系数(a_3)由厂房结构型式(D_1)、防火间距(D_2)、建筑耐火等级(D_3)、厂房泄压面积(D_4)、安全疏散距离(D_5)等五项修正指数求出：

$$a_3 = 1 + \frac{D_1 + D_2 + D_3 + D_4 + D_5}{100} \qquad (11\text{-}15)$$

安全装置修正系数(a_4)由所采用的安全设施的修正指数(E_i)求出：

$$a_4 = 1 + \sum_{i=1}^{19} E_i / 100 \qquad (11\text{-}16)$$

式中，19——表示安全设施的总项数；

E_i——第 i 项安全设施的修正指数。

5. 工厂固有危险指数(G)的计算

用工厂最高危险5个单元危险指数的均方根与工厂环境系数的乘积求出：

$$G = \sqrt{\frac{\sum_{i=1}^{5} g_i^2}{5}} \cdot a_5 \qquad (11\text{-}17)$$

式中，g——单元固有危险指数；

a_5——工厂环境系数。按工厂边界向外延伸 $500m$ 的区域特性分为五级。

将工厂固有危险指数按表 11-26 的分级范围进行分级。

表 11-26 工厂固有危险指数分级范围

工厂固有危险指数	工厂固有危险等级
＞1 000	一级
500～1 000	二级
200～499	三级
100～199	四级
＜100	五级

6. 工厂实际危险等级

工厂实际危险等级，是将工厂固有危险等级用工厂安全管理等级进行修正后求得的。工厂安全管理等级根据分值划分为三个等级：

＞800　　　　　　优（Ⅰ级）

＞600～800　　　 可（Ⅱ级）

＜600　　　　　　劣（Ⅲ级）

工厂实际危险等级的划分见表 11-27。

表 11-27　工厂实际危险等级分级表

工厂实际危险等级　工厂固有危险等级　工厂安全管理等级	一	二	三	四	五
Ⅰ	高度	中度	低度	最低度	最低度
Ⅱ	最高度	高度	中度	低度	最低度
Ⅲ	最高度	最高度	高度	中度	低度

第十二章 安全管理的科学决策

第一节 概　　述

一、安全决策的意义

决策是人们进行选择或判断的一种思维活动。决策在人们生活、工作中随时都会遇到。有些决策是简单和容易的，例如出门未听天气预报，要不要带雨具；到服装店买衣服，就会遇到衣服的式样、衣料、颜色、价钱、耐用以及舒适等一系列问题，从中做出决策。有些决策是复杂的、困难的，例如能源资源开发、经济发展战略和计划以及战争与和平等。

什么是决策？决策就是决定的策略和方法。普遍的看法有两种：一种是"管理就是决策"，另一种是"决策就是做决定"。这两种看来截然不同的定义，却不同角度深刻地揭示了决策的基本内容。既然决策就是作决定，那么从许多达到同一目标的可行方案中选定最优方案时，就要求人们的选择和判断应尽可能地符合客观实际。要做到这一点，决策者应尽可能真实地了解问题背景、环境和发展变化规律，占有详细的信息资料和正确地掌握决策方法。

安全决策就是针对生产活动中需要解决的特定安全问题，根据安全标准、规范和要求，运用现代科学技术知识和安全科学的理论与方法，提出各种安全措施方案，经过分析、论证与评价，从中选择最优方案并予以实施的过程。

"管理就是决策",现代安全管理主要就是解决安全决策的问题。在现代安全管理中,面对许多安全生产问题,要求领导者能统观全局,立足改革,不失时机地作出可行和有效的决策,以期实现安全生产的目标。

二、决策的种类

决策分类方法很多,一般决策问题根据决策系统的约束性与随机性原理(即其自然状态的确定与否)可分为确定型决策和非确定型决策。

1. 确定型决策

即是在一种已知的完全确定的自然状态下,选择满足目标要求的最优方案。

确定型决策问题一般应具备四个条件:①存在着决策者希望达到的一个明确目标(收益大或损失小);②只存在一个确定的自然状态;③存在着可供决策者选择的两个或两个以上的抉择方案;④不同的决策方案在确定的状态下的益损值(利益或损失)可以计算出来。

2. 非确定型决策

当决策问题有两种以上自然状态,哪种可能发生是不确定的,在此情况下的决策称为非确定型决策。

非确定型决策又可分为两类:当决策问题自然状态的概率能确定,即是在概率基础上做决策,但要冒一定的风险,这种决策称为风险型决策。如果自然状态的概率不能确定,即没有任何有关每一自然状态可能发生的信息,在此情况下的决策就称为完全不确定型决策。

风险型决策问题通常要具备如下五个条件:①存在着决策者希望达到的一个明确目标;②存在着决策者无法控制的两种或两

种以上的自然状态；③存在着可供决策者选择的两个或两个以上的抉择方案；④不同的抉择方案在不同自然状态下的益损值可以计算出来；⑤未来将出现哪种自然状态不能确定，但其出现的概率可以估算出来。

三、安全决策的类型

在安全管理决策中，由于决策目标的性质、决策的层次和要求的差别，决策的类型很多。为了便于决策，必须确定在什么层次上进行，也就是说，一定要划定决策者与被决策对象的范围以及它们相互作用构成的决策系统与外界的联系（即外界有物质、能量和信息的交换）。下面仅介绍几种常见的安全决策类型。

1. 系统安全管理决策

是指解决全局性重大问题的高层决策，主要解决安全方针、政策、规划、安全管理体制、法规、监督监察及推进安全事业发展等方面的决策。决策是领导工作的实质与核心，要求各级领导必须学会从全局看问题，不仅要了解本地区、本部门、本单位的情况，而且要从更大的范围考虑问题。因此，要求各方面工作的人员，不仅要熟悉本专业的业务，还要尽可能地掌握更宽广范围的知识，这样，才可以防止出现"闭门造车"、"只见树木、不见森林"的现象。

2. 工程项目建设的安全决策

为了保证新建、改建、扩建的工程项目能安全地投入生产，对工程项目设计进行安全论证、审核与安全评价方面的决策。这里涉及到厂址选择、厂房布局、厂房结构、工艺过程、设备布置、物资贮运、厂内交通、防火防爆等一系列问题，必须对其一一作出决策。

3. 企业安全管理决策

主要是为健全、改善和加强企业的安全管理所进行的计划、组织、协调、控制以及预测和预防事故等方面的决策。

预测和预防事故是安全管理决策的主要课题之一。导致事故发生的直接原因是设备的不安全状态、人的不安全行为和作业环境不良。预防事故的对策是采取有效的技术措施,加强安全教育和加强安全管理。人、机、环境是分析的对象和决策的依据,技术、教育、管理是防止事故的保证,它们之间因果联系见图 12-1 所示。

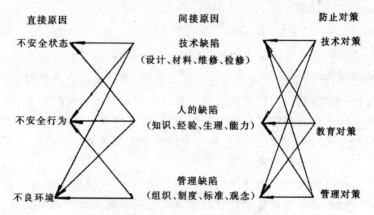

图 12-1　人、机、环境与技术、教育、管理对策的关系

4.事故处理决策

主要是在事故发生后采取的调查、分析、处理及改善与改进的对策。

第二节　安全决策分析的基本程序

一、决策分析的任务

找到了问题产生的根源不是目的,我们的目的是在调查研究、分析问题基础上,找到解决问题的方法与对策,即制定出最佳的决策与对策,这是管理人员日常最感困难而又最为繁重的工作。

对一个大的复杂问题,由于涉及面较广,因而需要慎重考虑、充分分析和认真比较。要做到这一点,一般来说,必须慎重考虑和回答下列问题：①制定对策，解决问题，希望达到哪些目标；②在这些目标中，哪些目标是主要的而必须达到，哪些目标希望能达到；③有多少可行方案可用于达到目标；④哪些方案可能达到决策目标；⑤哪些方案可能发生不良后果。

二、安全决策分析的基本程序

决策本身是一个过程。要做出科学的、正确的决策，应遵循必要的程序和步骤。

1. 确定目标

决策目标就是所需要解决的问题，正确地确定目标是决策分析的关键。例如安全问题寓于生产过程之中，因此安全决策所涉及的主要问题就是保证安全生产，即防止事故发生、消除职业病和改善劳动条件三个基本目标。

2. 区分目标

安全生产是一个总的目标，对一个具体行业或具体单位来讲，安全生产问题是多方面的。决策目标在尽可能详尽地列出之后，应把所有目标区分为必须目标和期望目标。也就是说，哪些目标必须达到，哪些目标希望达到，必须区分清楚。

在区分目标时，应把边界划清，即划定安全与危险的边界、可行与不可行的边界以及确定现实条件（经济保证、技术保证）。也就是说，要把需要解决的问题的性质、种类、范围、时间、部位、约束条件等弄清楚，权衡整体的利弊得失，从而定出它们的先后顺序。

决策目标应有明确的指标要求，如事故发生概率、严重度、损失率以及时间指标、技术指标等，作为以后实施决策过程中的检验标准。对于难以量化的目标，也就尽可能加以具体说明。

3. 制定对策

在目标确定之后进行的技术性论证，其目的是寻求对实施手段与途径的战术性的决策。在这过程中，决策人员应用现代科学理论与技术对达到目标的手段进行调查研究、预测分析,进行详细的技术设计,拟出几个可供选择的方案。

4.衡量评价对策方案

各种对策方案制定出以后,就可根据目标进行衡量。首先根据总目标和指标将那些不能完成必须目标的方案舍弃掉,对那些能够完成必须目标的方案保留下来。再用期望目标去衡量,考虑到每个方案达到每个期望目标的程度,可用加权法来划分(见本章第三节),求出每个方案的期望值权重,期望值权重大者,应为最优先的备选方案。

5.备选决策提案

能够达到必须目标,并且对完成期望目标取得最大权重数的对策方案,称为备选决策提案。备选决策提案不一定是最后决策方案,需要经过技术评价和潜在问题分析(主要是不良影响分析),做进一步的慎重研究。

6.技术评价与潜在问题分析

技术评价一般要考虑备选决策提案对自然和社会环境的各种影响所导致的安全对策问题,应侧重在安全评价,对系统中固有的或潜在的危险及其严重程度进行分析和评估。

(1)人身安全方面,有否造成工伤的危险,有否中毒的危险,有无生命危险,有无生疾病的后遗症的危险,是否会加重人的疲劳,是否会带来精神紧张等。

(2)人的精神和思想方面,是否会造成人的思想观念的变化,是否会造成人的兴趣爱好和娱乐方式的变化,是否造成人的情绪和感情方面的变化,是否对个人生活和家庭生活产生影响导致不安全感和束缚感等。

(3)人的行动方面,能否造成生活方式的变化(多样化或单一化),能否影响生活的时间划分(劳动时间、休息时间、学习时间、家庭生活时间)等。

总之,对备选决策方案,决策者要向自己提出"假如采用这个方案,将要产生什么样的结果","假如采用这个方案,可能导致哪些不良后果和错误"等问题。从一连串的提问中,发现各种可行方案的不良后果,把它们一一列出,并进行比较,以决定取舍。一旦选定决策方案,就决策过程而言,分析问题决策过程已告完结,但是要把解决问题的决策付诸实施,可以说还没有完成。

7. 实施与反馈

决策是为了实施,为了使决策方案在实施中取得满意的效果,执行时要制定规划和进程计划,健全机构,组织力量,落实负责部门与人员,及时检查与反馈实施情况,使决策方案在实施中趋于完善并达到期望的效果。

三、潜在问题分析

在决策计划方案决定之后和执行过程中,还要随时研究执行这个方案会不会发生困难和阻碍。潜在问题分析就是对所选择的方案和实施计划,预测其未来可能发生的问题,同时找出发生问题的原因,制定预防措施、应变措施以及发生问题时及时补救措施。所以,在进行潜在问题分析时,应不断地提出几个问题:①未来可能发生哪些问题将影响决策目标?②发生这些问题的可能原因是什么?③有哪些预防措施可以消除产生这些问题的原因?④有哪些应变措施可以减少对决策目标的影响?⑤需要哪些情报资料来决定应变措施的实施?⑥用哪些资料来报告执行方案的进度?

潜在问题分析的基本程序与步骤:

(1)预测潜在问题。应用预测方法预测未来可能发生哪些问题。任何管理人员在制定实施计划时,都希望这个计划能够顺利地完成。所以在制定计划时,对一些要素、单位、活动或步骤需要特别注意,以免出问题影响整个计划的进行。这些应该注意的地方,叫做"关键区域"。如某生产装置很复杂,以前没有先例,操作人员又没有经验,而且生产过程中很多因素是不能直接看见的,或者限期又非常紧迫,而且万一失败,其影响很大等等,都叫做"关键区域"。管理人员找出这些关键区域之后,对区域内的一切活动,必须一一提出"哪些将会发生偏差",并逐一做出确切的回答。根据这些答案,便可发现许多潜在问题。

(2)评价威胁性。要评价每个潜在问题对整个计划的威胁性,包括问题发生的可能性和影响的严重性,一般可用高、中、低三种程度来衡量。

(3)制定预防措施。在确认了对整个计划威胁性比较大,而不希望将来会发生那些潜在问题后,就要进行分析研究、采取措施。首先要找出发生的可能原因,再针对这些原因,进行重点分析研究,制定出相应的预防措施和应变措施。

(4)指导实施心中有数。决策目标具体明确,完成目标的实施计划井然有序,潜在问题分析准确,应变措施周密、充足,只有这样,决策者对解决问题才能做到心中有数。但是,对于复杂的重大问题,决策者并非都能亲临现场进行指导和实践,这就有一个信息交流问题。首先,决策者应向下级管理人员指出执行这一计划的"关键区域"和其"关键点"。在执行计划到达"关键点"之前,要适时地将预防措施和应变措施资料提供给执行计划的管理人员,作为采取适当措施的参考。

一般情况下可按表 12-1 格式填写潜在问题分析的内容。

表 12-1　潜在问题分析表

项　目	内　容　记　载
潜在问题	
可能性	
严重性	
责任	
潜在后果	

334

续表

项　目		内　容　记　载
	可能原因	
	预防措施	
	应变措施	
进度计划	需要采取的应变措施	
	计划执行关键	

第三节　安全决策的方法

在安全决策中,针对所决策问题的性质、条件风险性大小的不同,可以运用多种方法。下面仅就一些常用的方法做一介绍,有关系统安全分析决策方法在本书前几章已做过介绍,在此不再重复。

一、ABC 分析法

ABC 分析法又叫 ABC 管理法、主次图法、排列图、巴雷托图等。该法是由巴雷托法则转化而来的。借用德鲁克的话来讲,就是"在社会现象中,少数事物(10%～20%)对结果有 90% 的决定作用,而大部分事物只对结果有 10% 以下的决定作用。"即"关键的少数与次要的多数"原理。ABC 方法在企业中得到广泛应用,已成为提高经济效益的重要手段。

ABC 分析方法运用在安全管理上,就是应用"许多事故原因中的少数原因带来较大的损失"的法则,根据统计分析资料,按照不同的指标和风险率进行分类与排列,找出其中主要危险或管理薄弱环节,针对不同的危险特性,实行不同的管理方法和控制方法,以便集中力量解决主要问题。

ABC 分析法用图形表示即巴雷托图,见图 12-2 所示。该图是一个坐标曲线图,其横坐标 x 为所要分析的对象,如某一系统中各组成部分的故障模式、某一失效部件的各种原因等,纵坐标即横坐标所标示的分析对象的量值,如失效系统中各组成部分事故相对频率、某一失效系统和部件的各种原因的时间或财产损失等。

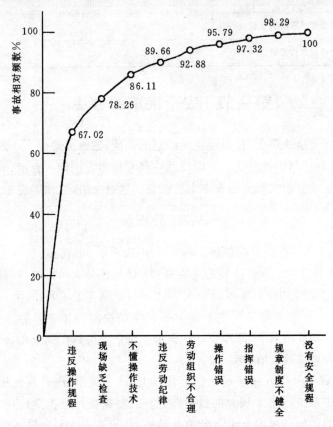

图 12-2　安全管理项目的巴雷托分布图

　　图 12-2 是化工系统有关安全管理项目所作的巴雷托分布图,其数据见表 12-2。

336

表 12-2　化工系统安全管理不善出现事故类型统计

事　故　类　型	事故数	相对频率（%）
违反操作规程	6258	67.02
现场缺乏检查	1050	11.24
不懂操作技术	735	7.87
违反劳动纪律	329	3.53
劳动组织不合理	301	3.22
操作错误	272	2.91
指挥错误	143	1.53
规章制度不健全	137	1.47
没有安全规程	113	1.21
总　　计	9338	100%

　　根据图 12-2 中的巴雷托曲线对应（纵坐标）的百分比，就可查出关键因素和部件。通常将占累加百分数 0~90% 的部分或因素称为主要因素或主要部位，其余 10%（即 90%~100%）这部分称为次要因素或次要部位。0%~80% 的部分或因素称为关键因素或关键部位，即 A 类（如图中违反操作规程和现场缺乏检查两项），80%~90% 的部分或因素划为 B 类（即图中不懂操作技术和违反劳动纪律两项），余下部分或因素划为 C 类。

　　在安全管理上，若不作分析图，也可参考表 12-3 来划分 A、B、C 的类别。

表 12-3　划分 ABC 类别的参考因素

程度 类别 因素	A	B	C
事故严重度	可造成人员死亡	可能造成人员严重伤害、严重职业病	可能造成轻伤
对系统影响程度	整个系统或两个以上的子系统损坏	某子系统损坏或功能丧失	对系统无多大影响

程度 类别 因素	A	B	C
财产损失	可能造成严重的损失	可能造成较大的损失	可能造成轻微的损失
事故概率	容易发生	可能发生	不大可能发生
对策的难度	很难防止或投资很大、费时很多	能够防止,投资中等,费时不很多	易于防止,投资不大、费时少

二、智力激励法

智力激励法也称为头脑风暴法或集思广益法,是一种运用集体智慧的方法。个人的创造性是非常重要的,但每个人所掌握的知识和经验是有局限性的。集中一批富有个性的人在一起讨论,由于每人的知识和经验不同,掌握的材料不同,观察问题的角度和分析问题的方法各异,因而在拥有大范围的知识和经验基础上通过相互讨论与交流,就可以激出更多的想法与对策。

1.专家评审法

这种方法的特点是邀集一批专家内行,针对所要决策的问题,敞开思想,各抒己见,畅所欲言,言无不尽。为了做到这点,还做如下决定:①与会者没有上下级之分,要平等相待;②允许胡思乱想;③不回避矛盾;④不允许否定和批评别人意见;⑤可对别人的意见做补充和发表相同意见。这种做法不仅适用于对重大问题的决策,也适用于对一个车间、一个班组的安全问题的决策。

2.德尔菲法

德尔菲法也称专家预测法。组织者针对要决策的问题,首先编写出一个意见征询表,将问题及要求函寄给专家们,要求他们限期寄回书面回答,然后将所得看法或建议加以概括,整理成一份综合表,加上意见征询表再寄给各专家,征求第二次书面意见,使专家们在别人意见的启发下提出新的设想,或对自己的意见加以补充或修改。根据情况需要,经过几次反馈后,意见逐步集中和明确,从中可得到较好的预测或决策方案。

三、评分法

评分法根据预先规定标准用分值作为衡量抉择的优劣尺度,对抉择方案进行定量评价。如果有多个决策(评价)目标,则先分别对各个目标评分,再经处理求得方案的总分。

1.评分标准

一般按 5 分制评分。"理想状态"取最高分(5 分),"不能用"的取最低分(1 分),中间状态分别取 4 分(良好)、3 分(可用)、2 分(勉强可用)。

2.评分方法

如在本节(二)专家评审法中,由专家以评价目标为序对各个抉择方案评分,取平均值或除去最大、最小值后的平均值作为分值。

3.评价目标体系

评价目标一般包括三个方面的内容:技术目标、经济目标和社会目标。就安全管理决策来说,要解决某个安全问题,若有几个不同的技术抉择方案,则其评价目标体系大致有如下内容:技术方面有先进性、可靠性、安全性、维修性、操作性、可换性等;经济方面有成本、质量、原材料、时间等;社会方面有劳动条件、环境、习惯、生活方式等。目标数不宜过多,否则难以突出主要因素,不易分清主次,同时还会给参加评价的人员造成极大的心理负担,评价结果反而不能反映实际情况。

4.加权系数

各项评价目标其重要性程度是不一样的,必须给每个评价目标一个量化系数。加权系数大,意味着重要程度高。为了便于计算,一般取各评价目标加权系数 g_i 之和为 1。加权系数值可由经验确定或用判别表法列表计算等。

判别表如表 12-4 所示,将评价目标的重要性两两比较,同等重要的各给 2 分;某一项比另一项重要者则分别给 3 分和 1 分;某一项比另一项重要得多,则分别给 4 分和 0 分。将对比的给分填入表中。

表 12-4　加权系数判别计算表

被比较者＼比较者	A	B	C	D	k_i	$g_i = k_i / \sum\limits_{i=1}^{n} k_i$
A		1	0	1	2	0.083
B	3		1	2	6	0.250
C	4	3		3	10	0.417
D	3	2	1		6	0.250
重要程度排序 C＞B、D＞A					$\sum\limits_{i=1}^{4} k_i = 24$	$\sum\limits_{i=1}^{4} g_i = 1.0$

计算各评价目标加权数公式为:

$$g_i = k_i / \sum_{i=1}^{n} k_i \qquad (12\text{-}1)$$

式中,k_i——各评价目标的总分;

　　　n——评价目标数。

当目标较多时,比较过程应十分冷静、细致,否则会引起混乱,陷入自相矛盾的境地。

另一种办法是对多个目标不一一对一地逐个对比,而是只依次对两个目标做一次比较。如表 12-5 所示,按从上到下顺序,对上下两个相邻目标进行比较。先比较目标 A 和 B,认为 A 的重要性是 B 的 2 倍,而 B 的重要性是 C 的一半,这样一直进行到底。

340

表 12-5　重要程度比较表

目标	暂定重要程度	修正重要程度	加权系数
A	2.0	1.0	0.235
B	0.5	0.75	0.176
C	1.5	1.5	0.353
D	—	1.0	0.235
重要程度排序 $C>A=D>C$		$\sum_{i=1}^{n} k_i = 4.25$	$\sum_{i=1}^{n} g_i = 1.0$

若把最后一项目标 D 的数值假定为 1.0,因为它上面的目标 C 是 D 的 1.5 倍,因此,修正的重要程度即为原来的 1.5 倍($D \times C = 1 \times 1.5 = 1.5$)。目标 C 上面的目标 B 是 C 的一半,故修正的重要程度为 0.75($C \times B = 1.5 \times 0.5 = 0.75$)。目标 B 上面的目标 A 是 B 的 2 倍,故修正的重要程度为 1($B \times A = 0.5 \times 2 = 1.0$)。由此看出,目标 C 最重要,其次是 A、D 同等重要,最不重要的是 B。

最后求各修正程度系数之和,并以其和除以各修正重要程度系数即得到各目标的加权系数。

这种方法较上述方法可用较少的判断次数来确定重要程度,但主观因素也更强一些。

5.定性目标的定量处理

有些目标如美观、舒适等等,很难定量表示,一般只能用很好、好、较好、一般、差,或是优、良、中、及格、不及格等定性语言来表示。这时可规定一个相应的数量等级,如很好或优给 5 分,好或良给 4 分,差或不及格给 1 分。

但应注意,诸如美观、舒适之类目标,不同的人有不同的感受。如操作坐椅,对形体高大的人认为舒适,而对形体矮小的人感觉可能相反。对美观更是如此。因此,他们对同一事物可能给出不同的评分。这时可用概率决策方法来处理,求其期望价值 $E(V)$。

341

$$E(V) = \sum_{i=1}^{n} P_i V_i \qquad (12\text{-}2)$$

式中，V_i——目标 i 可能有的价值；

P_i——特定价值发生的概率；

n——目标数。

6.计算总分

计算总分有多种方法，如表 12-6 所示，可根据具体情况选用。总分或有效值高者为较佳方案。

表 12-6　总分计分方法

方　法	公　式	公　式　号	备　注
分值相加法	$Q_1 = \sum\limits_{i=1}^{n} k_i$	式(12-3)	计算简单，直观
分值相乘法	$Q_2 = \prod\limits_{i=1}^{n} k_i$	式(12-4)	各方案总分相差大，便于比较
均值法	$Q_3 = \dfrac{1}{n} \sum\limits_{i=1}^{n} k_i$	式(12-5)	计算较简单，直观
相对值法	$Q_4 = \dfrac{\sum\limits_{i=1}^{n} k_i}{n Q_0}$	式(12-6)	$Q_4 \leqslant 1$，能看出与理想方案的差距
有效值法（加权计分法）	$N = \sum\limits_{i=1}^{n} k_i g_i$	式(12-7)	总分中考虑各评价目标的重要度

式中，Q——方案总分值；

N——有效值；

n——评价目标数；

k_i——各评价目标的评分值；

g_i——各评价目标的加权系数；

Q_0——理想方案总分值。

四、重要度系统评分法

上述评分方法适用于同一层次的评价对象，若用它们去评价多层次的复杂体系时,则存在着一定的困难。例如图 12-3 中,对象 F_{11} 与 F_{32} 就很难比较,原因是不同层次的上下对象之间,由于其目的不同,因而其作用与性质也就有所差别,存在着一定的不可比性,如果再要评出一个数量的差异来就更加困难了。为了克服这一困难,可按照重要度体系图进行评分。

具体做法是:首先只对重要度体系图中的同一指标体系的底层对象评分,有几个不同指标的底层对象就评几次分,如图 12-3 中用虚线方框所示,$(F_{11}、F_{12}、F_{13})$、$(F_{21}、F_{22})$、$(F_{31}、F_{32}、F_{33})$;然后再对中间层 $(F_1、F_2、F_3)$ 评分。显然,每次评分中的指标对象都有同一目的,因为都是从上一层的一个直接的指标对象分出,故可比性强。另外,又由于每次评分时组内的对象个数少,通常可采用直接评分法,这样可使评分者易于准确地表达自己的意见,因而比较简单明快。评分结果注于相应的对象之后,用 f_i 及 f_{ij} 来表示。

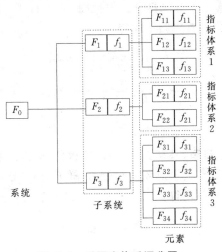

图 12-3　重要度体系评分图

下面分别介绍各对象的最终评分值的计算方法。

1.把每一个虚线方框内的得分归一化

用 $\overline{f}_i$ 与 $\overline{f}_{ij}$ 来表示各相应对象的归一化,其结果是:

$$\overline{f}_1 = \frac{f_1}{f_1+f_2+f_3}; \qquad \overline{f}_2 = \frac{f_2}{f_1+f_2+f_3};$$

$$\overline{f}_3 = \frac{f_3}{f_1+f_2+f_3}; \qquad \overline{f}_{11} = \frac{f_{11}}{f_{11}+f_{12}+f_{13}};$$

$$\overline{f}_{12} = \frac{f_{12}}{f_{11}+f_{12}+f_{13}}; \quad \overline{f}_{13} = \frac{f_{13}}{f_{11}+f_{12}+f_{13}};$$

其他依此类推。

2.计算各对象的最终得分

用 f_i' 与 f_{ij}' 来表示各相应对象的最终得分,其计算公式如下:

$$f_{ij}' = \overline{f}_i\overline{f}_{ij} \tag{12-8}$$

例如对象 F_{31}、F_{12} 的得分分别为:

$$f_{31}' = \overline{f}_3\overline{f}_{31}, f_{12}' = \overline{f}_1\overline{f}_{12}$$

下面计算几个对象得分。根据图 12-3,设 F_1 得 6 分,F_2 得 9 分,F_3 得 11 分。首先归一化得:

$$\overline{f}_1 = \frac{6}{6+9+11} = 0.23,$$

$$\overline{f}_2 = \frac{9}{6+9+11} = 0.346,$$

$$\overline{f}_3 = \frac{11}{6+9+11} = 0.423,$$

为了说明问题,只算 F_1 下层对象得分。应该注意,下层对象的得分之和,应等于上层对象的得分。这样 F_{11} 得 2 分,F_{12} 得 3 分,F_{13} 得 1 分,然后归一化得:

$$\overline{f}_{11} = \frac{2}{2+3+1} = 0.333,$$

$$\overline{f}_{12} = \frac{3}{2+3+1} = 0.5,$$

$$\overline{f}_{13} = \frac{1}{2+3+1} = 0.167,$$

344

然后根据公式(12-8)计算各对象的最终得分：

$$F_{11}: f_{11}' = \overline{f_1}\overline{f_{11}} = 0.23 \times 0.333 = 0.077；$$

$$F_{12}: f_{12}' = \overline{f_1}\overline{f_{12}} = 0.23 \times 0.5 = 0.115；$$

$$F_{13}: f_{13}' = \overline{f_1}\overline{f_{13}} = 0.23 \times 0.167 = 0.038。$$

用同样的方法可以算出 F_2 和 F_3 的下层各对象的得分，这里就不一一计算。

五、决策树法

决策树是决策过程的一种有序的概率图解表示，因此，决策树分析决策方法又称概率分析决策方法，是风险型决策中的基本方法之一。决策树法是一种演绎性方法，它将决策对象按其因果关系分解成连续的层次与单元，以图的形式进行决策分析，由于这种决策图形似树枝，故俗称"决策树"。

1. 决策树的结构

决策树的结构如图 12-4 所示，图中符号说明如下：

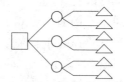

图 12-4　决策树示意图

方块——表示决策点，从它引出的分枝叫方案分枝，分枝数即为可能的行动方案数。

圆圈——表示方案节点（也称自然状态点），从它引出的分枝叫概率分枝，每条分枝的上面注明了自然状态（客观条件）及其概率值，分枝数即为可能出现的自然状态数。

三角——表示结果节点（也称"末稍"），它旁边的数值是每一方案在相应状态下的收益值。

2. 决策步骤

首先根据问题绘制决策树，然后由右向左逐一进行分析，根据概率分枝的概率值和相应结果节点的收益值，计算各概率点的收益期望值，并分别标在各概率点上，再根据概率点期望值的大小，找出最优方案。

3.决策树分析法的优点

(1)决策树能显示出决策过程,不但能统观决策过程的全局,而且能在此基础上系统地对决策过程进行合理分析,集思广益,便于做出正确决策。

(2)决策树显示把一系列具有风险性的决策环节联系成一个统一的整体,有利于在决策过程中周密思考,能看出未来发展的几个步骤,易于比较各种方案的优劣。

(3)决策树法既可进行定性分析,也可进行定量分析。

4.应用举例

某厂因生产上需要,考虑自行研制一个新的安全装置。首先,这个研制项目是否要向上级公司申报,如果准备申报,则需要申报的费用5 000元,不准备申报,则可省去这笔费用,这一事件决策者完全可以决定,这是一个主观抉择环节。如果决定向上申报,上级公司批准的概率为0.8,而不批准的概率为0.2,这种不能由决策者自身抉择的环节称为客观随机抉择环节。接下来是采取"本厂独立完成"形式还是由"外厂协作完成"形式来研制这一安全装置,这也是主观抉择环节。每种形式都有失败可能,如果研制成功(无论哪一种形式),能有6万元的效益;若采用"独立完成"形式,则研制费用为2.5万元,成功概率为0.7,失败概率为0.3;若采用"外厂协作"形式,则支付研制费用为4万元,成功概率为0.9,失败概率为0.1。

首先画出决策树,见图12-5所示。然后根据上述数据计算各结果点的收益值(收益=效益-费用),并填在"△"符号旁。

独立研制成功的收益:

$$60-5-25=30(千元)$$

独立研制失败的收益:

$$0-5-25=-30(千元)$$

346

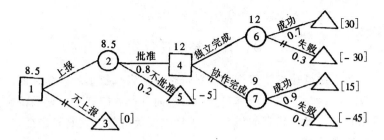

图 12-5 决策树图

协作研制成功的收益:

$$60-5-40=15(千元)$$

协作研制失败的收益:

$$0-5-40=-45(千元)$$

按照期望值公式计算期望价值:

期望值公式:

$$E(V) = \sum_{i=1}^{n} P_i V_i \qquad (12-9)$$

式中, V_i——事件 i 的条件价值;

P_i——特定事件 i 的发生概率;

n——事件总数。

独立研制成功的期望值:

$$E(V_6)=0.7\times30+0.3\times(-30)=12$$

协作研制成功的期望值:

$$E(V_7)=0.9\times15+0.1\times(-45)=9$$

根据期望值决策准则,决策目标是收益最大,则采用期望值最大的行为方案,如果决策目标是使损失最小,则选定期望值最小的行动方案。本例选用期望值大者,即选用独立研制形式。接下去在节点 4 处填入 12 数值,在下方结果结点 5 旁填入-5(申报费),计算申报环节的期望值:

$$E(V_2)=0.8\times12+0.2\times(-5)=8.5$$

六、技术经济评价法

技术经济评价法的特点是对抉择方案进行技术经济综合评价时,不但考虑各评价目标的加权系数,而且所取的技术价和经济价都是相对于理想状态的相对值,这样更便于决策时判断和选择,也利于方案的改进。

1.技术评价

技术评价的步骤如下。

(1)确定评价的技术性能项目。

(2)明确评价目标的重要程度。在众多的技术目标中,要明确哪些是必须满足的,低于或高于该目标(指标)就不合格,即所谓固定要求;哪些是可以给出一个允许范围的,也即有一个最低要求;哪些只是一种尽可能考虑的愿望,即使达不到,也不影响根本性质,即希望的要求。明确了各项技术具体指标就为确定评价目标的重要程度创造了有利条件。

(3)分项进行技术目标评价:即采用本节中的评分法进行。

(4)进行技术目标总评价:在分项评分的基础上,进行总的评价,即各技术目标的评分值与加权系数乘积之和与最高分(理想方案)的比值。

$$W_t=\frac{\sum_{i=1}^{n}V_iq_i/n}{V_{max}\sum_{i=1}^{n}g_i}=\frac{\sum_{i=1}^{n}V_i}{nV_{max}} \tag{12-10}$$

式中,W_t——技术价;

V_i——各技术评价目标(指标)的评分值;

g_i——各技术评价目标的加权系数,取 $\sum_{i=1}^{n}g_i=1$;

V_{max}——最高分(理想方案,5 分制的 5 分);

n——技术评价目标数。

技术价 W_t 值越高,方案的技术性能越好。理想方案的技术价为 1,$W_t < 0.6$ 表示方案不可取。

2. 经济评价

经济评价的步骤如下:

(1)按成本分析的方法,求出各方案制造费用 C_i。

(2)确定该方案理想制造费用 C_I。通常理想的制造费是允许制造费用 C 的 0.7 倍。允许制造费用可按下式计算:

$$C = \frac{C_{M \cdot min}}{\beta} \tag{12-11}$$

$$\beta = \frac{C_s}{C_i} = \frac{标准价格}{制造费用}$$

式中,$C_{M \cdot min}$——合适的市场价格;

C_s——为标准价格,是研制费用、制造费用、行政管理费用、
销售费用、盈利和税金的总和。

(3)确定经济价:

$$W_\omega = \frac{C_I}{C_i} = \frac{0.7C}{C_i} \tag{12-12}$$

经济价 W_ω 值越大,经济效果越好。理想方案的经济价为 1,表示实际生产成本等于理想成本。W_ω 的许用值为 0.7,此时,实际生产成本等于允许成本。

3. 技术经济综合评价

可用计算或图法处理技术价和经济价,来确定技术经济综合评价:

(1)相对价。

均值法 $$W = \frac{1}{2}(W_t + W_\omega) \tag{12-13}$$

双曲线法 $$W = \sqrt{W_t + W_\omega} \tag{12-14}$$

相对价 W 值大,方案的技术经济综合性能好,一般应取 $W >$ 0.65。当 W_t、W_ω 两项中有一项数值较小时,用双曲线法能使 W 值明显变小,更便于对方案的决策。

(2)优度图。优度图见图12-6所示。图中横坐标为技术价 W_t,纵坐标为经济价 W_ω。每个方案的 W_{ti}、$W_{\omega i}$ 值构成点 S_i,S_i 的位置反映此方案的优度。当 W_t、W_ω 值均等于1时的交点 S_I 是理想优度,表示技术经济综合指标的理想值。$O\text{-}S_I$ 连线称为"开发线",线上各点 $W_t = W_\omega$。S_i 点离 S_I 点越近,表示技术经济指标高,离开发线越近,说明技术经济综合性能好。

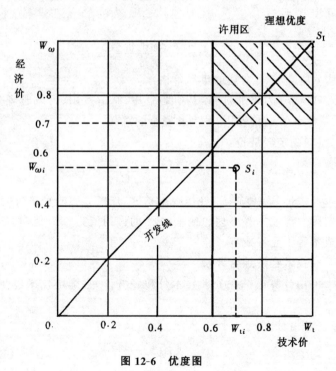

图 12-6　优度图

七、稀少事件的风险估计

1. 什么是稀少事件

稀少事件(Rare Events)是指那些发生的概率非常小的"百年不遇"的事件,对它们很难用直接观测的方法进行研究。在稀少事件中有两类不同的风险估计,一类是称为"零—无穷大"的风险,指的是那些发生的可能性很少(几乎为零)而后果却十分严重(几乎是无穷大)的事故,例如核电站的重大事故。另一类是发生概率很小,但涉及的面或人数却很广,而它们的后果却不像前一类明显,并且被一些偶然的因素、另外一些风险、与它们的作用相同或相反的种种其他作用因素所掩盖,如水质污染与癌症发病率的关系。在水质污染不是特别严重的情况下,很难确定与癌症发病率之间的关系。前一类情况主要涉及明显事故的估计与评价,后一类情况则主要是对潜在危险进行测量和估计。

对稀少事件很难给出一个严格定义,就第一类事故情况来说,一般采用如下的定义:即 100 年才可能发生一次事故称为稀少事件。其数学表达式如下:

$$nP < 0.01/\text{年} \tag{12-15}$$

式中,n——试验次数;

P——事故发生的概率。

2. 稀少事件的风险度

稀少事件一般服从二项式分布,它们相互独立,发生的概率为 P,在 n 次试验中,有 m 次成功的概率 $P(m)$ 为:

$$P(m) = C_n^m P^m (1 - P)^{n-m} \tag{12-16}$$

$$m = 0, 1, \cdots, n$$

其均值(期望值): $\quad E(X) = nP \tag{12-17}$

方差 $D(X)$: $\quad D(X) = nP(1-P) \tag{12-18}$

风险度 R 为：
$$R = \frac{D(X)}{E(X)} = \frac{\sqrt{nP(1-P)}}{nP} \qquad (12\text{-}19)$$

对于稀少事件，$P \ll 1$，故有：
$$\left. \begin{array}{l} D(X) \approx nP \\[2mm] R = \dfrac{1}{\sqrt{nP}} \end{array} \right\} \qquad (12\text{-}20)$$

3. 绝对风险与对比风险

概率估计只有当概率不太大和不太小时才比较准确，因而以期望值（均值）为基础的统计数据对稀少事件分析已失去效用，需要引入对比风险的概念。对比风险与绝对风险可定义如下。

绝对风险：是对某一可能发生事件的概率及其后果的估计，也就是我们通常所讨论的风险概念。

对比风险：可分为两种情况，一种是对于发生概率相似的事件，比较其发生的后果；另一种是对于两种后果及大小相似的事件，比较其发生的概率。图 12-7 是绝对风险与对比风险的适用区域示意图。

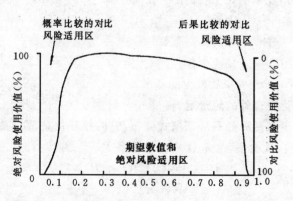

图 12-7　绝对风险与对比风险的适用区域示意图

4. 稀少事件风险估计的应用

当决策者要在多种抉择方案中做决策时，首先会遇到某种稀少现象(事件)是否值得考虑或者在用智力激励法进行风险辨识时,人们提出的许多应考虑的因素是否都要认真考虑和估计等问题。下面举一例说明。

　　某企业存在一种有害物质,拟有两种存放方案:一种是简单的浅埋,另一种是放在专门建造的地窖中。浅埋比较经济,但在发生水灾时会大量溢散。水灾的发生是稀少事件。现在需要决定,是否需要考虑浅埋溢散的影响?设有害物质的保护期100年。当发生水灾时,浅埋方案会造成100%的有害物质溢散,而专建地窖方案有10%的溢散。因专建的地窖是按要求建造的。溢散10%是可以接受的。

　　假定一个对风险持中性态度的人,等价水平 $P=0.01/100$ 年(即100年中发生溢散的概率为0.01与埋在专建地窖中等价),决策者为更保险,将此又降低两个数量级,即认为等价水平是 $P=10^{-6}/$ 年,然后就要对水灾发生的概率进行估计。如果概率小于 $10^{-6}/$ 年,可以采用浅埋方案,否则,则用专建地窖方案。

八、模糊综合决策(评价)

　　在安全管理与决策过程中,常常会因某些数据缺乏,一时很难用量比的办法来描述事件,只好用定性的语言叙述。如预测事故发生,常用可能性很大、可能不大或很少可能;预测事故后果时,也常用灾难性的、非常严重的、严重的、一般的等词句来加以区别,尤其是对人的生理状态和心理状态更是如此,没法用数量来表达,只能用定性的概念来评价。确切地说,用"模糊概念"来评价。模糊综合决策就是利用模糊数学将模糊信息定量化,对多因素进行定量评价与决策。

　　传统的安全管理,基本上是凭经验和感性认识去分析和处理生产中各类安全问题,对安全的评价只有"安全"或"不安全"的定性估计。正如本书第六章有关布尔代数部分介绍的那样,给事件发生记为"1",不发生记为"0",二者必居其一。这样对所分析的生产中安全问题,忽略了问题性质的程度上的差异,而这种差异有时是很重要的。例如在分析或识别高处作业的危险性时,不能简单地划分为"安全"(0)、"不安全"(1),而必须考虑"危险性"这个模糊概念的程度怎样。模糊概念不是只用"1"、"0"两个数值去度量,而是用0～1之间一个实数去度量,这个数就叫"隶属度"。例如某方案对"操作性"的概念有八成符合,即称它对"操作性"的隶属度是0.8。用函数表示不同条件下隶属度的变化规律称为"隶属函数"。隶属度可通过已知的隶属函数或统计法求得。

模糊综合决策主要分为两步进行:首先按每个因素单独评判,然后再按所有因素综合评判。其基本方法和步骤介绍如下。

1. 建立因素集

因素集是指所决策(评价)系统中影响评判的各种因素为元素所组成的集合,通常用 U 表示,即:

$$U = \{u_1, u_2, \cdots, u_m\} \tag{12-21}$$

各元素 $u_i(i=1,2,\cdots,m)$ 即代表各影响因素。这些因素通常都具有不同程度的模糊性。例如,评判作业人员的安全生产素质时,为了通过综合评判得出合理的值,可列出影响作业人员的安全生产素质取值的因素,一般可包括:u_1——安全责任心;u_2——所受安全教育程度;u_3——文化程度;u_4——作业纠错技能;u_5——监测故障技能;u_6——一般故障排除技能;u_7——事故临界状态的辨识及应急操作技能。

上述因素 u_1～u_7 都是模糊的,由它们组成的集合,便是评判操作人员的安全生产技能的因素集。

2. 建立权重集

一般说来,因素集 U 中的各因素对安全系统的影响程度是不一样的。对重要的因素应特别看重;对不太重要的因素,虽然应当考虑,但不必十分看重。为了反映各因素的重要程度,对各个因素应赋予一相应的权数 a_i。由各权数所组成的集合：

$$A = \{a_1, a_2, \cdots, a_m\} \tag{12-22}$$

A 称为因素权重集,简称权重集。

各权数 a_i 应满足归一性和非负性条件：

$$\sum_{i=1}^{n} a_i = 1 \qquad a_i \geqslant 0 \tag{12-23}$$

它们可视为各因素 u_i 对"重要"的隶属度。因此,权重集是因素集上的模糊子集。

3. 建立评判集

评判集是评判者对评判对象可能作出的各种总的评判结果所组成的集合。通常用 V 表示,即：

$$V = \{v_1, v_2, \cdots, v_n\} \tag{12-24}$$

各元素 v_i 即代表各种可能的总评判结果。模糊综合评判的目的,就是在综合考虑所有影响因素基础上,从评判集中得出一最佳的评判结果。

4. 单因素模糊评判

单独从一个因素进行评判,以确定评判对象对评判集元素的隶属度,称为单因素模糊评判。

设对因素集 U 中第 i 个因素 u_i 进行评判,对评判集 V 中第 j 个元素 v_j 的隶属程度为 r_{ij},则按第 i 个因素 u_i 评判的结果,可用模糊集合：

$$R_i = (r_{i1}, r_{i2}, \cdots, r_{in})$$

同理,可得到相应于每个因素的单因素评判集如下：

$$R_1 = (r_{11}, r_{12}, \cdots, r_{1n})$$
$$R_2 = (r_{21}, r_{22}, \cdots, r_{2n})$$
$$\vdots$$
$$R_m = (r_{m1}, r_{m2}, \cdots, r_{mn})$$

将各单因素评判集的隶属度行组成矩阵,又称为评判(决策)

矩阵。

$$R = \begin{bmatrix} r_{11} & r_{12} & \cdots & r_{1n} \\ r_{21} & r_{22} & \cdots & r_{2n} \\ \vdots & \vdots & r_{ij} & \vdots \\ r_{m1} & r_{m2} & \cdots & r_{mn} \end{bmatrix} \qquad (12\text{-}25)$$

5. 模糊综合评判（决策）

单因素模糊评判,仅反映了一个因素对评判对象的影响。要综合考虑所有因素的影响,得出正确的评判结果,这便是模糊综合评判（决策）。

如果已给出评判矩阵 R,再考虑各因素的重要程度,即给定隶属函数值或权重集 A,则模糊综合评判模型为:

$$B = A \circ R$$

评判集 V 上的模糊子集,表示系统评判集诸因素的相对重要程度。

注意式(12-26)是模糊矩阵的"合成",其定义是:

$$A \circ R = B = (b_{ij})$$

而

$$b_{ij} = \bigvee_{k=1}^{n} (a_{ik} \wedge r_{ki}) \qquad (12\text{-}27)$$

式中, $i = 1, 2, \cdots, m$;

$j = 1, 2, \cdots, p$;

$k = 1, 2, \cdots, n$, 而且它表示 A 的列数,也表示 R 的行数。

两个模糊子集的合成与矩阵的乘法类似,但需要把计算式中的普通乘法换为取最小值运算（$\wedge$）,把普通加法换为取最大值运算（$\vee$）即可。

6. 模糊综合评判举例

设评判某类事故的危险性,一般可考虑事故发生的可能性、事故后的严重程度、对社会造成的影响程度以及防止事故的难易程度。这 4 个因素就可构成危险性的因素集,即:

356

$U = \{$事故发生的可能性(u_1)、事故后的严重程度(u_2)、对社会造成的影响程度(u_3)、防止事故的难易程度$(u_4)\}$。

由于因素集中各因素对安全系统影响程度是不一样的,因此,有重要度的问题,即要进行权重分配。若评判人确定的权重系数用矩阵表示,即权重集为:

$$A = (0.5, 0.2, 0.2, 0.1)$$

建立评判集。若评判人对评判对象可能作出各种总的评语,则表示为:

$$V = \{$很大$(v_1)$、较大$(v_2)$、一般$(v_3)$、小$(v_4)\}$$

对因素集中的各个因素的评判,可用专家座谈来评定。具体做法是,任意固定一个因素,进行单因素评判,联合所有单因素评判,得到单因素评判矩阵 R。如对事故发生的可能性(u_1)这个因素评判,若有 40% 的人认为很大,50% 的人认为较大,10% 的人认为一般,则评判集为:

$$(0.4, 0.5, 0.1, 0)$$

同理,可得到其他 3 个因素的评判集,即事故后的严重程度的评判集为:

$$(0.5, 0.4, 0.1, 0)$$

对社会造成影响程度的评判集为:

$$(0.1, 0.3, 0.5, 0.1)$$

防止事故的难易程度的评判集为:

$$(0, 0.3, 0.5, 0.2)$$

于是可将各单因素评判集的隶属度分别为行组成评判矩阵:

$$\begin{bmatrix} 0.4 & 0.5 & 0.1 & 0 \\ 0.5 & 0.4 & 0.1 & 0 \\ 0.1 & 0.3 & 0.5 & 0.1 \\ 0 & 0.3 & 0.5 & 0.2 \end{bmatrix}$$

则这类事故综合评判的模糊评判模型为:

$$\underset{\sim}{B} = \underset{\sim}{A} \circ \underset{\sim}{R}$$

将上列矩阵代入,计算后得:

$$\underset{\sim}{B} = (0.5 \quad 0.2 \quad 0.2 \quad 0.1) \begin{bmatrix} 0.4 & 0.5 & 0.1 & 0 \\ 0.5 & 0.4 & 0.1 & 0 \\ 0.1 & 0.3 & 0.5 & 0.1 \\ 0 & 0.3 & 0.5 & 0.2 \end{bmatrix}$$

$$= \begin{bmatrix} (0.5 \wedge 0.4) \vee (0.2 \wedge 0.5) \vee (0.2 \wedge 0.1) \vee (0.1 \wedge 0) \\ (0.5 \wedge 0.5) \vee (0.2 \wedge 0.4) \vee (0.2 \wedge 0.3) \vee (0.1 \wedge 0.3) \\ (0.5 \wedge 0.1) \vee (0.2 \wedge 0.1) \vee (0.2 \wedge 0.5) \vee (0.1 \wedge 0.5) \\ (0.5 \wedge 0) \vee (0.2 \wedge 0) \vee (0.2 \wedge 0.1) \vee (0.1 \wedge 0.2) \end{bmatrix}$$

$$= \begin{bmatrix} 0.4 \vee 0.2 \vee 0.1 \vee 0 \\ 0.5 \vee 0.2 \vee 0.2 \vee 0.1 \\ 0.1 \vee 0.1 \vee 0.2 \vee 0.1 \\ 0 \vee 0 \vee 0.1 \vee 0.1 \end{bmatrix}^{\mathrm{T}}$$

$$= (0.4 \quad 0.5 \quad 0.2 \quad 0.1)$$

B 就代表评判结果。但是因为 $0.4+0.5+0.2+0.1=1.2$,不容易按百分数计算,为此,可进行归一化。

$$\underset{\sim}{B}' = (\frac{0.4}{1.2}, \frac{0.5}{1.2}, \frac{0.2}{1.2}, \frac{0.1}{1.2})$$
$$= (0.33, 0.42, 0.17, 0.08)$$

也就是说,对这类事故就上述 4 个因素的综合决策为:相当有 33% 的评价人认为很严重,有 42% 的评价人认为较严重,有 17% 的评价人认为一般,有 8% 的评价人认为风险小。

以上介绍了几种决策方法,但从中也可看到一些值得注意的共同问题。

1)决策中存在主观因素

决策是由决策者做出的,决策者的主观因素必然影响决策过程。虽然决策方法给我们提供了各种分析方法,但其中许多因素要由决策者做出判断和决定。例如,无论是 ABC 法中类别的划分,智力激励法的目标重要性次序的确定,还是评分法中按重要性决定各目标加权系数等,都是最终为决策者主观确定的。决策者的主观估计要尽可能符合客观实际,这就要设法能使决策者在做出决定时尽可能少带主观随意性。具体地说,就是要设法能比较客观地决定各目标的相对重要程度,或者是加权系数的数值大小。

2)决策结果不可能是最理想的答案

多目标决策,很难简单地满足一个要求而不使别的方面的要求受到损失。因此,任何设计方案几乎总是包括妥协的成分,不会是十全十美的。因为受到时间、投资和技术的限制,不可能提出客观存在的无穷个方案,再加上加权系数和诸目标的目值本身就是一种妥协。所以多目标决策不能获得最优解,所获得的只可能是一种满意解。问题在于如何使所获得的答案能相对更为满意。

(3)决策的目的在于作方案比较

无论哪种决策方法,最终目的是为了综合评价时方案比较。希望在提出的各种方案之间,首先通过定性比较,分出相对的优劣,然后再进行定量的处理。因此,在工程上进行方案选择,大多采用加权处理,以便将诸目标值汇成总目标值,以利比较。

附录

逻辑(布尔)代数的一般知识

一、逻辑代数的一般知识

1. 逻辑值和逻辑变量

逻辑代数中的量,只取两个不同的值:"0"和"1"——逻辑值。注意符号"0"和"1"与普通代数中的 0 和 1 是不同的。在普通代数中,0 和 1 表示数值,而逻辑值"0"和"1"只表示两种相反的状态,两种相互对立的方面,完全没有数字含义。如开关的"开"和"关",电位的"高"与"低",事件的"有"与"无"。

逻辑变量:在某一过程中可取不同数值的量称为变量,只能取"0"和"1"两个值的变量称为逻辑变量。

2. 逻辑运算

逻辑代数中最基本的逻辑运算有以下三种:

1)逻辑或(逻辑加)"+"或"∪"

定义为:设 A、B 是任意两个逻辑变量,A、B 的逻辑或(加)确定另一个逻辑变量 Z,其逻辑式为:

$$Z = A + B(\text{或 } A \cup B) \tag{1}$$

式(1)中的"+"并不代表相加,只代表 A 和 B 对 Z 来说有"或"的作用。

关于 $A+B$ 的逻辑值,可用下列四条法则来运算:

$$0 + 0 = 0 \tag{2}$$

$$0 + 1 = 1 \tag{3}$$

$$1 + 0 = 1 \tag{4}$$

$$1 + 1 = 1 \tag{5}$$

如果(1)式中的 B 恒等于"1",则不管 A 是"0"还是"1",Z 永

远等于"1"。若 B 恒为"0",则不管 A 等于何值,Z 恒等于 A,即:

$$A + 1 = 1 \tag{6}$$

$$A + 0 = A \tag{7}$$

同样可以定义 n 个变量的逻辑或:

$$A_1 + A_2 + \cdots + A_n = Z$$

当 $A_1 = A_2 = \cdots = A_n = 0$ 时,$Z = 0$,其它情况时,$Z = 1$。

2)逻辑与(逻辑乘)"×"或"∩"

定义为:设 A、B 是任意两个逻辑变量,A、B 的逻辑与(乘)确定另一个逻辑变量 Z,其逻辑式为:

$$Z = A \cdot B \text{(或 } A \times B \text{、} AB \text{、} A \cap B\text{)} \tag{8}$$

式(8)中"·"、"×"并不代表相乘,只是代表逻辑关系。逻辑与的运算遵守下列四条逻辑法则,即:

$$0 \cdot 0 = 0 \tag{9}$$

$$0 \cdot 1 = 0 \tag{10}$$

$$1 \cdot 0 = 0 \tag{11}$$

$$1 \cdot 1 = 1 \tag{12}$$

若 B 恒等于"0"时,不管 A 为何值,Z 恒等于"0";若 B 恒等于"1"时,不管 A 为何值,Z 恒等于 A,即:

$$A \cdot 0 = 0 \tag{13}$$

$$A \cdot 1 = A \tag{14}$$

同样,可定义 n 个变量的逻辑与:

$$A_1 \cdot A_2 \cdot \cdots \cdot A_n = Z$$

当 $A_1 = A_2 = \cdots = A_n = 1$ 时,$Z = 1$;其它情况时,$Z = 0$。

3)逻辑非

定义:设 A 是任意一个逻辑变量,逻辑变量 A 的逻辑非确定另一个逻辑变量 Z。其逻辑式为:

$$\overline{A} = Z \tag{15}$$

读作非 A 等于 Z。

关于 $\overline{A}$ 的逻辑值,可用下列两条法则来运算:

$$\overline{0} = 1 \tag{16}$$

$$\overline{1} = 0 \tag{17}$$

二、逻辑代数运算的基本性质

1. 逻辑运算的基本性质

1) 逻辑或

交换律:	$A+B=B+A$	(18)
结合律:	$A+(B+C)$	(19)
	$=(A+B)+C$	(20)
同一律:	$A+0=A$	(21)
0—1 律:	$A+1=1$	(22)
等幂律:	$A+A=A$	(23)

2) 逻辑与

交换律:	$A \cdot B=B \cdot A$	(18′)
结合律:	$A \cdot (B \cdot C)$	(19′)
	$=(A \cdot B) \cdot C$	(20′)
同一律:	$A \cdot 1=A$	(21′)
0—1 律:	$A \cdot 0=0$	(22′)
等幂律:	$A \cdot A=A$	(23′)

2. 逻辑或和逻辑与还有如下性质

乘对加的分配律:	$A(B+C)=AB+BC$	(24)
加对乘的分配律:	$A+BC=(A+B)(A+C)$	(24′)

3. 逻辑非有如下的基本性质

互补律:	$A+\overline{A}=1$	(25)
	$A \cdot \overline{A} = 0$	(25′)
双重否定律:	$\overline{\overline{A}}=A$	

三、逻辑代数的两个基本定理

1. 吸收律

$$A + AB = A \qquad\qquad (26)$$
$$A(A + B) = A \qquad\qquad (26')$$

证明：

$$\because A + AB = A(1 + B) \qquad\qquad （分配律）$$
$$= A \cdot 1 \qquad\qquad （0—1 律）$$
$$= A \qquad\qquad （同一律）$$
$$\therefore A + AB = A$$
$$\because A + (A + B) = AA + AB \qquad\qquad （分配律）$$
$$= A + AB \qquad\qquad （等幂律）$$
$$= A \qquad\qquad （吸收律）$$
$$\therefore A + (A + B) = A$$

2. 摩根定理（反演律）

和的非等于非的积：$\qquad \overline{A+B} = \overline{A} \cdot \overline{B} \qquad\qquad (27)$

积的非等于非的和：$\qquad \overline{AB} = \overline{A} + \overline{B} \qquad\qquad (27')$

四、逻辑代数运算的重要规则

1. 代入规则

任何一个含有变量 A 的等式，如果将所有出现 A 的位置都代之以一个逻辑函数 F，则等式仍然成立。

这个规则的正确性是很明显的，因为任何一个逻辑函数也和任何一个逻辑变量一样，只有"0"、"1"两种可能取值。

设

$$G(A, B_1, B_2, \cdots, B_n) = H(A, B_1, B_2, \cdots, B_n)$$

是一个含有变量 A 的等式，F 是任意一个逻辑函数。

根据函数相等的定义，上述等式对变量 A 的任何取值都应成

立,即:
$$G(0, B_1, B_2, \cdots, B_n) = H(0, B_1, B_2, \cdots, B_n)$$
$$G(1, B_1, B_2, \cdots, B_n) = H(1, B_1, B_2, \cdots, B_n)$$

函数 F 和变量 A 一样,也是只有两种可能的取值,因此,将 A 代之以 F,仍然得到上述两个等式。

这条规则的意义:可以将已知等式中的变量用任意的逻辑函数来代替,从而扩大了等式的应用范围。

例:$A(B+C) = AB + AC$

将 C 代之以 $C+D$,则根据代入规则有:

$$A \cdot (B + (C+D)) = AB + A(C+D)$$

由已知等式,有:

$$A \cdot (C+D) = AC + AD$$

得新的等式:

$$A \cdot (B+C+D) = AB + AC + AD$$

这就是四个变量的乘对加的分配律。

2. 对偶规则

分析前面给出的基本公式,对比式(18)～(27)及(18′)～(27′),可以看出:①它们都是成对出现的;②这些成对出现的公式都有如下的规律性,即:把"＋"换成"·","·"换成"＋"和把"0"换成"1",把"1"换成"0"就可以从一个等式得到另一个等式,这就是逻辑代数的所谓对偶规则。

定义:设 F 是一个逻辑函数,若将 F 中所有的"＋"换为"·","·"换成"＋","1"换成"0",那么就得到一个新的表达式,即 F 的对偶式,记作 F'。

3. 反演规则

就是求任意一个函数 F 的反($\overline{F}$)的规则。

定义:设 F 是一个逻辑函数,若将 F 中所有的"＋"换为"·","·"换为"＋","0"换成"1","1"换成"0",原变量换为反变量,反变量换为原变量,那么所得到的就是 $\overline{F}$。

例 1： $F = \overline{A} \cdot \overline{B} + C \cdot D$

$\overline{F} = (A + B) \cdot (\overline{C} + \overline{D})$

例 2： $F = A + \overline{B + \overline{C} + \overline{\overline{D + \overline{E}}}}$

$\overline{F} = \overline{A} \cdot \overline{\overline{B} \cdot C \cdot \overline{\overline{D} \cdot E}}$

注意:①应用反演规则时,只能去掉单个变量上面的反号,而不能去掉位于"更大"的函数上面的反号;②注意运算的优先顺序,如 $F = \overline{A}B + A\overline{B}$,应有 $\overline{F} = (A + \overline{B}) \cdot (\overline{A} + B)$,不能写成 $\overline{F} = A + \overline{B} \cdot \overline{A} + B$。

参 考 文 献

1　曲和鼎编著．安全系统工程概论．北京：化学工业出版社，1988

2　隋鹏程，陈宝智编．安全原理与事故预测．北京：冶金工业出版社，1988

3　巩长春，韩　军，崔国璋编．通用安全检查表手册．北京：机械工业出版社，1988

4　陈　信等著，梁宝林编．论人—机—环境系统工程．北京：人民军医出版社，1988

5　化学工业部生产综合司．安全系统工程译文集．1983

6　劳动人事部劳动保护科学研究所．系统安全与事故分析技术论文集（译文集）．
　　1984

7　刘国庹编．安全管理工程概论．北京：机械工业出版社，1991

8　冯肇瑞，崔国璋编．安全系统工程．北京：冶金工业出版社，1987

9　[日]盐见弘，岛冈淳，石山敬幸著，许凤璋、高金钟译．故障模式和影响分析与故
　　障树分析的应用．北京：机械工业出版社，1987

10　[美]大卫·B·布朗著，钱钟侯等译．安全系统工程．哈尔滨：黑龙江人民出版
　　社，1988

11　[英]R·A·柯拉科特著，孙维东等译．机械故障的诊断与情况监测．北京：机械
　　工业出版社，1983

12　黄纯颖著．工程设计方法．北京：中国科学技术出版社，1989

13　[印度]维杰伊·格普泰，P·N·默赛著，魏发辰译．工程设计方法引论．北京：国
　　防工业出版社，1987

14　冯厚植，平　申编著．工程设计方法导论．北京：航空工业出版社，1988

15　日本安全工学协会编．安全技术手册．武汉市安全环保咨询公司出版，1985

16　[日]前泽正礼著，魏殿柱等译．安全工程学．北京：化学工业出版社，1989

17　[日]難波桂芳编，李崇理等译．化工厂安全工程．北京：化学工业出版社，1986

18　叶忠贵主编．石油化工安全技术（高级本）．北京：石油工业出版社，1988

19　谢鸣一等编．安全系统工程．北京：科技文献出版社，1988

20　[美]J·M·朱兰等著，质量控制手册编译组编．质量控制手册．上海：上海技术
　　文献出版社，1979

21　[加]R·别林登等著，周家启等译．工程系统可靠性评估——原理和方法．重庆：
　　科学技术文献出版社重庆分社，1988

22　王世芳编．可靠性管理技术．北京：机械工业出版社，1987

23　[日]盐见 弘著，姚 普译．可靠性与维修性．北京：机械工业出版社，1987

24　胡昌寿主编．可靠性工程设计、试验、分析、管理．北京：宇航出版社，1989

25　中国现代设计法研究会编．决策管理现代设计法．北京：中国建筑工业出版社，1990

26　[日]中田　勇著，王之泰、孟淑敏译．ABC分析及其在资材管理中的应用．北京：机械工业出版社，1987

27　汪培庄著．模糊集合论及其应用．上海：上海科技出版社，1983

28　崔国璋，韩　军，周惠丰主编．事故树分析与应用．北京：机械工业出版社，1986

29　朱继洲编著．故障树原理和应用．西安：西安交通大学出版社，1989

30　机械电子工业质量安全司编．机械工厂安全性评价．北京：机械工业出版社，1988

31　董立斋，巩长春著．工业安全评价理论和方法．北京：机械工业出版社，1988

32　章国栋等编．系统可靠性与维修性的分析与设计．北京：航空航天大学出版社，1990

33　[美]K·C·卡帕，L·R·兰伯森著．工程设计中的可靠性．北京：机械工业出版社，1984

34　[美]E·J·享利等著，吕应中等译．可靠性工程与风险分析．北京：原子能出版社，1988

35　黄祥瑞编著．可靠性工程．北京：清华大学出版社，1990

36　王玉秋，侯丽辉等编．发明创造技法．沈阳：东北大学出版社，1988

37　A·E·Geen, A·J·Bournc：《Reliability Technology》，Wileg-Inferscience，1977

38　姜圣阶等编．决策学基础．北京：中国社会科学出版社，1986

39　郭仲伟．风险分析与决策讲座，系统工程理论与实践．1987年4期

40　[加]B·S·迪隆著，牟致忠等译．人的可靠性．上海：上海科学技术出版社，1990

41　[日]盐见　弘著，彭乃学等译．可靠性工程基础．北京：科学出版社，1983

42　闫凤文等编译．设备故障及人误数据分析评价方法．北京：原子能出版社，1988

43　李民权等译．工业污染事故评价技术手册．北京：中国环境科学出版社，1992

44　陈宝智著．危险源辨识控制及评价．成都：四川科学技术出版社，1996

45　王智新等译．重大事故控制实用手册．北京：中国劳动出版社，1993